时间与卫星测距

李志刚 杨旭海 吴风雷 成 璇 钦伟瑾 著

科学出版社

北京

内 容 简 介

本书涉及相互紧密关联的时间科学和卫星测距研究工作，以及与此相关联的作者研究成果。介绍时间科学的发展历史(以地球自转为基准的天文时到以微观原子跃迁为基准的原子时，以及广义相对论框架下的本征时和坐标时)，介绍国际组织有关时间科学的重大决议、国际上有关时间的最新研究成果，介绍卫星时间传递方法、卫星测距原理、时间中的相对论效应，深入地探讨卫星双向时间和频率传递原理与方法，系统性地介绍作者发明的转发式卫星测轨方法与技术，希望能激发广大读者的自主创新思维。

本书可供时间科学领域研究人员，卫星导航、大地测量和卫星测控专业人员，以及有关专业师生和科技人员参考。

图书在版编目(CIP)数据

时间与卫星测距/李志刚等著. —北京：科学出版社，2022.12
　ISBN 978-7-03-074207-0

Ⅰ.①时… Ⅱ.①李… Ⅲ.①卫星激光测距 Ⅳ.①P228.5

中国版本图书馆 CIP 数据核字(2022) 第 235824 号

责任编辑：李　欣　孔晓慧／责任校对：杜子昂
责任印制：吴兆东／封面设计：无极书装

科 学 出 版 社 出版
北京东黄城根北街 16 号
邮政编码：100717
http://www.sciencep.com
北京中科印刷有限公司 印刷
科学出版社发行　各地新华书店经销
*
2022 年 12 月第 一 版　开本：720×1000　1/16
2022 年 12 月第一次印刷　印张：15 1/4
字数：305 000
定价：158.00 元
(如有印装质量问题，我社负责调换)

作 者 简 介

李志刚 男，1943年生，上海宝山人。中国科学院国家授时中心研究员，博士生导师。1966年毕业于南京大学天文系，一直在中国科学院国家授时中心工作，长期从事天体测量、时间科学、高精度时间传递和人造卫星轨道测定等研究工作。曾任中国天文学会副理事长、陕西天文学会理事长、陕西天文台台长、中国科学院国家授时中心学术委员会主任等职。在国内首先建立卫星双向时间比对系统，并参加国际比对，发明转发式卫星测轨方法与技术。排名第一的奖项有：军队科学技术进步奖二等奖、卫星导航定位科学技术进步奖二等奖、国防技术发明奖三等奖、陕西省科学技术奖三等奖、陕西省科学院科学技术进步奖一等奖等；还有：中国科学院科学技术成果奖一等奖、中国科学院科学技术进步奖一等奖、国家科学技术进步奖二等奖等奖项。

前　言

时间单位 (秒) 是国际单位制 (SI) 的七个基本单位之一, 是目前最高精度实现的物理量。相对论改造了经典物理学中有关时间、空间及物体运动等基本观念, 不但是在哲学上的概念变革, 更是物理学、高能天体物理学和时间发展的基石。借助于光速不变公设及光速定义常数, 国际长度单位通过光速定义常数成为时间单位的导出量, 显然时间的重要性不言而喻。

有关时间的研究书籍和文章颇多, 大部分文章偏重于时间特性的数学统计描述, 如研究时间准确度的数学描述, 或是频率稳定度的数学描述, 或是原子钟噪声特性的描述, 或是时间系统可靠性的描述, 这些研究大大地提升了时间准确度、时间计量水平和卫星导航性能, 为提升时间应用研究提供技术支撑。本书描述从基于地球自转的天文时, 到以原子跃迁频率为基准的原子时, 以及相对论框架下的坐标时等之间的传承关系, 介绍国际组织有关时空参考系的重大决议, 从另一侧面介绍时间科学, 讲述近代时间的发展故事, 帮助读者全面理解时间的前世与今生, 目的是使读者更深层次理解和回味时间科学, 作者希望本书的第 1~3 章能起到抛砖引玉的效果。

相对论使时间观念发生重大变革。1905 年爱因斯坦从研究空间分隔的 2 个事件的时间同步问题入手, 发表狭义相对论《论动体的电动力学》, 突破了牛顿绝对时间和绝对空间的观念, 否认瞬时超距作用, 从根本上动摇牛顿引力理论, 认定时间和空间组成不可分割的四维时空坐标, 显然这些观念是对牛顿时空概念的拓展。狭义相对论核心是相对性原理和真空中光速不变公设, 核心方程式是洛伦兹变换, 新观念的相对论理论预示经典物理学所没有的新效应, 诸如时空坐标中的时间膨胀、长度收缩等, 这些新效应对时间和卫星测距产生极其重大的影响。狭义相对论研究惯性坐标系间关系, 但仍属经典平直时空理论。1915 年爱因斯坦提出广义相对论理论, 水星近日点进动成为验证广义相对论理论的范例。源于天文观测精度的提高, 时间领域需要引入相对论理论, 1976 年国际天文学联合会 (International Astronmical Union, IAU) 引入相对论概念的质心力学时时间尺度, 但仍沿用基于牛顿力学的惯性参考系, 时空观念仍是欧几里得平直空间; 1991 年 IAU 引入具有里程碑意义的广义相对论概念的决议: 定义国际天球参考系及其对应的坐标时, 用度规张量描述广义相对论框架下的时空系, 质心天球参考系对应的质心坐标时是太阳系天体运动的时间变量, 地心天球参考系对应的地心坐标时是近地天体运

动的时间变量。本书第 4 章"相对论框架下的时间与时间同步"给出了涉及时间
范围的相对论改正。

时间传递是时间科学重要的、不可或缺的组成部分。高精度卫星时间和频率
传递方法与技术已渗透到国防建设、航天事业以及国民经济建设的各个领域。本
书重点介绍了卫星时间传递方法与技术特点和优势，卫星时间传递方法与技术包
括：卫星共视时间传递方法、卫星全视时间传递方法、载波相位测量技术、精密
单点定位法的时间传递方法、卫星双向比对技术等。作者在国内首先建立卫星双
向时间与频率传递系统，1998 年与日本情报通信研究机构 (NICT) 合作，在国内
建立首条国际卫星双向比对系统链路，并进入常规运行，比对精度为 0.2~0.3 纳
秒，准确度为 1 纳秒，资料送国际计量局 (International Bureau of Weights and
Measures, BIPM) 并正式参加国际原子时 (TAI) 计算，同时推动亚洲卫星双向时
间与频率传递链路的组网，作者在卫星双向时间与频率传递技术方面有一定的积
累，第 5 章描述了卫星双向时间与频率传递原理、误差分析以及提升卫星双向时
间与频率传递精度途径的评述。

基于卫星双向时间传递技术的积累，作者提出了转发式卫星测轨观测方法与
技术，获国防专利 (专利号: ZL 200310102197.1)，该方法首次成功地用于中国区
域定位系统 (CAPS) 卫星导航定位系统的卫星精密定轨，获得了很大的成功，提
升了卫星测距精度，使卫星测距精度达厘米级，该方法另一特点是时间和卫星测
距相互独立，被卫星测控专家李济生院士誉为"我国自主独立知识产权的测轨技
术"。该方法具有很好的应用前景，受到卫星测轨同行的青睐，虽然近 20 年来有
许多文章介绍该方法，但缺少系统性的描述，为了让同行更好地应用与推广有我
国自主独立知识产权的测轨技术，作者有责任对方法及原理描述、观测精度提升
途径以及仪器系统误差精确测定方法等关键部分进行系统性介绍，本书第 6~8 章
对转发式卫星测轨观测方法与技术进行系统性描述，希望能对广大读者正确使用
该方法和提升创新思维有所帮助和启示。

感谢国家重点基础研究发展计划课题 (2007CB815503)、国家自然科学基金
面上项目 (12073034)、中国科学院"一带一路"项目 (XAB2018YDYL01)、中国
科学院"西部青年学者"项目 (XAB2019A06) 和中国科学院青年创新促进会项目
(2019398) 为本书撰写提供支持。

作者水平有限，书中不妥之处在所难免，敬请指正。

作　者

2021 年 11 月

目　　录

第 1 章　时间与导航

1.1　时　　间

我们生活在一个充满色彩的世界，要描述一天的活动，时间具有不可替代的作用。"现在几点了?"，随时随地都有可能随口问出这样一个最普通的问题，充分说明了时间在人类实践中不可替代的特殊地位。但是很少有人问 "时间是什么?"，似乎这也是一个极为普通的问题，也许有人回答说时间是描写事件的基本物理参数，或说时间与空间组成四维时空坐标，如果进一步追问，很少有人能正确或是简明扼要地回答这个近乎极其简单的问题，实际上这不是简单的问题，甚至物理学家和时频专家也不是一两句话能说得清楚，这是一个深层次的问题，它涉及时空观和时间定义，是在人类认识论的发展史中一直为各个历史时期的哲学家们 "争论" 的最基本问题，唯心派认为时间是人类的先验直觉，唯物派认为时间是物质存在和运动的基本形式。尽管人们能够探测 150 亿光年之外的遥远天体，也可以洞察物质内部微观粒子的运动规律，还可以以千万分之一秒、几十亿分之一秒的精度去测定物质变化的时间历程，但还没有一个对时间本质的认识的 "回答" 为各学派所共同接受。

1600 多年前罗马主教、思想家奥古斯丁 (Saint Augustine) 说过一段有关时间属性的趣话名言："时间究竟是什么？没有人问我，我倒清楚；如果有人问我，我想说明白，便茫然不解了。" (What then is time? If no one asks me, I know what it is. If I wish to explain it to him who asks, I do not know.) 当然目前对时间属性的认识与奥古斯丁的 "茫然不解" 认识截然不同，时间属性认识随科技进步不断深化，本书并不展开阐述有关时间本质的深层次的、哲学范畴的讨论，我们还是回到最普通的问题："现在几点了?"——普通老百姓乃至绝大部分科学家最关心的、最实际的问题，"现在几点" 涉及时间的两个最基本属性，即时间起算点及时间间隔问题 [1]，不管是基于地球自转的恒星时 (真恒星时——真春分点的时角，平恒星时——平春分点的时角) 及世界时 (基于地球自转的时间系统，现用地球自转角定义世界时，与恒星时时间系统的差别仅仅是基准参考点的不同)[2-6]，或以历表为准的力学时 [1-3]，或以原子跃迁频率为基准的原子时 [4,5,7-9]，或广义相对论框架下的坐标时 [2,3,7]，虽然时间定义基准不同，但上述两个时间最基本属性仍是最基本的定义量 [1,9]，而时间起算点及时间间隔是不同时间系统之间的关联纽带。

分或秒的精度也许已足够大部分人安排他的日常工作，国民经济或国防建设也许需要时间精度为毫秒、微秒或高至纳秒量级，科学研究也许需要飞秒级或更高的时间精度。尽管不同领域对时间精度的要求不尽相同，但是涉及同一范畴，即时间实际应用问题，本书涉及的问题是绝大多数人关心的"时间应用"问题。

古代人根据太阳位置确定时间，"日出而作，日落而息"，这是最直观的、最基本的时间概念的描述。人类生活在地球上，自然用地球自转定义时间 [9,10] 与他们日常生活习惯相一致，显然这"日出"与"日落"现象是地球自转最直观的反映 [10,11]，时间单位"天"的概念由此而产生。远古人们由最直观的"天"的时间概念安排他们日常的活动，随着生产的发展，特别是发现农、牧业与季节有着密切相关的"一岁一枯荣"的自然特征，显然仅仅用"天"这个时间计量单位不能满足人们生产的需求，需要与季节有关且比"天"更长周期的时间计量单位描述"一岁一枯荣"的自然特征。地球绕太阳公转，地球上观测者发现太阳视方向在恒星空间的位置在不断变化，人们根据日月在恒星空间的运行规律，给出与季节有关的周而复始的更长周期的时间计量单位"年"，"年"的概念与太阳在恒星空间的位置有关 [12]，太阳视运动规律揭示与农、牧业紧密相关的季节性气候变化特性，一年又人为地分为 12 个"月"。"天"(地球绕地轴自转一周)、"月"(近似于月球绕地球公转一周) 和"年"(地球绕太阳公转一周)，即地球自转、月球绕地球公转及地球绕太阳公转组成了历法最基本要素，同时也记载着时间的流逝和历史变迁。

时间与科技进步密切相关。1892 年，菲茨杰拉德 (G. F. FitzGerald) 和洛伦兹 (H. A. Lorentz) 根据迈克耳孙–莫雷实验提出长度收缩假设，认为物体在运动中其长度会沿着运动方向以 $\sqrt{1 - v^2/c^2}$ 因子收缩 [13]，于 1904 年提出著名的公式——洛伦兹变换 [13]。1898 年，法国物理学家庞加莱 (H. Poincaré) 在《时间之测量》一文中首先提出光速对所有观测者都是常数的假设，指出"光速不变并在所有方向上均相同"成为公设 [13]，这个公设成为测量光速的基础 [1,14,15]。爱因斯坦从研究时间同时性入手，1905 年在著名的《论动体的电动力学》一文中提出了狭义相对论 [13–16]，其基石是相对性原理和光速不变公设 [15,16]，论断运动时钟会"变慢"的效应；他在 1916 年又提出广义相对论 [15,17]，指出引力场引起时空弯曲，狭义相对论和广义相对论是打破牛顿传统观念的创新性理论。1938 年，伊维斯 (H. Ives) 和史迪威 (G. Stilwell) 两位物理学家通过实验，测得运动时钟确实"变慢"[13]，证实爱因斯坦的论断；1971 年，美国海军天文台进行环球飞机搬运钟实验，测得机载原子钟变慢量与理论计算值完全一致，再一次验证相对论的正确性。不难理解，验证相对论的实验基础是依赖于高精度的时间测量，如果时间测量不能达到纳秒或更高量级的精度，这些实验无法得到满意的结果，更不可能有今天的全球卫星导航定位系统的发展。

有杰出贡献的研究中国科技史的学者李约瑟 (Joseph Needham，1900~1995)
编撰的 15 卷《中国科学技术史》[18] 中提出问题："尽管中国古代对人类科技发展
做出了很多重要贡献，但为什么科学和工业革命没有在近代中国发生?" 1976 年
美国经济学家肯尼思·博尔丁称之为 "李约瑟难题"[19]。很多人把 "李约瑟难题" 进
一步推广和延伸，出现 "中国近代科学为什么会落后" "中国为什么在近代落后了"
等问题，对此问题的争论一直非常热烈，学者从不同角度研究这个问题 [19,20]，有
学者认为，17 世纪机械钟表的进步，特别是摆钟的进展促使欧洲 18 世纪航海事
业的大发展，认为工业时代的关键不是蒸汽机的轰鸣声，时间科学技术的大发展
开创了 18 世纪欧洲的工业革命，中国缺乏现代时间体系是未诞生近代科学的重
要原因之一，当然这些是一派之见，但从某个侧面说明时间与科技进步有着密切
的关系。

1.1.1　记时与钟

人类活动与时间息息相关，随着人类文明的进展，对时间精度的要求越来越
高。公元前 2000 年左右，古埃及人把白昼与黑夜各分为 12 小时，但人们真实认
知为夏日白天长、冬日黑夜长，白昼与黑夜的时间间隔随着季节而变化，古埃及
人定义的 "小时" 显然是不等长的，另外，白昼或黑夜的时间间隔还与纬度有关，
这种粗略的、不精确的时间间隔定义不满足时间间隔等时性的基本特征。大约公
元前 150 年古希腊天文学家依巴谷 (Hipparchus)、公元 150 年托勒密 (Claudius
Ptolemy) 给出了更为精确的 "小时" 定义：一天平均时间的 1/24 定义为 1 小时，
避免以前时间间隔定义不等时的缺陷，并采用简单小时分数记时方式，如 1/2 小
时、2/3 小时等，显然，这样的 "小时" 定义避免了古埃及人明显不等时的定义。
分、秒定义要比 "小时" 定义晚得多，最早有关 "秒" 的记载是 1267 年中世纪科学
家罗杰 (Roger Bacon) 记录满月之间时间间隔出现小时、分、秒等单位，以及 1/3
秒、1/4 秒的分数计时方式。从 "日" 到 "小时" 再到 "秒" 是人类发展对时间精度
需求的反映。

我国有十二时辰和昼夜百刻相并行的记时系统 [4]。一日分为十二时辰：夜半
者**子**时也、鸡鸣者**丑**也、平旦者**寅**也、日出者**卯**也、食时者**辰**也、隅中者**巳**也、日
中者**午**也、日昳者**未**也、晡时者**申**也、日入者**酉**也、黄昏者**戌**也、人定者**亥**也。不
难理解十二时辰以太阳视运动为准：日出为 "卯" 时，日中为 "午" 时，日没为 "酉"
时，显然十二时辰的定义也有时间间隔不等时长的缺陷。北宋时开始将十二时辰
细分，每个时辰又分为 "初" "正" 两个时刻，将十二时辰分为二十四分部，但并没
有改变十二时辰的时间间隔不等时长的缺陷。

我国还有昼夜百刻的记时系统：由于百刻不能被十二时辰整除，百刻与时辰
间相互换算不便，为了与十二时辰配合，西汉时昼夜百刻改成 120 刻，南北朝曾

改为 96 刻、108 刻, 到南朝陈文帝 (公元 544 年) 又恢复百刻制, 后又改成 96 刻。百刻制记时系统以太阳出没为准并兼顾季节变化: 冬至昼刻为 40 刻、夜刻为 60 刻; 夏至昼刻为 60 刻、夜刻为 40 刻; 春分、秋分昼、夜各为 50 刻, 冬至与夏至相隔 182 天或 183 天, 每隔 9 天昼刻增加 1 刻、夜刻减少 1 刻, 这种记时系统粗略考虑了昼长、夜长的季节变化特性。但冬至及夏至季节昼长与夜长的变化缓慢, 而春分与秋分季节附近昼长与夜长变化要快得多, 显然用简单的直线变化表征昼长与夜长的变化规律是不够精确的。

中国在计时方面做出了自己独特的贡献。差不多与托勒密同时代的东汉, 公元 117 年, 文学家、天文学家张衡发明 "漏水转浑天仪"[4]。浑天仪相当于现代天球仪, 标有黄道、赤道、二十四节气, 把记时的漏壶 (水钟) 和浑天仪用齿轮联系起来, 漏壶推动浑天仪均匀转动, 一天转动一圈, 演示真实的天象, 显示了当时中国时间测量的精密水平, 为水钟的发展做出了突出贡献。

北宋初年苏颂 (1020～1101) 设计制造的 "水运仪象台"(见图 1.1), 是中国在世界时钟发展史上最为突出的贡献, 国际上称为 "苏颂钟楼" (Su Sung Clock Tower) [4,21], "水运仪象台" 继承和发展了汉、唐以来的天文学成就, 是集浑仪、浑象和报时三种功能于一体的杰出的天文仪器, 可以说这是世界上最早的天文时钟, 充分体现了中国劳动人民的聪明才智和创造精神。

图 1.1 　"水运仪象台" 复原图

公元 1092 年建成的 "水运仪象台" 高三丈五尺六寸五分 (约 12 米), 宽二丈一尺 (约 7 米), 是一座上狭下广的上、中、下三层木结构建筑 (见图 1.1), "水运仪象台" 顶层有一架体积庞大的铜制天文仪器称为 "浑仪"(天文测时仪器), 浑仪用中国特有风格的龙柱支撑, 用水槽以定水平, 用于观测星象, 相当于以铅垂线为基准的天文测时仪器, "水运仪象台" 最上端为活动屋顶, 是今天天文台活动圆顶的雏形。

"水运仪象台" 中层是没有窗户的 "密室",密室中放置 "浑象"(相当于现在的天球仪),浑象的赤道带装有齿牙,与机轮轴相接,与天穹同步旋转,可随时根据天文观测进行校准,真实地再现了星辰起落的昼夜天象变化,是当时精确的守时系统。

"水运仪象台" 下层为报时系统和整个系统的动力机构。"水运仪象台" 南向设有大门,门内有五层木阁,后面为机械传动系统,苏颂发明了相当于现代钟表中的擒纵器的技术,通过大小齿轮的啮合控制水斗转动和枢轮运转 (水钟)。

五层木阁中第一层名为 "正衙钟鼓楼",负责标准时刻的报时。层内设有三扇阁门,每门均有一个木人,木人报时动作由 "昼时钟鼓轮" 控制,每个时辰的 "时初" 时刻有红衣木人在左阁门里摇铃,"时正" 时刻有紫衣木人在右阁门里扣钟,每"刻" 有绿衣木人在中门击鼓,即 "一刻中门打鼓,时初左门摇铃,时正右门敲钟",用钟、鼓、铃声进行标准时间的授时服务。

五层木阁中第二层是时间显示系统 (相当于时钟钟面)。由 24 个手抱时辰牌的司辰木人负责显示 "时初" 和 "时正":每逢 "时初" 红衣木人持时辰牌出现在小门前,"时正" 紫衣木人拿着时辰牌出现在小门前,红衣和紫衣木人各为 12 个,时辰牌上依次写着子初、子正、丑初、丑正等,12 个时辰的时初、时正组合相当于24 小时记时系统。

五层木阁中第三层是以 "刻数" 为准的时间显示系统。这层有 96 个 (96 刻制)绿衣抱牌司辰木人,木人由 "报刻司辰轮" 控制,每刻会出现持 "刻数" 牌的绿衣木人,"刻数" 牌上依次写着初刻、二刻、三刻、四刻等。

五层木阁中第四层负责报告与太阳有关的晚上特殊时刻。由夜漏金钲轮控制,按季节调整白天晚上的变化,逢日落、黄昏、各更、每更五筹、破晓、日出之时,拉动木人按 "更" 序法钲。

五层木阁中第五层显示晚上的时间,共有 38 个抱牌司辰木人,木人位置按季节变动,由夜漏司辰轮控制。持牌红衣木人按日落到日出按 "更" 序排列出现。

计时部分由世界上最早的精巧的水钟 "昼夜机轮" 控制,水从漏壶中滴入水斗,擒纵器控制水斗,每次只能步进一个斗,带动浑仪和浑象转动,因而命名为"水运仪象台"。

苏颂的时钟从 1092 年一直运转到 1126 年,金兵攻入汴京后,掠走水运仪象台运至燕京,一路颠簸机枢齿轮多有损坏,再加上汴京与燕京的地理纬度不同,"水运仪象台" 使用已不再精准;后又遭雷击,在蒙金战争中,"水运仪象台" 最终告毁。

国际计时仪器史学界极大关注 "水运仪象台",英国著名中国科技史专家李约瑟曾说 "水运仪象台" 可能是欧洲中世纪天文钟的直接祖先。新中国成立后中国科学技术史学家王振铎先生于 1958 年复制了 "水运仪象台" 的模型 (按 1:5 的比例)，其后李约瑟、陈晓也成功复制了"水运仪象台"，美国、中国台湾等地也有复原模型，1997 年，日本精工表的故乡长野县用 8 年时间成功仿制了"水运仪象台"，2011 年在苏颂家乡同安 (今福建省厦门市同安区) 的苏颂公园落成按 1:1 比例仿制的"水运仪象台"，佐证"水运仪象台"在时间史上突出的地位。

1300～1400 年间出现机械钟，14 世纪初欧洲修道院已有连续工作的机械钟 [22]，以满足僧侣们准时祈祷的需求。当时机械钟十分笨重，只有时针，用整点方式报时，由于精度有限，僧侣每天至少要对两次时钟，随着技术的完善，机械钟的精确度不断提高，1475 年第一次出现"分针"，1665 年时间精确到秒。慢节奏的欧洲中世纪对精密时间也没有过高的需求，钟表只是贵族的象征。

1582 年伽利略 (Galileo, 1564～1642) 发现摆的等时性原理，这在时间科学中有着极为重要的贡献。根据等时性原理，惠更斯 (Christiaan Huygens,1629～1695) 于 1656～1657 制成第一台天文摆钟，在他 1673 年出版的《钟表》一书中详细描述了他发明的摆钟，这一发明促进人类对地球自转均匀性认识的飞跃。

根据经典力学理论摆的横向力学运动原理 (见图 1.2)，摆的周期为

$$T = 2\pi\sqrt{\frac{l}{g}}\left(1 + \frac{1}{4}\sin^2\frac{\theta}{2} + \frac{9}{64}\sin^4\frac{\theta}{2} + \cdots\right) \tag{1.1}$$

摆幅 θ 不大时 ($\theta < 5°$)，摆的摆动频率 ν 近似地认为与最大摆幅无关：

$$\nu = \frac{\sqrt{g}}{2\pi\sqrt{l}} \tag{1.2}$$

其中 g 是重力加速度，l 是摆长。天文摆钟大都为秒摆，即一个理想摆钟通过最低点的时间间隔为 1 秒 (一个完整周期为 2 秒)，即摆动频率为 0.5 赫兹，根据上面公式，其摆长应为 99.3621 厘米 (秒摆摆长)。

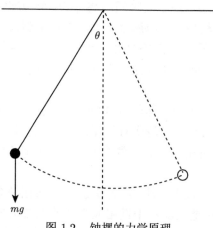

图 1.2　钟摆的力学原理

民用摆钟周期一般为 1 秒，其摆长的理论值为 24.8405 厘米。根据公式 (1.2)，摆的摆动重复频率与重力加速度 g 和摆长 l 有关，重力加速度是地心引力和地球自转引起离心力的矢量之和，显然 g 随着地理位置会有微小的变化，另外摆钟的摆长 l 随环境温度的变化而变化，环境温度上升，摆会变长，时钟会变慢，温度大约变化 2.2 摄氏度引起摆钟的日变化为 1 秒，似乎提高摆钟精度的最有效的手段是控制摆钟的环境温度 (如在地下建造钟房) 或钟摆选择温度膨胀系数小的材料。

继摆钟之后，石英钟的发明致使时间计量有着重大的进展 [1,21]，1929 年，美国霍尔顿 (J. W. Horton) 和莫立森 (W. Marrison) 根据压电效应原理研制出石英钟 [2]，日稳定度为 10^{-10} (日误差为 10 微秒)，石英钟比天文摆钟有更好的稳定性能，20 世纪 50 年代起石英钟几乎替代了天文摆钟，但这些进展远不能满足人们探索宇宙的需求，量子物理学的进展促成了更高精度的时钟出现。

根据量子物理学的基本原理，电子绕原子核高速旋转，电子在不同的旋转轨道具有不连续的能量，称为能级，当电子从高能级跃迁至低能级时，会释放电磁波，这种电磁波的频率是恒定的，称作为共振频率，例如：铯 133 基态有一个共振频率 9192631770 赫兹 [22-24]。20 世纪 30 年代，伊西多·艾萨克·拉比 (Isidor Isaac Rabi, 1898~1988) 在哥伦比亚大学实验室研究原子和原子核的基本特性时发明了磁共振技术，依靠这项技术能测量原子振荡频率，拉比因此获 1944 年诺贝尔物理学奖，同年，他提出用原子振荡频率可制作高精度原子钟，1949 年拉比的学生诺曼·拉姆齐 (Norman F. Ramsey, 1915~2011) 提出原子二次穿越电磁场可使得时钟更为精确，拉姆齐因此而获得 1989 年诺贝尔物理学奖。1949 年，美国国家标准局利用氨分子吸收谱线率先研制出氨分子钟，20 世纪中国科学院国家授时中心曾经用氨分子钟作为守时钟 (见图 1.3)。

图 1.3　中国科学院国家授时中心作为守时钟用的氨分子钟

继氨分子钟之后，铷原子钟、氢原子钟、铯原子钟相继出现。由于氨吸收谱线本身特性，氨分子钟不适合作为时间和频率计量标准，逐渐被淘汰，最后定义铯原子两个基态间跃迁频率为时间频率计量标准 [1,9,25−27]。1955 年，英国国家物理实验室 (NPL) 的埃森 (L. J. Essen) 和巴利 (V. L. Parry) 研制出第一台实用的铯原子钟 [1,8,27]，同年在都柏林召开的国际天文学联合会代表大会上定义 1900 年历书时 1 月 0 日 12 时回归年年长的 1/31556696.975 时间间隔为历书秒秒长，实现了秒定义从平太阳时到力学时的转移 [4,24,26−29]，根据历书秒长、NPL 和美国海军天文台 (USNO) 合作确定原子时秒长，显然稳定的原子时秒长是历书时秒长的延续 (见第 3 章)。1964 年，美国惠普公司研制出商业化的铯原子钟 HP5060A，并用于守时；1991 年，惠普公司推出更高精度的铯原子钟 HP5071A(见图 1.4)，提高了守时的精度，成为目前国际上主要的守时钟。氢原子钟因优良的短期稳定性能也被广泛地应用于时间实验室 (见图 1.5)。

图 1.4   中国科学院国家授时中心作为守时钟用的铯原子钟 HP5071A

用高精度的基准型原子钟对自由原子时 (所有守时钟的平均) 进行驾驭，构建成国际原子时 (TAI)，如德国联邦物理技术研究院 (PTB) 研制的基准型铯原子钟 CS2(图 1.6)1500 万年误差累计为 1 秒 [30]，1998 年美国国家标准局研制的铯喷泉原子钟 NIST-F1 相当于运行 3000 万年误差累计仅为 1 秒。

图 1.5　德国联邦物理技术研究院守时用的氢原子钟 (钦伟瑾摄于德国联邦物理技术研究院)

图 1.6　德国联邦物理技术研究院的铯原子钟 CS2

　　近年来原子钟有很大的进展，表 1.1 列出一些高精度铯喷泉原子钟的性能 (PTB-CSF2 实物见图 1.7)。2001 年 8 月，美国国家标准局研制出汞离子光钟，相当于 10 亿年累计误差为 1 秒。2010 年 2 月，美国国家标准局研制出铝离子钟，相当于 37 亿年累计误差为 1 秒，目前认为最高精度的原子钟是 2011 年日本东京大学研制的冷原子锶光钟，相当于 40 亿年累计误差为 1 秒。

表 1.1　　高精度铯喷泉原子钟性能

钟型号	频率稳定度	频率不确定度
IT-CSF2 (意大利)	$1.3\times10^{-13}\tau^{-1/2}$	0.2×10^{-15}
NICT-CSF1 (日本)	$2.8\times10^{-13}\tau^{-1/2}$	1.2×10^{-15}
NIST-F2 (美国)	$1.3\times10^{-13}\tau^{-1/2}$	0.11×10^{-15}
NPL-CsF2 (英国)	$1.6\times10^{-13}\tau^{-1/2}$	0.23×10^{-15}
PTB-CSF1 (德国)	$2.0\times10^{-13}\tau^{-1/2}$	0.32×10^{-15}
PTB-CSF2 (德国)	$3.5\times10^{-14}\tau^{-1/2}$	0.21×10^{-15}
SYRTE-FO1 (法国)	$1.6\times10^{-14}\tau^{-1/2}$	0.34×10^{-15}
SYRTE-FO2 (法国)	$1.6\times10^{-14}\tau^{-1/2}$	0.21×10^{-15}
SYRTE-FOM(法国)	$5.0\times10^{-14}\tau^{-1/2}$	0.60×10^{-15}
NIM5 (中国)	$1.4\times10^{-14}\tau^{-1/2}$	0.90×10^{-15}
NIM6 (中国)	$5.0\times10^{-14}\tau^{-1/2}$	0.60×10^{-15}
NTSC-F1 (中国)	$5.0\times10^{-14}\tau^{-1/2}$	0.50×10^{-15}

图 1.7　德国联邦物理技术研究院的铯喷泉原子钟 PTB-CSF2

1.1.2　阳历与阴历

公历 (或称阳历) 诞生于公元前 46 年，由罗马帝国统帅儒略·凯撒颁行，称作儒略历，儒略历是以回归年为基础的历法 [1,6,31−36]：每年设定为 12 月，单月为 31 天，双月为 30 天，2 月为罗马帝国判死刑月份，不吉利的 2 月天数要少一些，平年为 29 天，闰年为 30 天，因此，平年年长为 365 天，闰年年长为 366 天，每隔 4 年为一闰年，儒略历平均年长为 365.25 天。儒略·凯撒的侄子奥古斯继位后对儒略历做了修改：把 2 月中 1 天移到他出生的 8 月，平年 2 月变成 28 天，闰年 2 月为 29 天，8 月由原 30 天变成 31 天，8 月之后的大小月份与原先相反，形成目前历法的基本规则，奥古斯修改后的儒略历的平均年长仍为 365.25 天。

儒略历是以回归年年长 (地球公转) 为基础的历法，回归年年长 (单位：天)[1,12,37] 为

$$回归年年长 = 365.2421896698 - 0.00000615359T - 7.29 \times 10^{-10}T^2$$
$$+2.64 \times 10^{-10}T^3 \tag{1.3}$$

其中 T 从 J2000.0(2000 年 1 月 1 日 12h(UT1)，JD=2451545.0) 起算儒略世纪数。

不难发现，儒略年年长比实际的回归年年长要长，从公元前 46 年到 16 世纪后期，儒略历与回归年的积累误差已达 10 天，为了消除这个差数，罗马教皇格里高利十三世 (Pope Gregory XIII) 决定对儒略历进行修改：儒略历 1582 年 10 月 4 日的下一天为 10 月 15 日；并在闰年法则加入世纪年 (被 100 整除的纪年) 中只有被 400 整除的为闰年 (例如，世纪年 2000 年为闰年，世纪年 2100 年不是闰年)，这个法则意味着每 400 年有 97 个闰年 [4,6,29,31]，400 年共有 146097 天，正好被 7(一星期 7 天) 整除，这个对儒略历改进的历称作格里高利历，是目前沿用的公历。根据格里高利历 400 年为 97 闰的法则，年平均长度为 365.2425 天，与实际 1900 年回归年年长 365.24219878125 天更为接近，3000 年仅积累 1 天误差，10000 年仅差 3 天 17 分 33 秒。

我国是具有五千年辉煌历史的文明古国，在时间测量上有独特的贡献，商朝的 "卜辞甲骨" 是世界史上最早的历法原始记录；我国元朝郭守敬的授时历的年长度与现代测定年长度误差仅为 26 秒，这样的精度欧洲要迟 300 年，以窥见我国先人在历法上的独特贡献。

我国传统应用的历是阴历 (更确切地说是阴阳历)[4]，我国阴历是以月亮绕地球公转为周期并兼顾地球公转的历法，如汉代的 "太初历"、东汉的 "干象历"、南北朝的 "大明历"、唐代的 "大衍历"、明代的 "大统历" 与 "崇祯历"。中华民族传统的阴历为中华民俗增添了丰富的色彩与内涵，全球华人重大节日均按阴历：正月初一为春节 (1913 年以前称年节，袁世凯改称为春节，春节日期大概在立春前后

滑动), 五月初五为端午节, 八月十五为中秋节, 冬至日为冬节。

阴历是以月亮绕地球公转为周期的、兼顾地球公转的历法, 因此中国阴历规则比公历 (以地球绕太阳公转为基础的历法) 要复杂得多。

月亮绕地球会合周期 (synodic month)[1] 为

$$synodic\ month = 29.5305888531^d + 0.00000021621T$$
$$- 3.64 \times 10^{-10}T^2 \tag{1.4}$$

其中 T 从 J2000.0(JD=2451545.0) 起算儒略世纪数。

月亮绕地球会合周期约为 29.53059 天, 一年 12 个月, 阴历年平均长度约为 29.53059 天 ×12=354.36708 天, 阴历实际平年年长为 354 天或 355 天, 视阴历年大月 (30 天)、小月 (29 天) 数而定。阴历每月以朔日 (太阳和月亮的地心黄经相同) 开始, 由此决定月有大月或是小月之分。阴历闰年为 13 个月, 闰年平年年长为 29.53059 天 ×13 ≈ 383.90 天, 显然阴历闰年和平年年长与回归年年长 365.2422 天相差甚远, 为了与阳历相协调, 阴历采用 19 年 7 闰 (月) 的法则 (公元前 5 世纪西方发现这个关系, 称作默冬周期, 比我国的发现迟整整一个世纪), 这样阴历年平均长度约为 29.53059 天 ×(12+7/19)≈365.2468 天, 与回归年年长相当接近。为了确定阴历闰月具体月份, 辅以与地球公转二十四节气关联: 太阳在黄道上视运动每 15 度划分为一个节气, 以立春为起算点排序, 逢单为 "节", 逢双为 "气", 以 "无中气" 规则 "置闰" 月, 一月和十二月不设闰月, 避免 2 个春节和 2 个除夕, 上述规则完全决定了中国阴历历法, 显然, 中国阴历规则比较复杂, 既要按月亮运行规律 (阴历基础), 又要兼顾地球绕太阳公转规律 (二十四节气) 保持与公历相应的关联。如阴历一月一日为春节, 月亮绕地球相为朔日, 春节在阳历 (地球绕太阳公转) 立春日期 (2 月 4 日) 前后滑动, 如 2015 年春节为 2 月 19 日, 2016 年春节为 2 月 8 日 (阴历平年与回归年年长相差约 11 天), 2017 年春节为 1 月 28 日, 2018 年春节为 2 月 16 日, 滑动周期近似为 3 年 (19 年 7 闰月法则的原因)。从中国阴历规则不难理解阴历闰年一年二头春 (一年两次有立春节气) 的成因: 如 2017 年春节为 1 月 28 日, 2018 年春节为 2 月 16 日, 2017 年阴历闰年, 2018 年 2 月 4 日立春, 2017 年阴历为一年二头春。

明初开始用 "大统历", 到崇祯年间已有二百多年的误差积累, 致使负责天文预报的钦天监对天象预报有很大误差, 崇祯皇帝接受礼部建议决定改革历法, 授权徐光启组织 "历局", 1629 年徐光启开始主持编撰新历, 新历采用新的科学理念: 用第谷天体测量体系和天文计算方法, 引入地理经、纬度概念, 采用西方通行的度量单位, 即一周 360 度, 一天 24 小时, 度、角分、角秒, 以及小时、时分、时秒单位进位均采用 60 进位制, 计算方法与西方接轨。

辛亥革命之后孙中山即令改用 "阳历" 和民国纪年，采用国际通用的格里高利历，民国纪年以 1912 年为民国元年；新中国成立后，1949 年 9 月 27 日中国人民政治协商会议第一届全体会议决定：我国采用世界上通用的公元纪年，把阳历 1 月 1 日定为 "元旦"，同时决定把阴历的正月初一定为 "春节"，"决定" 凸显中华民俗的传统。

1.1.3　星期的起源

星期的起源与月亮的周期有关，七天大约是月亮公转周期的四分之一。公元前 6 世纪至公元前 7 世纪，古巴比伦人开始建立 "星期" 概念：他们把一个月分为 4 周，每周有 7 天，古巴比伦人建造七星坛祭祀星神，七星坛分为 7 层，每层有一个星神，依次为月、火、水、木、金、土、日，共 7 个星神，每个星神各主管一天，因此每天祭祀一个神，星期中的每天都以一个神命名：

> 月亮神 (辛) 主管星期一，
> 火星神 (涅尔伽) 主管星期二，
> 水星神 (纳布) 主管星期三，
> 木星神 (马尔都克) 主管星期四，
> 金星神 (伊什塔尔) 主管星期五，
> 土星神 (尼努尔达) 主管星期六，
> 太阳神 (沙马什) 主管星期日。

犹太人把星期概念传到古埃及，后又传到古罗马，古罗马人用他们自己信仰的神的名字来命名一周 7 天：

> Moon\'s-day (月亮神日)，
> Mars\'s-day (火星神日)，
> Mercury\'s-day (水星神日)，
> Jupiter\'s-day (木星神日)，
> Venus\'s-day (金星神日)，
> Saturn\'s-day (土星神日)，
> Sun\'s-day (太阳神日)。

公元 3 世纪又传播到欧洲，英国盎格鲁–撒克逊人根据他们自己信仰的神的名字改变了其中 4 个名称：

> Moon\'s-day (月亮神日)，
> Tuesday，源于 Tiu，是盎格鲁–撒克逊人的战神，
> Wednesday，源于主神 Woden，
> Thursday，源于雷神 Thor，
> Friday，源于爱情女神 Frigg，
> Saturn\'s-day (土星神日)，
> Sun\'s-day (太阳神日)。

这样就形成了今天英语中的一周 7 天的名称：Monday(月亮神日)，Tuesday(战神日)，Wednesday(主神日)，Thursday(雷神日)，Friday(爱神日)，Saturday(土神日)，Sunday(太阳神日)。

伊斯兰教、犹太教、基督教的宗教活动按星期进行，故 "星期" 也称作 "礼拜"，但一个星期的开始时间各教派不完全一致：《圣经》认为，上帝用六天创造世界万物，第七天休息，星期应从星期日开始；犹太教以星期六为安息日；基督教认为耶稣是在星期日复活的，所以将礼拜日改为星期日；伊斯兰教认为真主在第六天完成创造工作，这一天应该庆祝，所以将星期五定为重大礼拜的主麻日。英文周末为 "weekend"，不言而喻星期一成为一个星期的开始日，我国习惯上以星期一为一个星期的开始。

7 世纪 (唐朝) 通过不空和尚《文殊师利菩萨及诸仙所说吉凶时日善恶宿曜经》(简称《宿曜经》)，西方的 "星期" 概念传入中国，中国古人就以金、木、水、火、土五大行星与日、月统称为七曜，命名为

> 月曜日是星期一，
> 火曜日是星期二，
> 水曜日是星期三，
> 木曜日是星期四，
> 金曜日是星期五，
> 土曜日是星期六，
> 日曜日是星期天。

唐朝留学生空海通过《宿曜经》将 "星期" 概念传入日本，并成为日本宿曜占星术或密教占星术的经典，日本、韩国和朝鲜如今仍沿用 "七曜" 名字，中国在民国时期将 "星期" 称谓改称为星期一至星期日。

我国古代也有与 "星期" 相似的日期表示方式。距今 3700 年前的商朝阴历平年为 12 个月，大月 30 天，小月 29 天，闰年增加一个月。由于这样的周期符合月

亮的圆缺变化, 所以将其分为 "星期", 显然中国 "星期" 起源与天象有关。到了汉武帝时期, 这个周期被定为制定工作日、休息日的依据, 并且每天也有自己的名称。称 7 天的星期为 "平周", 8 天的星期为 "闰周"。"平周" 前 6 天为工作日, 第七天为休息日 (称为星期日); "闰周" 前 6 天为工作日, 后 2 天为休息日 (依次称为星期日、闰星期日)。到了两晋南北朝时期, 这种制度有了变动: 置闰不再以月份为框架, 每 3400 个星期中设 1301 个 "闰周", 安排闰日也有一定的变动, 在星期几之后闰日就叫闰星期几, 闰日为休息日, 否则为工作日。

1.1.4　回归年

太阳相对于不同的参考点定义为不同含义的年 [1,4]: 平太阳从平春分点开始又回到平春分点的时间时隔为一个回归年 [31,32]; 平太阳赤经 280 度为年首, 赤经增加 360 度所需时间为一个贝塞尔年 (或贝塞尔假年); 太阳在恒星空间运行一周的周期为一个恒星年; 地球在公转轨道上从近日点到下一个近日点的周期为近点年; 真太阳从月球轨道升交点到下一个升交点的周期为食年; 儒略年定义为 365.25 天, 用于天文计算。由于它们的定义不同, 因此它们的年长略有差别, 其差异取决于其参考点在恒星空间的运动, 表 1.2 给出 1900 年历元各种定义年的年长 [1]。

表 1.2　1900 年历元各种定义年的年长

年的定义	对应年长/天
回归年 (平太阳从平春分点到下一个平春分点)	365.2421897
恒星年 (太阳相对于恒星空间运行一周)	365.25636
近点年 (公转轨道上地球从近日点到下一个近日点)	365.25964
食年 (真太阳从月球轨道升交点到下一个升交点)	346.62003
儒略年 (天文计算)	365.25

"回归" 一词出自于希腊字母 "tropikos", 意思是 "回到原处", 天文学家对回归年有精确的定义: 平太阳的平黄经增加 360 度所持续的时间。

公元前 2 世纪方位天文学创始人伊巴谷 (Hipparchus, 公元前 190 ～ 公元前 125) 测量太阳从春分再回到春分的时间, 他推荐回归年年长为 (365.25−1/300) 天, 即 365.24667 天 (365 天 5 小时 55 分 12 秒) (见表 1.3), 伊巴谷和托勒密时代基于二分点确定回归年年长, 显然这个回归年年长是平均结果, 不仅平均了观测误差, 也平均了当时还不知道的章动短周期影响以及行星引力的影响, 伊巴谷发现二分点沿着黄道西退运动, 这就是天文上著名的 "岁差", 确定的岁差值为 1 度/世纪, 这个岁差值差不多用了 1000 年。1551 年, 莱恩浩尔特 (E. Reinhold) 采用哥白尼 (N. Copernicus, 1473～1543) 的日心学说建立 Prutenic 表, 根据恒星年年长和当时假定的岁差值的关系推算回归年年长, 给出回归年年长为 365.24720

天，即 365 天 5 小时 55 分 58 秒，这个值比伊巴谷测定值的精度还要低一些。
1627 年，开普勒 (J. Kepler，1571~1630) 利用第谷 (B. Tycho, 1546~1601) 观测
资料，根据开普勒的行星运动三大定律，编制 Rudolphine 表，他估计回归年年长
为 365.24219 天 (365 天 5 小时 48 分 45 秒)。1978 年，法国国家科学研究中心
(French National Centre for Scientific Research) 编纂了最新版本的表，给出回归
年年长为 365.24255 天 (365 天 5 小时 49 分 16 秒)。

表 1.3   回归年年长在不同时期的确定值

年份	作者	回归年年长测定值
公元前 190 ～ 公元前 125	伊巴谷	365.24667 天 (365 天 5 小时 55 分 12 秒)
1551	莱恩浩尔特	365.24720 天 (365 天 5 小时 55 分 58 秒)
1627	开普勒	365.24219 天 (365 天 5 小时 48 分 45 秒)
1978	法国国家科学研究中心	365.24255 天 (365 天 5 小时 49 分 16 秒)

如果回归年年长定义为太阳平黄经变化 360 度的时间间隔，由于太阳视运动
的不均匀性，这样定义的回归年年长与太阳黄经起算点有关。平黄经起算点为平
春分点，平春分点的变化是稳定的，但地球公转轨道是椭圆，它的角速度不是常
数，如果选择不同的太阳平黄经起算点，当太阳回到起算点时的平黄经的时间间
隔随着太阳平黄经起算点的不同而不同，表 1.4 给出样本，显然这样定义的年长
是不均等的，最大差值约为 5 分钟，产生这种差别的主要原因是章动的影响。

表 1.4   太阳黄经起算点再回到原起算的几个连续年的测量结果

年份	持续长度			
	日	小时	分	秒
1985~1986	365	5	48	58
1986~1987	365	5	49	15
1987~1988	365	5	46	38
1988~1989	365	5	49	42
1989~1990	365	5	51	06

回归年定义为：平太阳的平黄经增加 360 度所经历的时间。天文常用平黄道
面和平赤道面为基准面，这两个基准面的交线在天球上的投影就是平春分点，显
然确定回归年年长的基础是平太阳的平黄经 (相对于平春分点) 表达式[35]。根据
精确观测数据和正确的太阳视运动理论，在拉普拉斯 (P. S. Laplace, 1749~1827)、
拉格朗日 (J. L. Lagrange, 1736~1813) 和其他天文学家的共同努力下，以及 18 世
纪在天体力学方面的成就，给出平太阳的平黄经表达式为 $L_0 = A_0 + A_1 T + A_2 T^2$，
纽康 (S. Nowcomb, 1835~1909) 根据前人的观测结果，给出了平太阳的平黄经具
体表达式[38,39]，给出平太阳移动 360 度所需时间——回归年年长。

回归年年长是地球公转的运动周期，由于潮汐作用，地球自转会长期变

慢 [29-32]，致使回归年年长包含的天数发生变化，前面提及儒略历改成格里高利历是最明显的实例，事实上这十天差异是地球自转变慢的反映。由于地球自转的不均匀性及长期变慢效应，以地球自转为基准的时间系统"世界时" UT1 被以地球公转为基准的时间系统"历书时"(ET) 所替代 [4,27,28,31,33,37]。

回归年的长度用平太阳日表示，优势是日历与季节同步。用均匀的地球时 (terrestrial time，TT) 测量分析得到平太阳时时长变化 ΔT 效应，大约 3200 年地球时与平太阳时相差一天，也许这个影响需要改变目前历法规则 [40,41]，但 ΔT 目前的预报精度不足以支撑修改历法规则的提案。

1.2 导航与标准时间和时间同步

15~16 世纪航海时代的导航或现代的无线电导航及卫星导航，时间与时间同步是导航的基础，导航推进了全球范围内统一的标准时间，导航需求推动了时间科学的发展，而时间科学的进展促进了导航的发展。

1.2.1 航海与导航

导航最初的科学概念始于航海。漂洋过海，开辟新航路，发现新大陆，形成真正意义上的导航概念与需求。航海家应用导航知识估算位置，记录每一段航程的方向和路程确定航迹。哥伦布 (C. Columbus, 1451~1506) 发现新大陆、麦哲伦 (F. Magellan，1480~1521) 环球航行、郑和"七下西洋"，这些均是国际航海史上具有里程碑意义的壮举，谱写一部人类文明和社会发展史，也是一部导航科技发展史。

中国有世界瞩目的航海成就。哥伦布远航美洲有船员 88 人，旗舰圣玛丽亚号长 35 米，载重 130 吨；麦哲伦环球航行有 5 艘船，船员 260 余人；1405 年郑和下西洋，率各类人员 27800 余人，船 62 艘，船长 44 丈 (1 丈 ≈ 3.33 米)，宽 18 丈，满载丝绸、瓷器、布匹等物，凸显我国当时的国力及纺织业、制瓷业和发达的造船业的水平，联系亚洲与非洲的广大海域，开创海上丝绸之路。郑和"七下西洋"的远海航行之所以安全无虞，依靠的是指南针的指引和时间。

15 世纪西方冒险家为寻找新大陆强烈要求远航，迫切希望解决船舶定位问题。太阳地平高度与本地天文纬度有很简单的关系，因此很容易用六分仪 (图 1.8) 观测太阳高度实现地理纬度的测定；由于地球自转的原因，地理经度的测定难度在于需要准确的时间，因此准确地确定时间成为当时航海家远航的瓶颈。

在 15~16 世纪，世界上已有摆钟 (1656 年)，天文摆钟每天约 1 分钟精度，显然摆钟的精度不足以满足远航需求，当时最典型的海难：1707 年，英国皇家海军舰队司令克劳坦斯·肖维尔 (C. Shovell) 错误计算舰队位置，持续的重雾使他看不到星星甚至太阳, 四艘英国军舰在锡利群岛沉没, 造成了海难 [21,27]。1714 年, 著名天文学家、物理学家艾萨克·牛顿说: "海上确定经度在理论上是可行的, 但实行上有相当的难度, 船是动的, 人们定位需要通过钟表的精确时间确定经度, 到目前为止还没有研制出这样高精度的钟表。" 显然大科学家牛顿指出海上导航的瓶颈是精确的时间。英国政府为了刺激航海发展, 1714 年, 建立官方机构——经度局, 经度局设立最高为 20000 英镑 (相当于现在 200 万美元) 的项目重奖, "能够将位置精度确定在 30 海里、40 海里、60 海里" 分别悬赏 20000 英镑、15000 英镑、10000 英镑奖金。悬赏要求船舶从英国远航到西印度, 定位误差在 30 海里之内, 相当于经度方向定位误差为 30 角分。从英国远航到西印度约为一个月, 相当于每天时钟误差优于 3 秒, 换算成时钟准确度为 $3/86400 = 3.5 \times 10^{-5}$。重赏之下, 必有勇夫, 项目奖项公告之后, 跃跃欲试的大有人在, 但真正能准确地确定海上经度问题是在项目奖项公告二十多年之后, 1736 年, 林肯郡木工约翰·哈里森 (J. Harrison, 1693~1776) 试验他的航海时计, 经过四次改进, 1761 年哈里森提交了十周内误差不超过 10 秒的航海时计, 相当于达到每周 1 秒的精度, 解决了当时航海对确定精确经度的需求。

图 1.8　六分仪

哈里森航海时计虽然精度高,但与其他时钟一样,其误差会积累,需要不断地定期校准航海时计的时间。英国在泰晤士河畔建立授时塔,下午一点整球从高塔落下,精确时刻由格林尼治天文台提供 (图 1.9),这是在无线电授时之前最有效的授时技术,新中国成立前我国上海黄埔江畔外滩也有相同的落球授时系统。

图 1.9   正在修缮中的格林尼治落球授时系统

1.2.2   导航与标准时间和时间同步的关系

导航需要解决精确时间、时间同步技术、地理经度和纬度定义等问题。中世纪,甚至在欧洲工业革命初期,各地没有统一的标准时间,1847 年工程师亨利 (Henry Booth) 写道:"······ 无数的城镇,有各自教区时钟、公用时钟,每个时钟都在宣示其各自的时间。"欧洲工业革命初期,时间应用的混乱局面可归结为缺乏标准时间概念和定义,即使严格按照地方太阳时作为本地标准时间,地理位置不同,其地方太阳时也不尽相同。时间不统一引起一系列问题,典型例子是:1853

年 8 月 12 日，美国东部罗得岛州，两辆火车迎头相撞，造成事故的真正原因是两车工程师的钟表差了 2 分钟。之前与此类似原因的事故已发生多起，重要原因是地方时随着地方 (地理位置) 的不同而不同。

火车的出现迫切需求时间标准化。1839 年，第一次出现了火车时刻表，火车轰鸣声迫使英国完成各地时间的统一，标准时间成为控制火车运行的基准，全新的管理方法和运输规则及效率与标准时间紧密联系在一起。英国是第一个统一时间的国家，1855 年，不列颠岛与爱尔兰 98% 的公共时钟调整为格林尼治时间 (图 1.10)。当时的航海大国葡萄牙和法国也都有自己的标准时间。

图 1.10   经度起点格林尼治天文台艾力子午环观测室

工业革命迅速发展，需要建立国内乃至国际统一的标准时间和经度定义。1884年在美国召开国际子午线会议，会上确定格林尼治天文台子午线为世界标准子午

线的起算点 (图 1.11)，对应的时间称作为格林尼治平时 (Greenwich Mean Time, GMT)，或称世界时。世界时定义作为官方时间几乎用了一个世纪，20 世纪 50 年代被协调世界时所替代，但与测地和地面观测有关的研究工作，世界时仍是不可或缺的时间系统。

图 1.11　格林尼治本初子午线标志

　　电报的发明使得格林尼治平时与全球用户校对成为可能。1854 年，通过电报线路，格林尼治天文台与东南铁路站台相连，准确地传递格林尼治天文台标准时间信号。1860 年，英国的主要城市都能通过电报接收格林尼治的时间信号，一年后，英联邦国家，如印度、澳大利亚、加拿大均有电报线路与格林尼治平时随时保持一致。

　　航海和铁路催生了近代的 "区时" 概念，1868 年，通过电报线路，新西兰政府以东经 172°30′ 为准，制定新西兰全国标准时与格林尼治平时相协调，这是世界上第一个用经度设定标准时的地区。

1.2.3   无线电导航

19 世纪末发明的无线电用于无线电波通信，获得了很大的成功，同时，研究者着手思考无线电定位问题。1921 年出现无线电信标，1937 年船用雷达问世，同时，第二次世界大战 (简称二战) 迫切需要船舶定位，一系列无线电新技术的出现以及二战船舶定位的迫切需求催生了陆基无线电导航时代。

陆基无线电导航系统采用双曲线定位原理：海面上船舶接收机接收两个发射台 (已知精确坐标) 同步的时间信号，确定两个时间信号间的时差，即确定了船舶到这两个台站的距离差，船舶应位于以这两个台址为焦点、距离差已知的双曲面上，两个双曲面形成交线，船舶位置应位于交线与大地水准面的交点上。因此，一个无线电导航台链应由主台和两个副台组成，主台与两个副台之间时间严格同步，由于长波的地波传播特性稳定，无线电导航采用长波波段对海面上的船舶进行高精度的定位。

第一个投入使用的陆基无线电导航系统叫做 "台卡"(Decca)，广泛应用的陆基无线电导航系统是罗兰 (Long range navigation, Loran) 系统 [42]。二战初期出现罗兰-A 系统，称为标准罗兰，由美国海岸警卫队 (USCG)、美国海军和空军共建，美国海岸警卫队负责罗兰发射系统，海军负责管理，其工作频率略低于 2 兆赫兹，由于该频段的电波在陆地传播衰减快，因此罗兰-A 仅适用于海上的飞机和舰船导航，是中程无线电导航系统，至二战末期共建有 70 多个罗兰-A 发射台，覆盖地面约为全球的三分之一，典型的定位精度为 1~5 海里，满足舰船定位精度的需求。

由于罗兰-A 作用距离和覆盖范围的问题，军事上需要比罗兰-A 覆盖范围更广、定位精度更高并且可以在陆上应用的新型导航系统。二战末期，在罗兰-A 基础上研制罗兰-C 系统。罗兰-C 采用与罗兰-A 完全不同的工作频率和信号体制，罗兰-C 采用 100 千赫兹的低频多脉冲编码信号，发射台的瞬时辐射峰值功率高达兆瓦量级，低频大功率信号使信号传播距离远，且不易被干扰，同时相关检测和相位测量等技术应用大大地提升了罗兰-C 系统的性能，工作的有效距离从罗兰-A 的 600 海里提高到超过 1000 海里，大大地增大了覆盖范围。低频信号具有绕射性和渗透性，可在室内、水下等环境接收和使用。

1957 年，美国在纽约州、佛罗里达州和北卡罗来纳州部署了 3 个最早的罗兰-C 发射台。建成了世界上第一个罗兰-C 台链，从 20 世纪 60 年代直至 90 年代，先后在美国东、西海岸，东北大西洋，西北太平洋和地中海等区域建立了罗兰-C 系统，广泛用于军事和商业船只与飞机导航。之后，美国、俄罗斯、西北欧、日本、韩国、沙特和中国等陆续建设了二十几个罗兰-C 台链，覆盖了北半球大部分区域。各国的罗兰-C 系统体制基本相同，俄罗斯称为 "恰卡" 系统，我国称作 "长河二号" 系统。

1979 年我国正式批准建设 "长河二号" 系统，1989 年 4 月我国第一个罗兰-C 体制的 "长河二号" 南海台链开始试播，现有长波导航系统包括 6 个发射台站组成的 3 个 "长河二号" 导航台链。中国科学院国家授时中心建设专门长波授时系统 BPL (BP 是 ITU 给中国的呼号，L 是长波台) 台用于授时，该台全天候发播授时信号，信号覆盖我国大部分陆地和周边海域，目前 7 个长波台站实现时间严格同步，溯源是中国科学院国家授时中心保持的 UTC(NTSC)。

长波授时系统具有高精度授时功能，提供高精度时间频率服务，测量精度从微秒乃至数十纳秒。罗兰-C 系统的定位精度为 0.25 海里 (463 米)，定位重复精度可以达到 18~90 米，因此罗兰-C 系统定位精度还有很大的提升空间。

罗兰-C 系统作为独立的定位、导航、授时 (Position, Navigation, and Timing, PNT) 系统，是卫星导航系统的补充和备份，目前，正在发展和布局增强罗兰 (e 罗兰) 系统，不久将为我国提供全区域的覆盖，为我国独立的 PNT 授时定位系统提供支撑。

1.2.4 卫星导航

全球卫星导航系统 (Global Navigation Satellite System，GNSS) 基于精确时间和时间同步技术，所有星载原子钟同步于定义的系统时间，导航卫星广播其时间 (系统时间) 和精确的卫星位置信息，接收机接收到四颗或四颗以上 GNSS 卫星信号，接收地点的四个未知数 (经度、纬度、海拔和接收机的钟差) 就能完全确定 [43,44]。目前，全球卫星导航系统已用于科学研究 (如大地测量、测绘、大气层研究、地球动力学、地球板块构造、人造卫星轨道测量与确定、海洋学、天文学、深空跟踪与探测、航天测控)、国民经济发展 (如无线电、雷达、电视、计算机、网络、地理信息系统、石油勘探、气象预报、地震监测与预报、飞机导航、交通管理与调度、资源管理、农业) 以及国家安全 (如军用卫星定轨、导弹及各军兵种协同作战)。导航应用从军到民，从专业应用走向全民应用，尤其是大众化应用的不断拓展，高性能和低价位使得卫星导航大众化市场出现爆发性增长，随着卫星导航应用与服务的不断扩展与深入，卫星导航逐步演变成为国家信息和现代化社会的重大支撑技术，卫星导航的红利已渗透到国民经济和现代国防建设的每一个部门、每一个家庭乃至每一个人。

1957 年 10 月，苏联成功地发射了第一颗人造地球卫星 (Sputnik I)，开创了人类历史上的太空时代。在观测卫星信号的过程中发现：位置精确已知的观测站利用测量卫星信号多普勒频移可以确定卫星轨道，即多普勒定轨，同样的原理，如果卫星轨道已知，通过测量卫星多普勒频移就可以确定接收机的位置，即多普勒定位，基于这个发现和推论以及美国海军对全球导航定位的重大需求，1964 年诞生了第一代卫星定位系统，命名为 "海军卫星定位系统"，该导航系统由 6 颗通过南北极区的极轨道卫星组成，卫星运行轨道沿地球子午面方向，故又称该系统为"子午仪卫星定位系统"[43]，卫星离地面高度为 1100 公里，绕地球运行周期为 100 分钟，卫星广播 150 兆赫和 400 兆赫双频信号，用以消除电离层时延的影响，对于固定用户，子午仪卫星定位系统的二维定位精度约为 25 米，在海上船舶动态定位的典型精度为 200~500 米，但每次需要等上数十分钟才能有一次子午仪卫星过境，每次定位需要十多分钟，显然这样的卫星导航系统提供不连续的定位信息，仅适合海上船舶舰艇低动态的用户使用。随着全球定位系统 (GPS) 的建成并正式使用，子午仪卫星定位系统于 1996 年 12 月 31 日完成其历史使命，正式关闭。

　　子午仪卫星定位系统的成功应用，在美国海、陆、空三军中掀起卫星导航热，为后续的全球卫星导航系统的建设奠定了基础 [43,44]。1973 年美国国防部确定由空军牵头，联合海军和陆军共同启动全球定位系统 (NAVSTAR/GPS) 的研制任务，简称 GPS(Global Positioning System)。GPS 建设历时 20 余年，于 1995 年正式建成并投入使用。GPS 用为数不多的导航卫星实现全球全天候覆盖和服务，实时提供定位、导航和授时高精度服务，充分体现了航天技术的魅力和无可比拟的优越性。

　　卫星导航系统的授时由于使用方便等特点，得到了广泛的应用，随着卫星定位精度的提高，卫星导航系统授时精度也逐步提高到几纳秒水平。各国按照各自发展需要和国家安全考虑，目前已有多个卫星导航系统提供服务：美国的 GPS，俄罗斯的格洛纳斯 (GLObal Navigation Satellite System, GLONASS)[44,45]、中国的北斗 (BeiDou Navigation Satellite System, BDS)[46] 和欧洲的伽利略 (Galileo Navigation Satellite System, Galileo) 四大全球卫星导航系统并行发展的局面，区域卫星导航系统有日本准天顶卫星系统 (Quasi-Zenith Satellite System, QZSS) 和印度区域卫星导航系统 (Indian Regional Navigation Satellite System, IRNSS)。

　　GPS 的空间部分包括 24 颗工作卫星和 3 颗在轨备用卫星，卫星分布在 6 个轨道面上，轨道倾角为 55°，卫星距地面 20230 公里，可保证在全球任何地方、任何时间都可观测到 4 颗以上的卫星。1978 年 GPS 发射第一颗 GPS Block I 组网卫星，至 1994 年 3 月，GPS 的 24 颗卫星星座布设完成。至今 GPS 卫星总共发射了 61 颗，分两代、六种型号，包括 GPS Block I、Block II、Block IIA、Block IIR、Block IIR-M、Block IIF，至 2010 年 9 月，在轨工作的卫星有 31 颗 (包括 3 颗备份星和 1 颗测试卫星)(见图 1.12)。

　　苏联于 1976 年正式启动 GLONASS 卫星导航系统建设 [44]，后由俄罗斯继承该计划。1996 年 1 月 GLONASS 建成并投入使用，由于技术、体制、主要经济诸多因素的影响，建成后 5 年中一直处于降精度使用状态，GLONASS 最少时仅有 6 颗在轨卫星，为摆脱这种不利局面，自 2007 年俄罗斯通过一系列旨在加快技术发展的 GLONASS 振兴计划，经几年努力，至 2012 年 10 月，GLONASS

在轨运行卫星达 30 颗, 同时提出了 GLONASS 现代化计划。

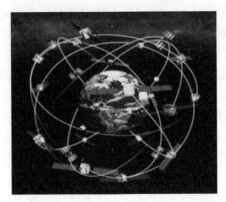

图 1.12 GPS 卫星导航系统

我国北斗卫星导航系统按三步走的稳健发展战略方针 [47], 制定了从区域向全球扩展的策略。第一步, 1997 年, 我国正式启动北斗一号系统 (双星卫星导航试验系统) 工程建设, 两颗工作卫星和一颗在轨备份卫星分别于 2000 年 10 月、12 月和 2003 年 5 月成功发射, 完成了北斗卫星导航试验系统的建设; 第二步是形成区域导航定位能力, 2004 年 8 月, 启动北斗区域导航系统建设, 2007 年发射第一颗北斗区域导航卫星, 2012 年, 建成覆盖亚太地区及周边的区域系统, 免费提供定位、测速和授时开放服务, 标准服务定位精度 10 米, 测速精度 0.2 米/秒, 授时精度 10 纳秒, 为高精度、高可靠导航需求的用户提供定位、测速、授时和通信服务, 北斗地面接收机实现双向短报文通信的服务能力, 至 2016 年 6 月 12 日共发射了 23 颗北斗导航卫星; 第三步为建成覆盖全球的北斗卫星导航系统, 6 颗高轨卫星 (3 颗 GEO(地球静止轨道) 卫星, 定点为东经 80°、东经 110.5° 和东经 140°; 3 颗轨道倾角为 55° 的 IGSO(倾斜地球同步轨道) 卫星, 星下点为东经 118°, 其相位差 120°) 和 30 颗中轨卫星组成卫星系统形成全球覆盖的服务能力, 中轨卫星为 Walker 星座 (24/3/1), 高度 21528 公里, 轨道倾角为 55°。现在中国北斗全球系统已完成组网并投入使用。

出于保障欧洲安全目的, 1999 年 2 月欧洲委员会和欧空局宣布建设以意大利天文学家伽利略名字命名的欧洲伽利略全球卫星导航定位系统, 该系统由 30 颗轨道高度为 23616 公里的卫星组成, 27 颗工作星, 3 颗备份星, 位于 3 个轨道面上, 倾角为 56°。截至 2016 年 12 月已发射 18 颗工作卫星, 具备早期操作能力, 2020 年拥有全部 30 颗卫星。

美国、俄罗斯、欧盟、中国、日本、印度等都已建成各自的卫星导航系统, 全球的导航卫星数量将超过百颗, 届时世界上任一地区的用户在任何时刻都可看到超过 20 颗导航卫星, 多系统兼容可提升卫星导航系统整体性能, 降低用户使用成本,大大降低依赖单一系统的风险。多系统兼容要求各导航系统在导航信号、导航电文参数等方面要具备兼容性和互操作能力。为提高全球卫星导航系统间及其增强系统间的兼容和互操作,促进世界各国对卫星定位、导航、授时服务的应用,联合国外层空间委员会成立"全球卫星导航系统国际委员会"(International Committee on Global Navigation Satellite System, ICG),各大卫星导航系统已经达成了相互兼容和互操作的初步协议。

进入 21 世纪初,美国意识到单一系统的缺点,开始重视国家层面上的 PNT 建设 [42,43]。综合考虑各种可能的 PNT 手段,整体规划国家的 PNT 体系结构,显然这是导航系统发展到一定阶段的必然,将对导航系统的发展产生积极的作用。2006 年,美国开始投入大量人力、物力,研究国家 PNT 体系的概念和框架,开展顶层设计,制订发展规划,标志着美国在 PNT 领域进入体系建设阶段。我国也正在部署国家层面上的 PNT 体系建设。

1.2.5　卫星导航现代化

1997 年,针对在实战中美军应用 GPS 受敌方干扰的严重问题,美国提出了导航战的概念,即在复杂多变的实战电子环境中,己方部队最大限度有效利用卫星导航系统,防止敌方干扰,同时阻止敌方使用该系统,形成战争不对称态势。1999 年 1 月 25 日,美国副总统以文告形式发表 GPS 现代化计划。GPS 现代化目的是增强对全球民用、商用和科研用户的服务,使 GPS 更好地满足和适应 21 世纪美国国防现代化发展的需要,更好地支持和保障军事行动。改进和完善 GPS 的措施包括:提高星座自主运行能力,军民频谱分开,增加民用频率,增加发射功率,增加区域波束增强功能,使用保密性和抗干扰能力更强的军码信号,更新 GPS 地面测控设备,增加地面测控站的数量,采用新的算法和软件,提高测控系统的数据处理与传输能力,进一步提高系统的安全性和反利用能力。目前正在实施的 GPSⅢ明显地提升卫星导航系统的基本性能,同时也大大地提升卫星导航系统的安全性能以及兼容互操作性能,使 GPS 在全球导航领域中处于引领地位 [43,44]。

1) 增强 GPS 信号

增加新的 GPS 信号。美国计划导航卫星上播发新的军码和第二民码,同时计划在发射的新导航星上增设第三频点的民码。第二频点的民码与以前的民码相比,具有较强的数据恢复和信号跟踪能力,进一步提高导航定位精度。新增加的军码信号将比现在使用的信号强度高得多,具有较强的发射功率、抗干扰能力和保密性能等优点,以便于军码接收机直接捕获。

2) GPS 信号战时策略

新增军码使美军在战时有权对某一地区的信号进行干扰或暂时关闭,剥夺对方使用 GPS 信号的能力,阻扰敌方使用。针对 GPS 信号容易受干扰和被他国战时利用的弱点, 正设法增设 GPS 导航卫星的可控窄波束天线, 用窄波束天线增大某一区域信号强度, 使作战区域波束指向至少有 4 颗卫星, 而在地球上其他区域的接收信号强度不会明显降低; 提升抗干扰能力, 同时, 在战时也可通过控制卫星波束天线的指向暂时关闭某一地区的 GPS 信号, 使对方军队难以利用 GPS。GPSⅢ 的信号发射功率可提高 100 倍 (20 分贝), 信号抗干扰能力提高 1000 倍以上, 并保证在有威胁地区以外的民用用户安全使用。

3) 改善地面设备

更新 GPS 地面测控设备, 增加地面测控站的数量; 用新的数字接收机和计算机来更新专用的 GPS 监测站, 采用新的算法和软件, 提高测控系统的数据处理与传输能力等。

4) 研制新一代军码 GPS 接收机

新型 GPS 接收机中最重要的两项技术是 GPS 接收机应用组件和防欺骗模块。其中接收机应用组件是一种标准组件, 可直接加在飞机、舰艇、导弹和各种武器中, 确保安全性、标准化, 尽量减少非标准接口、定义和功能; 防欺骗模块是 GPS 技术产品安全模块, 用于保护保密的 GPS 算法、数据和校准。

GPS 现代化后, 授时精度将达到 1 纳秒, 定位精度提高到 0.2~0.5 米, 可以使 GPS 制导精度达到 1 米以内。由此可见, GPS 现代化的实质是要加强 GPS 对美军现代化战争的支撑, 继续保持其在全球导航领域中的引领地位。

参 考 文 献

[1] Lang K R. Astrophysical Formulae. volumeⅡ. 3rd Enlarged and Revised Edition. New York: Springer, 1999.

[2] McCarthy D D, Petit G. IERS Conventions (2003), IERS Technical Note 32. Frankurt am Main: Verlag des Bundesamts fur Kartographie und Geodasie, 2004: 127.

[3] Petit G, Luzum B. IERS Conventions (2010), IERS Technical Note 36. Frankurt am Main: Verlag des Bundesamts fur Kartographie und Geodasie, 2010: 127.

[4] 中国大百科全书总编辑委员会《天文学》编辑委员会. 中国大百科全书 (天文学). 北京: 中国大百科全书出版社, 1980.

[5] 刘佳成, 朱紫. 2000 年以来国际天文学联合会 (IAU) 关于基本天文学的决议及其应用. 天文学进展, 2012, 30(4): 411-437.

[6] 李广宇. 天球参考系变换及其应用. 北京: 科学出版社, 2010.

[7] 赵铭. 天体测量学导论. 北京: 中国科学技术出版社, 2006.

[8] Guinot B, Seidelmann P K. Time scales—Their history, definition and interpretation. Astronomy and Astrophysics, 1988, 194 (2): 304-308.

[9] Essen L. Time scales. Metrologia, 1968, 4 (4): 161-165.

[10] McCarthy D D. Astronomical time. Proceedings of the IEEE, 1991, 79 (7): 915-920.

[11] 夏一飞, 黄天衣. 球面天文学. 南京: 南京大学出版社, 1995.

[12] 苏宜. 天文学新概论. 武汉: 华中理工大学出版社, 2000.

[13] 董晋曦. 光速与观测者运动速度相关的理论分析与实验证据. 前沿科学, 2016, 10(4): 19-25.

[14] 黄志洵. 试论林金院士有关光速的科学工作. 前沿科学, 2016, 10(4): 4-18.

[15] 林金，李志刚，费景高，等. 爱因斯坦光速不变假设的判决性实验检验. 宇航学报, 2009, 30(1): 25-32.

[16] Einstein A. Zur Electrodynamik der bewegter Korper. Ann. Phys., 1905, 17: 891.

[17] Laskar J. Secular terms of classical planetary theories using the results of general theory. Astronomy and Astrophysics, 1986, 157: 59-70.

[18] 李约瑟. 中国科技史: 第一卷总论. 北京: 科学出版社，1975.

[19] 洪晓楠, 王良滨. 近 20 年来 "李约瑟难题" 研究进展. 洛阳师范学院学报，2004(1): 35-38.

[20] 疏志芳, 汪志国. 近十年来 "李约瑟难题" 研究综述. 池州师专学报, 2005(2): 73-77.

[21] 漆贯荣. 时间——人类对它的认识与测量. 北京: 科学出版社，1985.

[22] Markowitz W, Hall R G, Essen L, et al. Frequency of cesium in terms of ephemeris time. Phys. Rev. Let., 1958, 1(3): 105-106.

[23] McCarthy D D, Seidelmann P K. Time: From Earth Rotation to Atomic Physics. Winhein: Wiley-VCH Verlag GmbH & Co. KGaA, 2009.

[24] Guinot B. Solar time, legal time, time in use. Metrologia, 2011, 48(4): 181-185.

[25] Thompson D. The British Museum Clocks. London: The British Museum Press, 2017.

[26] Leschiutta S. The definition of the atomic second. Metrologia, 2005, 42(3): 10-19.

[27] Allan D W, Ashbyl N, Hodge C C. The Science of Timekeeping. Hewlett Packard Application Note 1289, 1997.

[28] Winkler G M R, van Flandern T C. Ephemeris time, relativity, and the problem of uniform time in astronomy. Astronomical Journal, 1977, 82: 84-92.

[29] Markowitz W, Hall R G, Edelson S. Ephemeris time from photographic positions of the moon. Astronomical Journal, 1955, 60: 171-173.

[30] Clairon A, Ghezali S, Santarelli G. The LPTF preliminary accuracy evaluation of cesium fountain frequency standard. Proceedings of Tenth European Frequency and Time Forum, Brighton, UK, 1996: 218-223.

[31] Dershowitz N, Reingold E M. Calendrical Calculations. 3rd ed. Cambridge: Cambridge University Press, 2007.

[32] Borkowski K M. The tropical year and the solar calendar. Journal of the Royal Astronomical Society of Canada, 1991, 85(3): 121-130.

[33] Morrison L V, Stephenson F R. Historical values of the Earth's clock error ΔT and the calculation of eclipses. Journal for the History of Astronomy, 2004, 35(120): 327-336.

[34] Spencer J H. The rotation of the Earth, and the secular accelerations of the Sun, Moon and Planets. Monthly Notes of the Royal Astronomical Society, 1939, 99: 541-558.

[35] Stephenson F R, Morrison L V. Long-term changes in the rotation of the earth-700 B.C. to A.D. 1980. Royal Society (London), Philosophical Transactions, 1984, Series A.1984, 1524: 47-70.

[36] Stephenson F R, Morrison L V. Long-term fluctuations in the Earth's rotation: 700 BC to AD 1990. Royal Society (London), Philosophical Transactions, 1995, 351: 165-202.

[37] Meeus J, Savoie D. The history of the tropical year. Journal of the British Astronomical Association, 1992, 102(1): 40-42.

[38] Newcomb S. Tables of the Sun // Astronomical Papers Prepared for the Use of the American Ephemeris and Nautical Almanac. Vol. 6, Part 1. Washington: Published by the Nautical Almanac Office, U.S. Naval Observatory by direction of the Secretary of the Navy and under the authority of Congress, 1895: 1-169.

[39] Newcomb S. Tables of the four inner planets// Astronomical Papers Prepared for the Use of the American Ephemeris and Nautical Almanac. Washington: Published by the Nautical Almanac Office, U.S. Naval Observatory by direction of the Secretary of the Navy and under the authority of Congress, 1898.

[40] Robert N A, McCarthy N. Coordinated Universal Time (UTC) and the Future of the Leap Second// Meeting of Civil GPS Interface Committee. United States Coast Guard, 2009.

[41] McCarthy N. The leap second: its history and possible future. Metrologia, 2001, 38: 509-529.

[42] Frank L. Current developments in Loran-C. Proceeding of the IEEE, 1983: 1127-1139.

[43] Parkinson W, Spiker J. Global Positioning System: Theory and Applications Volume II. Washington: American Institute of Aeronautics and Aeronautics, Inc., 1996.

[44] 佩洛夫 A И, 哈里索夫 B H. 格洛纳斯卫星导航系统原理. 4 版. 北京：国防工业出版社, 2016.

[45] Kaplan E D. GPS 原理与应用. 邱致和, 正万义, 译. 北京: 电子工业出版社, 2002.

[46] Lewandowski W, Azoubib J, Weiss M, et al. GLONASS time transfer and its comparison with GPS. Session 8: Time and Frequency Comparisons, Paper 1. 11th European Frequency and Time Forum, Neuchâtel, Switzerland, March 1997: 4-6.

[47] 中国卫星导航系统管理办公室. 北斗卫星导航系统空间信号接口控制文件.

第 2 章　国际天球参考系 ICRS 与国际地球参考系 ITRS

随着天文观测精度的不断提高，以及甚长基线干涉仪 (Very Long Baseline Interferometer, VLBI) 观测技术的进展，天体力学、天体测量、时间科学、地球自转理论、相对论以及相关研究领域的进展，一直沿用的赤道、黄道及其交点——春分点的天球参考系在实际应用中遇到困难：不同的星表对应于不同的春分点和基本平面 (赤道)，实际上相当于一本星表定义了一个天球参考系 [1]，显然，这样简单地定义天球参考系的方法不能适应高精度天文观测、天文应用及理论研究的需求，迫切需要定义一个统一的、高精度的惯性天球参考系——国际天球参考系 (International Celestial Reference System, ICRS)，以适应高精度天文观测、天文应用和理论研究的需求 [2-4]。

2.1　国际天球参考系

IAU(1991) 决议 A4 首次在基本天文学中引入广义相对论概念的决议，建立国际天球参考系的概念 [4-6]；国际大地测量和地球物理联合会 (International Union of Geodesy and Geophysics, IUGG) (1991) 决议 II 定义国际地球参考系 (International Terrestial Reference System, ITRS) [3]，IAU(1994) 定义了国际天球参考架 (International Celestial Reference Frame, ICRF) 的河外射电源表 [7]：以运动学概念定义国际天球参考架。IAU(1997) 决议 B2 要求从 1998 年 1 月 1 日起采用 IAU 决议定义的国际天球参考系和国际天球参考架，从 1998 年到 2000 年间，IAU 的 ICRS 工作组专门研究该决议的实现，2000 年 IAU Colloquium 180 "Towards Models and Constants for Sub-Microarcsecond Astrometry" 决议 (该决议之后成为 IAU 2000 决议 B1 (B1.1-B1.9)) 进一步规范了国际天球参考系 [8]，以上一系列的决议成为国际天球参考系的定义和实现的基础。

国际地球自转和参考系服务 (International Earth Rotation and Reference Systems Service, IERS) 根据 IAU 和 IUGG 决议给出相应的 IERS 规范 [9]：1983 年推出 "地球自转监测及观测技术内部比较与分析 (Monitoring of Earth-Rotation and Intercomparison of the Techniques of Observation and Analysis, MERIT) 标准"[10,11]，规范天体位置的计算采用直角坐标系，引入与广义相对论有关的光线弯

曲改正；1989 年推出 IERS 1989 标准 [2]；1992 年推出 IERS 1992 标准 [3]，根据
IAU 决议推出 IERS 的模型和天文常数系统，规范了地球参考系与天球参考系间
的转换；1996 年推出 IERS 1992 规范 [4]，修改了天文模型和天文常数系统，进一
步规范了地球参考系与天球参考系之间的转换 [12-14]；2002 年 IERS 工作组推出
IERS 2000 规范：“有关 2000 年 24 届 IAU 新天文决议的实现”[15]；2004 年推出
IERS 2003 规范 [16]；2010 年推出 IERS 2010 规范 [9]。IERS 所有规范是对 IAU
和 IUGG 有关参考系决议的具体实施：在相对论框架下的时空坐标系、天文模型
和天文常数系统、地球参考系与天球参考系实现及其之间转换。

2.1.1 IAU 有关国际天球参考系的决议

1991 年之前的天球参考系是基于牛顿力学的参考系：参考系为惯性参考系，
时空概念仍是欧几里得平直空间，天球参考系的架构基于某一瞬时赤道面和黄
道面的位置，某些广义相对论的效应在天体测量领域中仅作为一种修正形式出现
(MERIT 标准中加入光线偏折改正)[10]，在牛顿力学运动方程中广义相对论影响
也仅作为扰动力的形式出现。显然，这样定义的天球参考系与定义基准平面的运
动理论有关，由于岁差常数和岁差章动理论的误差影响，定义的平面与实际观测
有一定的差异，有时不得不用观测的真实位置替换由理论提供的春分点位置。另
外，原天球参考系的实现 (FK5 星表) 是由星表中恒星的具体位置所确定 [14,17]，
星表中恒星位置精度不高，在高纬度区恒星位置精度更差，往往低于行星的位置
精度，显然，随着天体测量精度的不断提高，迫切需要定义一个新的高精度天球
参考系。

基于上述原因，1991 年 8 月在布宜诺斯艾利斯召开的第 21 届 IAU 大会通
过了 IAU(1991) 决议 A4[3]，决议 A4 在广义相对论框架下定义参考系，首次在
天体力学、天体测量学、时间科学及地球自转理论中引入相对论，显然这是一个
具有里程碑意义的决议，决议 A4 的前 4 项定义了在广义相对论框架下时间和坐
标及其坐标系间的转换；IUGG (1991) 决议 II 定义了国际地球参考系 [18]，IAU
(2000) 决议 B1 进一步定义了天球参考系以及天球参考系与地球参考系之间的转
换 [15]。

1994 年 IAU 确定构建国际天球参考架的河外射电源表 [7]。河外射电源离我
们很远，在目前观测精度范围内可以完全忽略其自行，由河外射电源位置定义运动
学 (几何特性) 意义下的参考架 (参考系的实现)，显然这样定义并未涉及动力学的
概念，这样定义的参考系是惯性参考系。定义的天球参考系包括质心天球参考系
(Barycentric Celestial Reference System, BCRS) 和地心天球参考系 (Geocentric
Celestial Reference System, GCRS)，用广义相对论框架的度规张量描述时空系，
洛伦兹变换 (IAU(2000) 决议 B1.3) 描述它们之间的关系 [19]，在观测精度范围内

定义的天球参考系指向与 ICRS 系统一致，实现新、旧参考系之间的传承关系。

2.1.1.1　第 21 届 IAU 大会通过的 IAU (1991) 决议 A4

第 21 届 IAU 大会通过的 IAU (1991) 决议 A4 有 9 项 [3]，前 4 项决议是在相对论框架下定义时间和坐标系 (t, x)，定义了一个全新概念的时空参考系。

IAU (1991) 决议 A4 推荐 I：在相对论框架下定义时空坐标系

考虑到

现适时定义广义相对论框架下的几个时空坐标系。

推荐

选择原点在整个系统质心的四维 $(x^0 = ct, x^1, x^2, x^3)$ 时空坐标系，无穷小位移的时空间距平方 $\mathrm{d}s^2$ 近似为

$$\mathrm{d}s^2 = -c^2\mathrm{d}\tau^2 = -\left(1 - \frac{2U}{c^2}\right)\left(\mathrm{d}x^0\right)^2 + \left(1 + \frac{2U}{c^2}\right)\left[\left(\mathrm{d}x^1\right)^2 \left(\mathrm{d}x^2\right)^2 + \left(\mathrm{d}x^3\right)^2\right]$$

(2.1)

其中 c 为光速 ($c = 299792458\mathrm{m/s}$)；$\tau$ 为本征时间 (或原时)；$\mathrm{d}x^i$ 为第 i 维时空坐标位移 (i 从 0 至 3)；U 包括整个系统的全部天体引力势以及外部天体产生的引潮势之和，外部产生的引潮势在质心处为零。

注释

(1) 本决议的理论背景是用广义相对论定义时空参考系；

(2) 本决议表明时空不能用单一坐标系描述，坐标系的最佳选取应便于处理涉及的问题，能解释相关物理事件含义，整个系统引力势在远离原点处为零，外部天体引力产生的引潮势项在坐标系原点处为零；

(3) 决议中 $\mathrm{d}s^2$ 仅列出目前观测精度下的相关项，随着观测精度的提高和某些理论研究的特殊需要，用户可根据需要自行加入更高阶的项，如果 IAU 发现有必要加入近似公式更高阶的项，原则上加入更高阶的项不应改变本决议的其他部分；

(4) 时空间距平方 $\mathrm{d}s^2$ 中引力势的代数符号为正；

(5) 本决议给出的引潮势近似式：外部天体产生的牛顿势展开式中至少包含局部空间坐标的全部二阶项。

IAU (1991) 决议 A4 推荐 II：定义坐标轴的指向

考虑到

(1) 需要定义空间原点在整个太阳系质心的质心坐标系，空间原点在整个地球质心的地心坐标系，以及定义其他行星和月球类似的坐标系；

(2) 所定义的坐标系应为在空间和时间的最佳实现;

(3) 在所有的坐标系中使用相同的物理单位。

推荐

(1) 要求以太阳系质心为原点的质心天球参考系和以地球质心为原点的地心天球参考系相对于遥远河外射电源框架没有整体转动。

(2) 时间坐标应溯源到地球上原子钟的时间尺度。

(3) 所有坐标系的基本物理单位: 本征时间是 SI 秒, 本征长度是 SI 米。通过光速 ($c = 299792458\mathrm{m/s}$) 使本征长度与 SI 秒相连。

注释

(1) 基于决议 I 中天球参考系的理想定义, 本决议给出实际的物理结构和相应的量, 用于建立参考架和相应的时间尺度;

(2) 无法正确地估计质心天球参考系和地心天球参考系的整体转动速率, 因此假定大量的河外射电源的平均转动速率表征宇宙旋转, 并假定其速率为零;

(3) 如果本决议定义的质心参考系用于太阳系内动力学研究, 那么银河系测地岁差的运动学影响需要考虑;

(4) 另外, 考虑到本决议定义的地心参考系的转动受运动学约束, 如果系统用于动力学研究 (月亮及地球卫星的运动), 地心参考架相对于质心参考架与时间有关的测地岁差必须要考虑, 同时在运动方程中要引入相应的惯性项;

(5) 表示的天文常数和天文参量单位为 SI 单位, 不应出现与测量的参考系有关的转换因子。

IAU (1991) 决议 A4 推荐 III: 坐标时的尺度和零点的定义

考虑到

天文应用中需要坐标时的标准化零点和尺度。

推荐

(1) 原点于质心的所有坐标系的坐标时单位应是本征时, 即 SI 秒;

(2) 国际原子时 TAI 于 1977 年 1 月 1 日 00 时 00 分 00 秒 (JD=2443144.5, TAI) 在地心处的坐标时读数精确地等于 1977 年 1 月 1 日 00 时 00 分 32.184 秒;

(3) 以地球质心或太阳质心为原点的空间坐标系, 遵循上述 (1) 和 (2) 条款, 其对应的坐标时分别称为地心坐标时 (Geocentric Coordinate Time, TCG) 和质心坐标时 (Barycentric Coordinate Time, TCB)。

注释

(1) 在公共域中任何两个坐标系的坐标时变换可用矩阵张量的张量变换定律而不需要重新标度时间尺度, 因此各种坐标时间之间仅考虑坐标时零点, IAU (1976) 4、8、31 委员会决议 5 及 IAU (1979) 4、19、31 委员会决议 5 定义地球力学时 (Terrestrial Dynamical Time, TDT, 注: 后改名为地球时 TT) 和质心力学时 (Barycentric Dynamical Time, TDB) 间仅允许周期项 (P) 的差别, 根据决议, 它们之间的数学关系为

$$\text{TDB} = \text{TDT} + P \tag{2.2}$$

质心力学时 TDB 和质心坐标时 TCB 差别仅为速率的不同, 零点完全一样 (相同的时间起点: 国际原子时 1977 年 1 月 1 日 00 时 00 分 00 秒), 即

$$\text{TDB} = \text{TCB} - L_{\text{B}} \times (\text{JD} - 2443144.5) \times 86400 \tag{2.3}$$

L_{B} 目前估计值为 $1.550505 \times 10^{-8}(\pm 1 \times 10^{-14})$ [52]。

(2) 根据 IAU(1991)A4 决议的度规张量表达式, 实现 TCB 与 TCG 间的坐标时转换 (度规张量取到 $1/c^2$ 量级) 的 4 维时空转换关系:

$$\text{TCB} = \text{TCG} + \frac{1}{c^2}\left[\int_{t_0}^{t}\left(\frac{V_{\text{e}}^2}{2} + U_{\text{ext}}(\boldsymbol{X}_{\text{e}})\right)\mathrm{d}t + \boldsymbol{V}_{\text{e}} \cdot (\boldsymbol{X} - \boldsymbol{X}_{\text{e}})\right] \tag{2.4}$$

其中 $\boldsymbol{X}_{\text{e}}$, $\boldsymbol{X}$ 分别是用质心坐标表示的地球质心位置矢量和观测者位置矢量, $\boldsymbol{V}_{\text{e}}$ 是地球质心的质心速度矢量, U_{ext} 是除地球外所有太阳系天体在地球质心处的牛顿引力势之和, 积分中时间变量为 TCB , 即 $t = \text{TCB}$, t_0 为坐标时的起算点 (零点), 即国际原子时 1977 年 1 月 1 日 00 时 00 分 00 秒, TCB 坐标时的零点选择与 TT 一致。在二阶近似下, 上式可近似为

$$\text{TCB} = \text{TCG} + L_{\text{C}} \times (\text{JD} - 2443144.5) \times 86400 + \frac{\boldsymbol{V}_{\text{e}} \cdot (\boldsymbol{X} - \boldsymbol{X}_{\text{e}})}{c^2} + P \tag{2.5}$$

目前 L_{C} 估计值为 1.480813×10^{-8} $(\pm 1 \times 10^{-14})$ [52]。显然, L_{C} 包含积分中地球速度和引力势的平均贡献, 与平均值之差的剩余部分的积分表示为周期项 P。$L_{\text{C}} = \frac{3GM}{2c^2a} + \varepsilon$, 其中 G 为引力常数; M 为太阳质量; a 为地球公转轨道的日地平均距离; ε 为小量 (10^{-12} 量级), 为所有行星对地球引力势的平均贡献。P 为周期项, 由 Hirayama 等 "TDB−TDT$_0$" 解析表达式表示 [53], 该项为周日项, 并与地面观测者的地理坐标有关, 振幅最大不超过 2.1 微秒。

(3) 坐标时零点到目前 (本决议) 为止还是开放的，定义地心处坐标时零点和决议 4 的 TT 零点一致，即国际原子时 1977 年 1 月 1 日 00 时 00 分 00 秒时刻 (见 A4 决议 IV 中第 3 款)。

(4) 当用到 TCB 和 TCG 时，表示为 TCB(xxx)，符号 xxx 代表实现 TCB 和 TCG 时间尺度的溯源 (例如 TAI)，以及用于转换成 TCB 或 TCG 的理论。

公式 (2.3)~(2.5) 完全确定了 4 种时间 (TT、TCG、TDB、TCB) 间的相互关系。决议完全确定了坐标时，即既定义了坐标时尺度和零点，又确定了各种时间系统尺度之间的关系，根据关系式很容易从一种时间系统正确地转换到另一种时间系统。

IAU (1991) 决议 A4 推荐 IV：地球时 TT 的定义

考虑到

(1) 地面观测事件的时间计量和大地测量应用，用单位 SI 秒作为地球标准时间尺度的实现；

(2) 国际原子时由第 14 届 (1971) 国际计量大会 (General Conferenece of Weights & Measures, CGPM) 通过 TAI 的定义，并被第 9 次 (1980) 国际秒定义咨询委员会 (Consultative Committee for the Definition of the Second, CCDS) 正式确认。

推荐

(1) 地心视历表的时间参考为地球时 TT；

(2) 地球时 TT 时间尺度应与 IAU (1991) 决议 A4 推荐 III 定义 TCG 在速率上有一个固定差值，地球时 TT 时间尺度选择与在地球水准面上 SI 秒一致；

(3) 在国际原子时 1977 年 1 月 1 日 00 时 00 分 00 秒 (JD=2443144.5, TAI) 时刻，TT 读数精确地等于 1977 年 1 月 1 日 00 时 00 分 32.184 秒。

注释

(1) 在地面上的时间测量基准是国际原子时 TAI，通过加入对应的改正数使国家时间标准或原子钟钟面时刻归算到国际原子时 TAI，国际原子时时间尺度由第 59 次 (1970) 国际计量委员会 (International Committee of Weights and Measures, CIPM) 会议定义，并在第 14 届 (1971) 国际计量大会通过认定，致使国际原子时 TAI 真正成为地面测量的时间标准。但是，有些情况下国际原子时的测量误差是不能忽略的，因此需要定义比国际原子时更为理想的时间尺度，地球时 TT 就是国际原子时理想形式的时间尺度，它与国际原子时的差值为 32.184 秒。

(2) TAI 时间尺度的建立和发布基于在地心坐标系中时间坐标同步的原则，解释见第 9 次 (1980) 国际秒定义咨询委员会和国际无线电咨询委员会 (International Radio Consultative Committee，CCIR) 报告 VII 卷附录 (1990)。

(3) 为了定义 TT，必须用度规张量形式精确地定义坐标系，根据 IAU(1991) 决议 I 给出的度规完全满足目前最优频率标准的不确定度的要求。

(4) 为了保持与以前定义的历表时间变量——历书时 ET 近似连续，引入时间偏差改正：国际原子时 1977 年 1 月 1 日 00 时 00 分 00 秒 (JD=2443144.5, TAI) 时刻精确地等于地球时 1977 年 1 月 1 日 00 时 00 分 32.184 秒，即

$$\text{TT} - \text{TAI} = 32.184\text{s} \tag{2.6}$$

应该对 TAI 进行频率驾驭，使得 TAI 尺度单位与在水准面上 SI 秒的最佳实现尽可能地相一致。TT 应认作 TDT，即 4、8 和 31 委员会决议 5(1976) 及 4、19 和 31 委员会决议 5(1979) 定义的 TDT。

(5) TAI 和 TT 偏离是由原子频标的物理缺陷所致，1977~1990 年之间，除了固定偏离 32.184 秒之外，起伏大致不超过 ±10 微秒，随着时间标准精度提高，预期未来这个偏离量增速会变慢，大部分情况下，特别在历书方面的应用，这个起伏量可以忽略，因此历书用的时间变量可认作 TT−TAI=32.184s。

(6) TT 不同于 TCG，TCG 是地心参考系在地心处的地心坐标时,TT 是地心参考系在大地水准面上的坐标时，TT 时间单位选择与水准面上 SI 一致，如决议 III 所定义，TCG 与 TT 坐标时间尺度之差仅存在固定的速率差：

$$\text{TCG} = \text{TT} + L_\text{G} \times (\text{JD} - 2443144.5) \times 86400 \tag{2.7}$$

L_G 常数最佳估计值：$L_\text{G} = 6.969291 \times 10^{-10}(\pm 3 \times 10^{-16})$，导出源于水准面上引力势的最新估计值 $W = 62636860(\pm 30)\text{m}^2/\text{s}^2$ [54]，为避免混乱，两个时间尺度用不同名字识别。决议 III 中注释 (1) 和 (2) 给出 L_B 与 L_C 和 L_G 之间的关系：

$$L_\text{B} = L_\text{C} + L_\text{G} \tag{2.8}$$

(7) TT 测量单位是在水准面上的 SI 秒，可以借用惯用关系，即 TT 的 1 日为在水准面上 86400 SI 秒，TT 儒略年为 365.25 TT 日，为了避免出现混淆，在实际应用时要注明 TT。TAI 时间间隔和 TT 时间尺度的符合度在基准原子频标不确定度范围之内 (1990 年为 $\pm 2 \times 10^{-14}$)。

(8) TT 的标记可跟随任何系统，如儒略日期的日历系统，为了避免出现混淆，要注明 TT。

(9) 建议 TT 实现记作 TT(xxx)，这里 xxx 是标识符，在绝大多数情况下可近似为 TT(TAI) = TAI + 32.184s。但是有些应用时选择其他形式，如国际计量局 (BIPM) 发布的时间尺度 TT(BIPM90)。

2.1.1.2 第 24 届 IAU 大会通过的 IAU(2000) 决议 B1.1~B1.9 及 B2

IAU(1991) 决议 A4 有一定局限性, 在质心坐标系中坐标时的实现和时间转换取到 c^2 项, 相当于在时间速率上的精度约为 10^{-16}, 显然, 这样的精度对某些理论研究和某些特殊应用还是不够的。2000 年 3 月 30 日, IAU 召开 180 学术专题讨论会: "亚微角秒量级天体测量的模型和常数"(Towards Models and Constants for Sub-Microarcsecond Astrometry), 该专题讨论会通过了 11 项决议, 被 2000 年第 24 届 IAU 大会 (2000 年 8 月于英国曼彻斯特) 所确认, 成为 IAU(2000) 决议 B1.1~B1.9 及 B2, 2002 年 IERS 工作组推出 "有关 2000 年第 24 届 IAU 新的天文决议实现的规范" [19], 后正式成为 2004 年的 IERS 2003 规范 [16]。

天球参考系的定义要顾及适合于参考系的实现, 决议 B1.8 在 GCRS 和 ITRS 中采用无旋转原点 (Non-Rotating Origin, NRO) 概念, 在 GCRS 的天球中间极 (Celestial Intermediate Pole, CIP) 赤道上用无旋转原点概念定义了天球历书零点 (Celestial Ephemeris Origin, CEO), 在 ITRS 的 CIP 赤道上定义了地球历书零点 (Terrestrial Ephemeris Origin, TEO)。地球自转角 (Earth Rotation Angle, ERA) 定义为在 CIP 赤道上 (即沿中间极的赤道) 指向 CEO 单位矢量和指向 TEO 单位矢量间的夹角, 即为 CEO 和 TEO 之间沿中间极赤道计量的弧段, 显然, 地球自转角的定义独立于地球轨道运动 (地球公转), 它真实地描述了地球本体绕 CIP 自转轴的旋转特性, 真实显露了 UT1 的属性, 同时地球自转角的严格定义, 实现了 GCRS 和 ITRS 之间的严格转换。

IAU(2000) 决议 B1.1: 参考系与参考架的建立与维持

注意到

(1) 第 23 届 IAU 大会 (1997) 决议 B2 指定基本参考架为由 IAU 参考架工作组定义的国际天球参考架 (ICRF);

(2) 第 23 届 IAU 大会 (1997) 决议 B2 指定 Hipparcos 星表为 ICRS 在光学波段的主要实现;

(3) 对参考系的精确定义的需求, 定义的参考系必须具有前所未有的精度。

认识到

(1) VLBI 持续观测对保持 ICRF 的重要性;

(2) VLBI 观测对确定 ICRF 和 ITRF 之间转换随时间变化参数的重要性;

(3) Hipparcos 框架与 ICRF 框架间的逐渐偏离;

(4) 需要维持光学波段参考架的实现 (Hipparcos 框架), 应尽可能靠近定义的 ICRF。

推荐

(1) IAU Division I 继续组建天球参考系工作组，会同 IERS 商讨国际天球参考系的维持。

(2) IAU 推荐国际 VLBI 大地测量和天体测量服务 (International VLBI Service for Geodesy and Astrometry，IVS) 作为 IAU 服务机构。

(3) 邀请 IVS 官方代表参加 IAU 天球参考系工作组。

(4) IAU 继续指派官方代表参加 IVS 管理部门。

(5) 大地测量和天文观测的 VLBI 观测纲要要考虑 ICRF 的维持、与 Hipparcos 框架的联结 (特别是南天区的源)、观测网的构建和资料贡献。

(6) 学术界应用的地基和空基观测要优先考虑：① Hipparcos 光学框架的维持及其他波段框架的维持；② 其框架与 ICRF 的联结。

IAU(2000) 决议 B1.2：Hipparcos 天球参考架

注意到 [20,21]

(1) 第 23 届 IAU 大会 (1997) 决议 B2 指定 Hipparcos 星表为国际天球参考系 (ICRS) 在光学波段的主要实现；

(2) 这个实现必须是最高的精度；

(3) Hipparcos 星的自行有些是已知的，有些是可疑的，还有些轨道运动复杂的双星或多重星的自行未能改正轨道运动的影响；

(4) 作为 ICRS 参考系广泛应用的 Hipparcos 星表需要向暗星延伸；

(5) 避免混淆 ICRF 与 Hipparcos 星表框架的需要；

(6) ICRF 框架与 Hipparcos 星表框架的渐进式偏离。

推荐

(1) 修改第 23 届 IAU 大会 (1997) 决议 B2：ICRS 光学波段的框架中不包括 Hipparcos 星表中注释为 C、G、O、V、X 的恒星；

(2) 修改后的 Hipparcos 框架标记为 Hipparcos 天球参考架 HCRF。

IAU(2000) 决议 B1.3：质心天球参考系和地心天球参考系的定义

考虑到

(1) 第 21 届 IAU 大会 (1991, 布宜诺斯艾利斯) 决议 A4 定义了时空坐标参考系：

(a) 太阳系 (现称为质心天球参考系,BCRS)，

(b) 地球 (现称为地心天球参考系,GCRS)；

(2) 要求给出 BCRS 和 GCRS 度规张量紧凑的自洽形式；

(3) 在广义相对论中已用谐和的度规张量，发现在解决许多实际应用问题时既简单又实用。

推荐

(1) BCRS 和 GCRS 选择谐和的坐标系。

(2) 在质心坐标 $(t, \boldsymbol{x})(t = \mathrm{TCB})$ 中质心度规张量 $g_{\mu\nu}$ 的时–时和空–空的分量用牛顿势的标量势 $w(t, \boldsymbol{x})$ 表示，其空–时分量用矢量势 $w^i(t, \boldsymbol{x})$ 表示，边界条件为：当远离太阳系时这两类势均趋于零。相对于质心坐标 $(t, \boldsymbol{x})$ $(t =\mathrm{TCB})$ 的度规张量 $g_{\mu\nu}$ 为

$$g_{00} = -1 + \frac{2w}{c^2} - \frac{2w^2}{c^4}$$
$$g_{ij} = \delta_{ij}\left(1 + \frac{2}{c^2}w\right) \tag{2.9}$$
$$g_{0i} = -\frac{4}{c^3}w^i$$

其中

$$w(t, \boldsymbol{x}) = G\int \mathrm{d}^3\boldsymbol{x}'\frac{\sigma(t, \boldsymbol{x}')}{|\boldsymbol{x} - \boldsymbol{x}'|} + \frac{1}{2c^2}G\frac{\partial^2}{\partial t^2}\int \mathrm{d}^3\boldsymbol{x}'\sigma(t, \boldsymbol{x})\,|\boldsymbol{x} - \boldsymbol{x}'|$$
$$w^i(t, \boldsymbol{x}) = G\int \mathrm{d}^3\boldsymbol{x}'\frac{\sigma^i(t, \boldsymbol{x}')}{|\boldsymbol{x} - \boldsymbol{x}'|}$$

σ 和 σ^i 分别是引力质量密度和惯性质量密度。

(3) 地心坐标 $(T, \boldsymbol{X})$ $(T=\mathrm{TCG})$ 的度规张量 $G_{\alpha\beta}$ 与质心坐标的度规张量有相同的形式，但地心坐标的度规张量用的势为 $W(T, \boldsymbol{X})$ 和 $W^a(T, \boldsymbol{X})$，其势由两个部分组成，即源于地球引力作用的势为 W_E 和 W_E^a，源于地球之外的引力体的潮汐势和惯性力影响分别为 W_{ext} 和 W_{ext}^a，张量的外部引力势在地心处趋于零，它的展开式为 X 正幂级数，显然，相对于地心坐标 $(T, \boldsymbol{X})$ $(T = \mathrm{TCG})$ 的度规张量 $G_{\alpha\beta}$ 为

$$G_{00} = -1 + \frac{2W}{c^2} - \frac{2W^2}{c^4}$$
$$G_{ab} = \delta_{ab}\left(1 + \frac{2}{c^2}W\right) \tag{2.10}$$
$$G_{0a} = -\frac{4}{c^3}W^a$$

地心引力势 W 和 W^a 分别为

$$W(T, \boldsymbol{X}) = W_E(T, \boldsymbol{X}) + W_{\text{ext}}(T, \boldsymbol{X})$$

$$W^a(T, \boldsymbol{X}) = W_E^a(T, \boldsymbol{X}) + W_{\text{ext}}^a(T, \boldsymbol{X})$$

地球势 W_E 和 W_E^a 与前述 w_E 和 w_E^i 定义相同，但物理量在 GCRS 框架内计算，并对整个地球进行积分。

(4) 根据精度要求，对应的度规张量用完全后牛顿坐标转换形式，实现 BCRS 和 GCRS 之间的转换，对于运动学非旋转的参考系 GCRS($T = $ TCG, $t = $ TCB)，$r_E^i \equiv x^i - x_E^i(t)$(公式隐含从 1 到 3 求和)

$$
\begin{aligned}
T \equiv{} & t - \frac{1}{c^2}[A(t) + v_E^i r_E^i] \\
& + \frac{1}{c^4}[B(t) + B'(t)\, r_E^i + B^{ij}(t)\, r_E^i r_E^j + C(t, \boldsymbol{x})] + O(c^{-5})
\end{aligned}
$$

$$
\boldsymbol{X}^a = \delta_{ai}\left[r_E^i + \frac{1}{c^2}\left(\frac{1}{2}v_E^i v_E^j r_E^j + w_{\text{ext}}(\boldsymbol{x}_E) r_E^i + r_E^i a_E^j r_E^j - \frac{1}{2}a_E^i r_E^2\right)\right] + O(c^{-4})
$$

其中

$$
\frac{\mathrm{d}}{\mathrm{d}t}A(t) = \frac{1}{2}v_E^2 + w_{\text{ext}}(\boldsymbol{x}_E)
$$

$$
\frac{\mathrm{d}}{\mathrm{d}t}B(t) = -\frac{1}{8}v_E^4 - \frac{3}{2}v_E^2 w_{\text{ext}}(\boldsymbol{x}_E) + 4v_E^i w_{\text{ext}}^i(\boldsymbol{x}_E) + \frac{1}{2}w_{\text{ext}}^2(\boldsymbol{x}_E)
$$

$$
B^i(t) = -\frac{1}{2}v_E^2 v_E^i + 4w_{\text{ext}}^i(\boldsymbol{x}_E) - 3v_E^i w_{\text{ext}}(\boldsymbol{x}_E)
$$

$$
B^{ij}(t) = -v_E^i \delta_{aj} Q^a + 2\frac{\partial}{\partial x^j}w_{\text{ext}}^i(\boldsymbol{x}_E) - v_E^i \frac{\partial}{\partial x^j}w_{\text{ext}}(\boldsymbol{x}_E) + \frac{1}{2}\delta^{ij}\dot{w}_{\text{ext}}(\boldsymbol{x}_E)
$$

$$
C(t, \boldsymbol{x}) = -\frac{1}{10}r_E^2(\dot{a}_E^i r_E^i)
$$

这里 $\boldsymbol{x}_E^i$、$\boldsymbol{v}_E^i$、$\boldsymbol{a}_E^i$ 分别是地球的质心位置矢量、地球的质心速度矢量、地球的质心加速度矢量，字母上的点代表对 t 完全求导，以及

$$
Q^a = \delta_{ai}\left[\frac{\partial}{\partial x_i}w_{\text{ext}}(\boldsymbol{x}_E) - a_E^i\right]
$$

外部势 w_{ext} 和 w_{ext}^i 分别为

$$
w_{\text{ext}} = \sum_{A \neq E} w_A
$$

$$w_{\text{ext}}^i = \sum_{A \neq E} w_A^i$$

E 代表地球，w_A 和 w_A^i 分别为仅对引力体 A 积分的 w 和 w^i 函数。

注释

应注意到由 w_A 和 w_A^i 表示的 g_{00} 精度达到 $O(c^{-5})$，g_{0i} 达到 $O(c^{-5})$，g_{ij} 达到 $O(c^{-4})$。根据相关的参考文献计算太阳系天体物质的能动张量分量的方法确定质量密度 σ 和 σ^i，表示为 c^{-n} 的 $G_{\alpha\beta}$ 精度与 $g_{\mu\nu}$ 相当。

外部势 W_{ext} 和 W_{ext}^a 可写成

$$W_{\text{ext}} = W_{\text{tidal}} + W_{\text{iner}}$$
$$W_{\text{ext}}^a = W_{\text{tidal}}^a + W_{\text{iner}}^a \tag{2.11}$$

W_{tidal} 为潮汐势的牛顿表达式，W_{tidal}^a 为后牛顿表达式，具体可参阅相关文章。势 W_{iner} 和 W_{iner}^a 是惯性的贡献，是 X_A^a 的线性函数，前者主要是地球非球体引起的外部势。在非旋转运动学地心参考系中，W_{iner}^a 描述了测地进动引起的科里奥利力。

最后，地球局域引力势 W_E 和 W_E^a 与质心引力势 w_E 和 w_E^i 之间的关系为

$$W_E(T, \boldsymbol{X}) = w_E(t, \boldsymbol{x}) \left(1 + \frac{2}{c^2} v_E^2\right) - \frac{4}{c^2} v_E^i w_E^i(t, \boldsymbol{x}) + O(c^{-4})$$

$$W_E^a(T, \boldsymbol{X}) = \delta_{ai} \left(w_E^i(t, \boldsymbol{x}) - v_E^i w_E(t, \boldsymbol{x})\right) + O(c^{-2})$$

IAU(2000) 决议 B1.4：后牛顿引力势系数

考虑到

(1) 在天体力学和天体测量领域中的应用，地球之外的太阳系天体表示为系数展开形式的参量化张量势 (多极矩) 特别有用；

(2) 有关文献已导出具有物理意义的后牛顿势系数。

推荐

(1) 在 GCRS 中，地球本体之外的后牛顿地球势 W_E 的展开式：

$$W_E(T, \boldsymbol{X})$$

$$= \frac{GM_E}{R} \left[1 + \sum_{l=2}^{\infty} \sum_{m=0}^{+l} \left(\frac{R_E}{R}\right)^l P_{lm}(\cos\theta) \left(C_{lm}^E(T) \cos m\varphi + S_{lm}^E(T) \sin m\varphi\right)\right]$$

$$\tag{2.12}$$

在合理精度情况下，C_{lm}^E 和 S_{lm}^E 与 Damour 等引入的后牛顿多极矩相同 [55]。θ 和 φ 是 GCRS 空间坐标 X^a 的极角，其模为 $R = |\boldsymbol{X}|$。

(2) 相对论框架下地球本体之外天体的矢量势 W_E^a(由此导出著名的薄透镜效应) 可用地球总角动量矢量 $\boldsymbol{S}_E$ 表示：

$$W_E^a(T, \boldsymbol{X}) = -\frac{G}{2}\frac{(\boldsymbol{X} \times \boldsymbol{S}_E)^a}{R^3}$$

IAU(2000) 决议 B1.5：相对论框架下太阳系内坐标时的转换与实现

考虑到

(1) 第 21 届 IAU 大会决议 A4 定义了广义相对论框架下的太阳时空坐标参考系 (质心天球参考系，BCRS) 和地球时空坐标参考系 (地心天球参考系，GCRS)；

(2) 决议 B1.3 "质心天球参考系和地心天球参考系的定义" 已分别命名为质心天球参考系 (BCRS) 和地心天球参考系 (GCRS)，在广义相对论框架下，以一阶后牛顿的精度表述了矩阵张量及它们之间坐标转换关系；

(3) 预期到原子钟的完好性，以及未来的时间和频率测量将在 BCRS 框架下应用；

(4) 以上理论研究工作臻已完成。

推荐

太阳系内坐标时的转换和实现可引用决议 B1.3：

(1) 度规张量为

$$
\begin{aligned}
g_{00} &= -\left[1 - \frac{2}{c^2}\left(w_0(t, \boldsymbol{x}) + w_L(t, \boldsymbol{x})\right) + \frac{2}{c^4}\left(w_0^2(t, \boldsymbol{x}) + \Delta(t, \boldsymbol{x})\right)\right] \\
g_{ij} &= \delta_{ij}\left[1 + \frac{2w_0(t, \boldsymbol{x})}{c^2}\right] \\
g_{0i} &= -\frac{4}{c^3}w^i(t, \boldsymbol{x})
\end{aligned}
\tag{2.13}
$$

其中坐标 $(t, \boldsymbol{x})$ (质心坐标时 t = TCB，$\boldsymbol{x}$) 是质心坐标；$w_0 = G\sum_A \dfrac{M_A}{r_A}$，对所有太阳系引力质量天体 M_A 求和；$\boldsymbol{r}_A = \boldsymbol{x} - \boldsymbol{x}_A$，$\boldsymbol{x}_A$ 是 A 引力质量天体的质心坐标，$r_A = |\boldsymbol{r}_A|$；w_L 包含每一个引力质量天体的多极距展开项 (参见决议 B1.4：后牛顿引力势系数)；矢量势：$w^i(t, \boldsymbol{x}) = \sum_A w_A^i(t, \boldsymbol{x})$ 和 $\Delta(t, \boldsymbol{x}) = \sum_A \Delta_A(t, \boldsymbol{x})$，详见注释 (2)。

(2) 地心坐标时 TCG 与质心坐标时 TCB 关系 (以足够高的精度) 可表示为

$$\mathrm{TCB} - \mathrm{TCG} = \frac{1}{c^2}\left[\int_{t_0}^{t}\left[\frac{v_E^2}{2} + w_{0\mathrm{ext}}(\boldsymbol{x}_E)\,\mathrm{d}t\right] + v_E^i r_E^i\right]$$

$$-\frac{1}{c^4}\left[\int_{t_0}^{t}\left(-\frac{1}{8}v_E^4 - \frac{3}{2}v_E^2 w_{0\mathrm{ext}}(\boldsymbol{x}_E) + 4v_E^i w_{\mathrm{ext}}^i(\boldsymbol{x}_E)\right.\right.$$

$$\left.\left. +\frac{1}{2}w_{0\mathrm{ext}}^2(\boldsymbol{x}_E)\right)\mathrm{d}t - \left(3w_{0\mathrm{ext}}(\boldsymbol{x}_E) + \frac{v_E^2}{2}\right)v_E^i r_E^i\right] \qquad (2.14)$$

其中 v_E 是地球的质心速度, 下标 ext 表示对除了地球之外的所有天体求和。

注释

(1) 离太阳几个太阳半径的区域, 本公式在速率上的不确定度优于 5×10^{-18}, 准周期项振幅变化率优于 5×10^{-18}, 相位小于 0.2 皮秒。离地球 50000 公里范围内 BCRS 和 GCRS 基本参考系之间的转换不确定度也有相同的量级, 也许天文量的误差会引入较大的误差。

(2) 根据上述不确定度, 引力体 A 矢量势 $w_A^i(t, \boldsymbol{x})$ (以足够的精度) 可表示为

$$w_A^i(t, \boldsymbol{x}) = G\left[\frac{-(\boldsymbol{r}_A \times \boldsymbol{S}_A)^i}{2r_A^3} + \frac{M_A v_A^i}{r_A}\right]$$

$\boldsymbol{S}_A$ 是引力体 A 的总角动量, v_A^i 是引力体 A 的质心坐标速度。

$\Delta_A(t, \boldsymbol{x})$ (以足够的精度) 可表示为

$$\Delta_A(t, \boldsymbol{x})$$

$$= \frac{GM_A}{r_A}\left[-2V_A^2 + \sum_{B \neq A}\frac{GM_B}{r_{BA}} + \frac{1}{2}\left[\frac{(r_A^k V_A^k)^2}{r_A^2} + r_A^k a_A^k\right]\right] + \frac{2GV_A^k(\boldsymbol{r}_A \times \boldsymbol{S}_A)^k}{r_A^3}$$

其中 $r_{BA} = |\boldsymbol{x}_B - \boldsymbol{x}_A|$, a_A^k 为引力体 A 的质心坐标加速度, $\boldsymbol{S}_A$ 项仅在木星和土星附近空间区域考虑其影响, 木星为 $S \approx 6.9 \times 10^{-38}$ m²·kg/s, 土星为 $S \approx 1.4 \times 10^{-38}$ m²·kg/s。

(3) 因为本决议是在一阶后牛顿量级上对 IAU(1991) 决议的延伸, IAU(1991) 定义的常数 L_C 和 L_B 应该是平均, 即 $\left\langle\dfrac{\mathrm{TCG}}{\mathrm{TCB}}\right\rangle = 1 - L_C$, 以及 $\left\langle\dfrac{\mathrm{TT}}{\mathrm{TCB}}\right\rangle = 1 - L_B$, TT 是地球时, $\langle\,\rangle$ 概念是足够长时间平均, 根据决议 B1.9 "地球时 TT 的重新定义", 目前最佳估计值 [56] 应为

$$L_C = 1.48082686741 \times 10^{-8} \pm 2 \times 10^{-17} \qquad (2.15)$$

用关系式 $1 - L_{\mathrm{B}} = (1 - L_{\mathrm{C}})(1 - L_{\mathrm{G}})$

$$L_{\mathrm{B}} = 1.55051976749 \times 10^{-8} \pm 3 \times 10^{-17}$$

L_{G} 值参见决议 B1.9。

由于 L_{C} 和 L_{B} 值不是随意定义的，当要求精度达 10^{-16} 或更高时，转换公式中不能引用这些数值。

(4) 当 TCB–TCG 用于行星历表计算时，历表时间变量 T_{eph} 相当接近质心力学时 (TDB)，而不是 TCB，决议 2 第一部分积分可为

$$\int_{t_0}^{t} \left[\frac{v_E^2}{2} + w_{0\mathrm{ext}}\left(\boldsymbol{x}_E\right) \right] \mathrm{d}t = \left[\int_{T_{\mathrm{eph0}}}^{T_{\mathrm{eph}}} \left[\frac{v_E^2}{2} + w_{0\mathrm{ext}}\left(\boldsymbol{x}_E\right) \right] \mathrm{d}t \right] / (1 - L_{\mathrm{B}}) \quad (2.16)$$

IAU(2000) 决议 B1.6：IAU2000 岁差章动模型

考虑到 [22]

(1) IAU 和 IUGG 有关 "非刚体地球章动理论" 工作组 (IAU-IUGG-WG) 的研究成果：

(a) 已建立新的高精度刚体地球章动系列，如：文献 [57]~[59]；

(b) 完成了新的非刚体地球 (非流体静力学平衡态附以滞、弹性地幔) 的转换函数与观测相一致的自由核章动周期的比较；

(c) 数值积分模型未包括有关地核的耗散部分；

(d) 需要建立其他地球物理和天文现象影响的模型，如海潮和大气潮，这些量的模型还有待进一步发展。

(2) 根据 IAU(1994) 决议 C1，IERS 将在 2000 规范中推出岁差章动模型，该模型精度为 0.2 毫角秒 (mas)，与目前观测精度相匹配。

(3) 已经建立了半分析型的受迫章动地球物理理论，已考虑了下列现象的部分或全部的影响：核幔与内、外核之间边境滞弹性和电磁耦合作用，周年大气潮汐，测地章动和海洋潮。

(4) 有必要对所有章动周期进行海洋潮影响的改正。

(5) 还存在合理但未改正的经验模型项。

同意

IAU 和 IUGG 有关 "非刚体地球章动理论" 工作组 (IAU-IUGG WG) 的结论 [60] 和各类比较。

推荐

2003 年 1 月 1 日起, 精度要求 0.2 毫角秒的用户使用基于转换函数的 2000A 岁差章动模型 (MHB2000, 基于 Mathews、Herring 和 Buffett 的转换函数) 替代 IAU 1976 岁差和 1980 章动模型; 精度要求 1 毫角秒的用户使用简略形式岁差章动模型 IAU 2000B。同时 IERS 20000 规范提供岁差速率、交角速率和 J2000.0 历元偏差改正。

鼓励

(1) 继续探索非刚体地球章动理论;

(2) 借助于持续 VLBI 观测, 精化章动系列和章动理论, 监测不可预测的自由核章动;

(3) 发展与 2000A 模型一致的岁差表达式。

IAU(2000) 决议 B1.7: 天球中间极的定义

注意到

为适用于前所未有的天文观测精度, 需要精确地定义参考系。

考虑到

(1) 需要定义与地球自转角相关的地球自转轴;

(2) 天球历书极 (CEP) 并未考虑周日和更高频率在地球指向运动中的影响。

推荐

(1) 天球中间极 CIP 是描述 GCRS 周期大于 2 天的地球蒂塞朗平极 (Tisserand mean axis);

(2) 当使用 IAU 2000A 岁差章动模型时 (参见决议 B1.6), 天球中间极 CIP 在 J2000.0 的方向偏离于 GCRS 极的方向;

(3) 天球中间极在 GCRS 中的运动由 IAU 2000A 岁差、大于 2 天受迫章动模型以及 IERS 根据天文测地观测提供的与时间相关的额外改正确定;

(4) 天球中间极在 ITRS 中的运动由天文与测地观测、模型 (包括高频部分) 确定, 由 IERS 提供;

(5) 要求更高精度的用户, 由 IERS 指定的程序提供天球中间极在 ITRS 中的运动模型进行改正;

(6) 天球中间极于 2003 年 1 月 1 日启用。

注释

(1) 天球中间极在 ITRS 运动模型中包括周期短于 2 天的受迫章动项影响；

(2) 地球蒂塞朗平极对应于地球平均表面地理短轴 [14]；

(3) 根据 IAU 一系列的决议，显然天球历书极不再需要。

IAU(2000) 决议 B1.8: 天球和地球历书零点的定义和应用

考虑到

(1) 天球参考系定义要顾及协议参考系的实现，并与当前观测精度相一致；

(2) 地球在恒星空间的自转需要有严格的定义；

(3) 描述地球自转要与地球轨道运动分开。

注意到

应用瞬时赤道上无旋转原点的概念 [61] 完全满足上面要求，其定义的 UT1 对岁差章动变动不灵敏，影响仅为微角秒水平。

推荐

(1) 在 GCRS 中采用无旋转原点，该点在 CIP 赤道上，称为天球历书零点 CEO；

(2) 在 ITRS 中采用无旋转原点，该点在 CIP 赤道上，称为地球历书零点 TEO；

(3) ERA 是在 CIP 赤道上 (即沿中间极赤道) 指向 CEO 单位矢量和指向 TEO 单位矢量间的夹角，UT1 与地球自转角 ERA 呈线性关系；

(4) 通过 CIP 在 GCRS 和 ITRS 中的位置及地球自转角 ERA 参量，实现 GCRS 和 ITRS 之间的转换；

(5) 2003 年 1 月 1 日起 IERS 实施本决议；

(6) IERS 继续负责为用户提供规范转换的数据和算法。

注释

(1) 天球历书零点 CEO 位置可根据 CIP 的 IAU 2000A 岁差章动模型及在 J2000.0 历元 CIP 相对于 ICRF 极偏离的最新改正值计算，由 Capitaine 等 [62] 提供的算法实施。

(2) TEO 位置与极移有关，可根据 IERS 资料用 Capitaine 等 [62] 提供的算法外推获得地球历书零点 TEO 的位置。

(3) 地球自转角 θ 与 UT1 的线性关系应保证 UT1 在相位 (关系式的常数项) 和速率 (与时间有关的比例因子) 上与原 UT1 与格林尼治平恒星时 GMST 的关

系的 UT1 连续, 其定义为

$$\theta(\mathrm{UT1}) = 2\pi(0.7790572732640 + 1.00273781191135448 \times T_u) \tag{2.17}$$

T_u 为世界时 UT1 从 2000 年 1 月 1 日 12 时起算的儒略日数, 即

$$T_u = (\mathrm{JD_{UT1}} - 2451545.0)$$

IAU(2000) 决议 B1.9: 地球时 TT 的重新定义

考虑到

(1) IAU (1991) 决议 A4 推荐 IV 已定义了地球时 TT;

(2) 地球水准面定义的复杂性和时变性, 是致使 TT 定义和实现的不确定因素, 也许在不久的将来, 它将成为从原子钟实现 TT 的主要误差源。

推荐

定义 TT 与 TCG 时间尺度之间比率为固定值 $\mathrm{d(TT)}/\mathrm{d(TCG)} = 1 - L_\mathrm{G}$, 其中 $L_\mathrm{G} = 6.969290134 \times 10^{-10}$ 是定义常数 (不再是估计值)。

注释

(1) L_G 计算公式为 $L_\mathrm{G} = U_\mathrm{G}/c^2$, $U_\mathrm{G}(U_\mathrm{G} = 62636856\mathrm{m}^2/\mathrm{s}^2)$ 是目前在大地水准面上的重力势最佳估计值, 1991 年由 IAG 第 3 特别委员会提供。

(2) IAU A4(1991) 决议 IV 引入 L_G, 现为定义常数。

IAU(2000) 决议 B2: 协调世界时

考虑到

(1) 确定协调世界时 UTC(不定期地插入 "闰秒") 依赖于对世界时 UT1 的天文观测;

(2) 闰秒的不可预报性影响了现代通信和导航;

(3) 天文观测能提供地球自转速率长期加速的精确估计值。

推荐

(1) IAU 建立工作组, 负责在 IAU (2003) 大会向 IAU Division I 提交对 UTC 的重新定义;

(2) 讨论对闰秒的要求, 在估计时间间隔内插入闰秒的可能性, 以及 UTC–UT1 的允值范围;

(3) 本研究应协同国际无线电科学联合会 (International Union of Radio Science, URSI)、国际电信联盟 (International Telecommunications Union, ITU)、国际计量局 (BIPM), 以及导航组织等有关部门进行。

2.1.1.3　第 26 届 IAU 大会通过的 IAU (2006) 决议 B1、B2、B3

根据 IAU (2000) 决议 B1.1~B1.9，IERS 和基本天文学标准 (Standards of Fundamantal Astronomy，SOFA) 提供统一的模型、程序、资料和软件，实施 IAU(2000) B1.1~B1.9 有关决议。

IAU (2000) 决议 B1.3 定义时空参考系：太阳系质心 (相应的参考系为质心天球参考系) 和地球质心 (相应的参考系为地心天球参考系) 为原点的天球参考系。IAU 基本天文学命名工作组及 "相对论天体力学、天体测量和计量学" 工作组共同推荐：基于 BCRS 的定义并没有确定参考系的空间指向，BCRS 空间坐标指向最合理的选择是与 ICRS 指向 (以运动学定义) 一致，GCRS 空间坐标指向由 BCRS 坐标指向导出，要求相互间无相对转动。

IAU 2000A 岁差仅对 IAU 1976 岁差速率进行改正，并没有考虑动力学理论。过去，黄道是相对于惯性空间观测者 (惯性定义) 或面向黄道观测者 (旋转定义) 的定义，显然天文和民用都需要对黄道进行严格的定义。

基于前述原因，需要进一步明确 IAU (2000) 决议 B1.1~B1.9 中的有关问题，IAU (2006) 决议 B1、B2、B3 就是对 IAU (2000) 决议 B1.1~B1.9 的补充。

IAU (2006) 决议 B1：采用 P03 岁差及重新定义黄道

注意到 [23−25]

(1) 岁差理论需要顾及天文动力学理论；

(2) 第 24 届 IAU(2000) 决议 B1.6 决定从 2003 年 1 月 1 日起采用 2000A 岁差章动模型，但该模型仅改正 1976 岁差速率，没有顾及动力学理论；

(3) 第 24 届 IAU 决议 B1.6 鼓励发展与 2000A 岁差章动模型相一致的新岁差表达式。

考虑到

(1) 行星引力对地球赤道面的运动有重要的影响，对日月岁差和行星岁差含义有所误解；

(2) 从天文和民用应用的需求角度来说，需要对黄道进行重新定义；

(3) 过去，黄道是基于在惯性空间的观测者 (惯性定义) 或与黄道一起运动的观测者 (旋转定义) 的定义。

同意

IAU Division I 有关岁差和黄道工作组的结论 [63]。

推荐

(1) 赤道岁差和黄道岁差替代日月岁差和行星岁差；

(2) 2009 年 1 月 1 日起 P03 岁差理论 [45] 的赤道岁差 (文献 [45] 中的公式 (37)) 和黄道岁差 (文献 [45] 中的公式 (38)) 替代 IAU 2000A 岁差章动模型中的岁差部分，并采用文献 [63] 给出的 P03 基本角的多项式表达式，基于春分点和 CIO 计算部分导出量；

(3) 选择岁差参量由用户自行决定；

(4) 明确黄极在 BCRS 地–月系中质心平均轨道的角动量矢量定义，本定义对黄极的明确表述，避免与其他定义或旧的黄道定义相混淆。

注释

(1) Hilton 等 [63] 文章中给出公式 1，6，7, 11, 12 和 22，导出参量化表示的岁差矩阵及各参数的多项式，推荐用文献 [45] 的表 1 的 P03 表达式 (37)~(41) 和文献 [64] 的表 3 ~ 表 5；

(2) P03 动力学形状因子的时间变化率为 $\dfrac{\mathrm{d}J_2}{\mathrm{d}t} = -0.3001 \times 10^{-9}$/世纪。

IAU (2006) 决议 B2：对 IAU 2000 参考系决议的补充决议

决议 I: 极和零点统一冠名为 "中间" 的决议

注意到

(1) IAU(2000) 大会通过 IAU 决议 B1(B1.1~B1.9)；

(2) IERS 和基本天文学标准 (Standards Of Fundamental Astronomy, SOFA) 为执行决议 B1.1~B1.9 提供统一的模型、规范、资料和软件，天文年历 2006 版也执行这一决议；

(3) IAU 基本天文学术语工作组的推荐 [65]。

考虑到

(1) 采用 "中间" 用于新系统的 "极" 和零点，即 B1.7 和 B1.8 定义的天球中间极、天球历书零点和地球历书零点均采用 "中间" 冠名，使天文学术语命名具有一致性；

(2) 原国际纬度服务定义的国际协议 (极) 原点 (Conventional International Origin, CIO) 现在不再作为极移测量的地球参考极，并与现有的缩写 CIO 有歧义。

推荐

(1) "中间" 用于描述 IAU (2000) 决议和相关文章中定义的瞬时天球参考系和瞬时地球参考系；

(2) 天球中间零点 CIO 和地球中间零点 TIO 分别取代以前引入的天球历书零点 (CEO) 和地球历书零点 (TEO)；

(3) 要仔细定义天文参考系缩略语，避免有可能的混淆。

决议 II: BCRS 和 GCRS 的定向

注意到

(1) IAU(2000) 大会通过的 IAU(2000) 决议 B1(B1.1~B1.9)；

(2) IERS 和基本天文学标准 SOFA 为执行决议 B1.1~B1.9 提供统一的模型、规范、资料和软件，2006 版天文年历也执行这一决议；

(3) 特别强调已经应用 IAU (2000) 决议 B1.3 定义的时空坐标系：

(a) 以太阳系质心为原点的时空参考系称为质心天球参考系，BCRS，

(b) 以地球质心为原点的时空参考系称为地心天球参考系，GCRS；

(4) IAU 基本天文学术语工作组的推荐 (IAU Transactions XXVIA, 2005)；

(5) IAU"相对论天体力学、天体测量和计量学" 工作组的推荐。

考虑到

(1) BCRS 原始定义并没有定义该空间坐标系的指向；

(2) 该空间坐标轴指向最合理的选择是与 ICRS 指向一致；

(3) GCRS 空间坐标轴指向的定义与 BCRS 指向的定义在运动学上无相对转动。

推荐

BCRS 补充定义：如果不特别说明，对于所有的应用，选择 BCRS 空间坐标指向与 ICRS 指向一致，GCRS 空间坐标轴的指向由 BCRS 空间坐标轴的指向导出。

IAU(2006) 决议 B3：重新定义质心力学时 (TDB)

注意到

(1) 为替代历书时 (ET)，IAU (1976)4、8 和 31 委员会推荐 V 引入一组力学时时间尺度：质心历书的质心力学时时间尺度和视地心历书独特的力学时时间尺度。

(2) IAU (1979)4、19 和 31 委员会决议 V 命名这些时间尺度为质心力学时 (TDB) 和地球力学时 (TDT)；IAU (1991) 决议 A4 把 TDT 更名为地球时 (TT)。

(3) 规定 TDB 与 TDT 之差仅为周期项。

(4) IAU (1991) 决议 A4 中推荐 Ⅲ 和 V: ① 引入坐标时时间尺度, 质心坐标时 (TCB) 接续 TDB; ② TDB 与 TCB 为线性关系; ③ 对于与先前相衔接的工作仍可应用 TDB。

考虑到

(1) TCB 是应用于质心天球参考系的坐标时时间尺度;

(2) 根据 TDB 的定义, 目前可有多种手段实现;

(3) 考虑到定义的坐标时时间尺度的实际应用, 选择 TDB 与 TCB 坐标时时间尺度为线性关系, 在未来一定时间跨度内, 在地心处选择 TDB 与坐标时时间尺度 TT 差异很小;

(4) 考虑协调喷气推进实验室 (Jet Propulsion Laboratory, JPL) 用于太阳系天体历表的 Teph 时间尺度与 TDB 之间的可能性, 参阅的研究工作为文献 [66];

(5) IAU 基本天文学术语工作组 2006 年的推荐 [67]。

推荐

要求使用坐标时时间尺度时, TDB 与 TCB 为线性关系, 在未来一定时间跨度内, 在地心处 TDB 接近坐标时 TT。定义 TDB 与 TCB 为线性关系:

$$\text{TDB} = \text{TCB} - L_{\text{B}} \times (\text{JD}_{\text{TCB}} - T_0) \times 86400 + \text{TDB}_0 \qquad (2.18)$$

其中 $T_0 = 2443144.5003725$; $L_{\text{B}} = 1.550519768 \times 10^{-8}$ (定义常数); $\text{TDB}_0 = -6.55 \times 10^{-5}$ s(定义常数).

注释

(1) JD_{TCB} 是 TCB 的儒略日期, 在地心处 TAI 1977 年 1 月 1 日 00 时 00 分 00 秒时刻对应的 TCB 时刻为 $T_0 = 2443144.5003725$, TCB 的 1 日为 86400 秒;

(2) 目前定义 $L_{\text{B}} = L_{\text{C}} + L_{\text{G}} - L_{\text{C}} \times L_{\text{G}}$, 其中 L_{G} 由 IAU (2000) 决议 B1.9 给出, L_{C} 根据 JPL 的 DE405 历表确定 [68], 当用 DE405 历表时, 在地心处定义 L_{B} 有效地抵消 TDB 和 TT 之间的线性漂移, 当用其他历书实现 TCB 时, 在地心处 TDB 和 TT 之间的差值也许会有某些线性漂移项, 但年变化不会超过 1 纳秒;

(3) 在地球表面, TDB 和 TT 之间差值在前后几千年内估计不超过 2 毫秒;

(4) JPL 的 DE405 历表的时间变量称为 Teph[69], 在实际应用时与本决议定义的 TDB 等同;

(5) 选择常数项 TDB_0 的原则是与广泛应用的 TDB-TT[66] 公式一致, 意味着 TAI 在 1977 年 1 月 1 日 00 时 00 分 00 秒时刻, TDB 与 TT、TCG 和 TCB 的差值为 TDB_0;

(6) 鼓励使用 TCB, 有利于太阳系历表的进展。

2.1.1.4   第 27 届 IAU 大会通过的 IAU(2009) 有关决议 B2 & B3

IAU (2009) 决议 B2: IAU 2009 天文常数系统

注意到

(1) 天文上需要一组自洽的精确的数值标准;

(2) 目前观测和有关文章已导出天文常数系统的改进值;

(3) IAU GA 2000 和 IAU GA 2006 有关决议已给出大量新的天文常数采用值。

考虑到

(1) 需求一组 "目前最佳估计值" (Current Best Estimates, CBEs) 的天文常数;

(2) 天文界需要持续保持 "目前最佳估计值"。

推荐

(1) "数值标准和基本天文学" 工作组先前出版的天文常数系统列表 (http://maia.usno.navy.mil/NSFA/CBE.html) 认定为 IAU (2009) 天文常数系统;

(2) 天文常数 "目前最佳估计值" 以电子文件形式永久保存;

(3) 为了保证 "目前最佳估计值" 完整性, IAU Division I 发展的标准过程采用新的 "目前最佳估计值", 同时要归档老版本 "最佳估计值";

(4) IAU Division I 为基本天文学长期保存 "目前最佳估计值"。

IAU(2009) 决议 B3: 国际天球参考架 II 的实现

注意到

(1) IAU(1997) 大会决议 B2 决定: "1998 年 1 月 1 日起, IAU 采用的天球参考系为国际天球参考系 (ICRS)";

(2) IAU(1997) 大会决议 B2 决定: "基本参考架应为国际天球参考架 (ICRF) (注: 后称作 ICRF1), 由 IAU 参考架工作组构建";

(3) IAU(1997) 大会决议 B2 决定: "IERS 应采用合理的测量, 与 IAU 参考架工作组一起维持 ICRF 以及把参考架连接到其他波段";

(4) IAU(1997) 大会决议 B7 推荐: "组织高精度的天文观测计划, 使南北两半球尽可能维持高精度的天球参考架";

(5) IAU(2000) 大会决议 B1.1 认识到: "VLBI 持续观测对保持 ICRF 的重要性"。

考虑到

(1) 自 ICRF 建立以来, VLBI 持续观测 ICRF 的观测数量已超过原观测数量的 3 倍;

(2) 自 ICRF 建立以来, VLBI 观测到的河外源的数量有很大的增加, 其源的位置精度有很大的提高;

(3) 自 ICRF 建立以来, 不断地完善观测仪器、观测策略、天体物理学和地球物理学模型, 大大地改善了天文和测地 VLBI 的观测质量及相关资料分析效果;

(4) IERS 和 IVS 组建的 ICRF 工作组会同 IAU Division I 的 "ICRFII 实现" 工作组臻已完成预期的 "ICRFII 实现" 的研究工作, 坐标框架精度在 ICRF 允差之内 (参见注释 (2));

(5) 基于 IAU "ICRFII 实现" 工作组的工作, 在源的选取、坐标精度、源的总数方面目前有重大进展, 致使 "国际天球参考系的天球参考架的实现" 已有重大进展, 已优于 IAU (1997) 第 23 届大会采用的 ICRF。

推荐

(1) 2010 年 1 月 1 日起基本天体测量的 ICRS 实现应为 ICRFII (ICRF2), 由 IERS 和 IVS 组建的 ICRF 工作组会同 IAU Division I 的 "ICRFII 实现" 工作组联合确定;

(2) 天文与测地 VLBI 的观测计划执行机构 (IERS、IVS) 要持续改进 VLBI 观测和分析工作, 维持和改进 ICRF2;

(3) IERS 会同有关机构持续改进和加密在其他波段定义的高精度参考架, 持续改进这些参考架和 ICRF2 的连接。

2.1.2 国际天球参考系 ICRS 与国际天球参考架 ICRF

第 21 届 IAU 大会于 1991 年在布宜诺斯艾利斯召开 [3], 大会定义了在广义相对论框架下的太阳系的时空参考系、地球的时空参考系及国际天球参考系 ICRS 的实现——国际天球参考架 ICRF[26]。国际天球参考系的坐标系原点定义在太阳系的质量中心, 3 个坐标轴的指向相对于遥远的河外射电源固定 [5,6,27], 因此, 国际天球参考系是惯性参考系 [28]。IAU 决议还规定: 天球参考系的基本平面应尽可能靠近 J2000.0 平赤道面, 在基本平面上的赤经零点应尽可能靠近 J2000.0 动力学平春分点, 同时, IUGG (1991) 决议 II 定义了国际地球参考系 ITRS[3,12,13]。

第 22 届 IAU(1994) 大会决议以河外射电源为背景, 从运动学上定义国际天球参考架 ICRF(国际天球参考架以远距离的河外射电源为背景)[16]; 第 23 届 IAU(1997) 大会命名国际天球参考系, 国际天球参考架是国际天球参考系的具体实现, 决定从 1998 年 1 月 1 日起国际天球参考系正式取代 FK5 系统, 显然,

ICRF 显著提高了参考系的实现精度 [29,30]。第 24 届 IAU 大会 (2000) 决议 B1 (B1.1~B1.9)[19] 进一步规范了国际天球参考系、天球参考系与地球参考系之间的转换、在相对论框架下描述质心天球参考系 (BCRS) 和地心天球参考系 (GCRS) 的度规张量；第 26 届 IAU 大会 (2006) 有关决议确定：BCRS 参考系轴方向与 ICRS 参考系轴方向一致，GCRS 参考系轴方向从 BCRS 导出，在目前观测精度范围内定义的新系统与老系统一致 [31]，这一系列决议为国际天球参考系的定义和实现奠定了基础。

国际地球自转和参考系服务 (IERS) 根据 IAU 决议推出相应的 IERS 规范 [2,3,9,19]，所有 IERS 规范和标准具体实施了 IAU 决议，涵盖了相对论框架下天文模型、天文常数系统、时空坐标系、地球参考系与天球参考系的定义和实施及其之间的转换。

国际天球参考架 (ICRF) 由一组具有精确坐标的河外射电源组成 [6,32,33]，河外射电源位置定义的国际天球参考架纯属运动学上的定义，并未涉及动力学方面的定义与约束，是惯性参考系。

国际天球参考架是国际天球参考系在无线电频段的实现。1979 年 8 月 ∼ 1995 年 7 月，天文和测地 VLBI 的全部观测共有 1.6×10^6 次观测资料，观测的射电源包括 608 颗河外源，根据它们的天文位置、稳定程度和观测次数 (源位置精度) 分为 3 组：定义源有 212 颗 (有精确的位置和稳定的源结构)，候选源有 294 颗 (致密源，但位置精度有待提高)，其他河外源有 102 颗 (稳定性不是很好，但可用于与其他波段连接)。为避免 ICRF 的虚假运动，选取的定义源为没有自行的致密射电源，这些射电源没有自行，有稳定的相对位置，因此形成 ICRF 框架的坐标轴相对射电源位置应该是固定的、非旋转的，其在历元 J2000.0 赤道坐标系的位置定义 ICRF。最初版的 ICRF 称为 ICRF1，其观测噪声约为 250 微角秒，轴稳定性约为 20 微角秒，显然 ICRF1 的精度比恒星参考架 FK5 的精度约有 1 个量级的提高。更重要的突破是该定义从赤道、春分点和黄道概念中独立出来。1997 年 IAU 通过决议：从 1998 年 1 月 1 日起官方正式采用该系统。

利用 1999 年 4 月之前 VLBI 观测，新的 59 颗射电源加入到 608 颗初始源表中 (667 颗射电源)，扩充后的 ICRF 称为 ICRF-Ext.1，又经过 3 年 VLBI 持续观测，2002 年 5 月，又有新的 50 颗射电源加入到射电源表中，总数为 717 颗的射电源表称为 ICRF-Ext.2。显然 VLBI 持续观测加密了射电源表，提高了 ICRF1 的精度 [34]。自 2001 年起，IERS 会同 ICRS 产品中心 (巴黎天文台和美国海军天文台) 和国际 VLBI 大地测量和天体测量服务 IVS 负责 ICRS 监测和维持工作 [8]。

尽管 ICRF1 比恒星参考架有很大的提高，但明显存在定义源分布不均匀的问题，北半球射电源居多，其中有些定义源还有不稳定的缺陷。自 ICRF1 建立之后，天文和测地 VLBI 的测量在质和量上都有很大进展：观测带宽的加宽，天线和接收机灵敏的提高，以及加强对南半球射电源的观测，精确建立地球物理学模型，又经过 14 年的努力，近 30 年 VLBI 观测结果，在 S/X 波段约有 $6.5×10^6$ 次观测结果，另外，为建立更高精度的天球参考架奠定了基础。第 27 届 IAU(2009) 大会决议 B3 决定：从 2010 年 1 月 1 日起用 ICRF2[34]。ICRF2 包括 3414 颗射电源的精确位置，数量上约为 ICRF1 的 5 倍；观测噪声约为 40 微角秒，精度是 ICRF1 精度的 5～6 倍；坐标轴稳定性约为 10 微角秒，系统稳定性能比 ICRF1 好 1 倍。ICRF2 定义源选用 295 颗没有面结构且位置稳定的射电源，定义源的空间分布比 ICRF1 定义源分布更为均匀 (见图 2.1)。

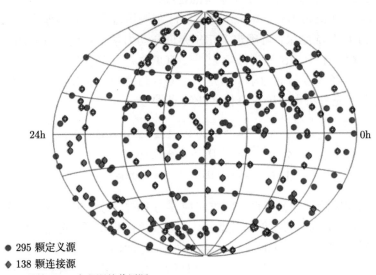

● 295 颗定义源
◆ 138 颗连接源
▫ 97 颗与ICRF定义源的共用源

图 2.1 定义 ICRF2 的定义源分布

2.1.3 J2000.0 历元及历元改正

根据 IAU 推荐：ICRS 的基本平面要求尽量接近 J2000.0 平赤道面，ICRS 赤经零点要求尽量靠近 J2000.0 动力学春分点。ICRF 是 ICRS 的具体实现，其实现的精度和稳定性能对地球定向参数，特别是岁差、章动、UT1，以及地球物理研究具有极其重要的意义 [35]。VLBI 观测河外射电源是建立并维持国际天球参考架 [26] 以及监测天极运动 (岁差和章动) 的手段 [32,34]，因此，VLBI 观测对天球参考系的建立和维持具有特别重要的作用，IAU 的责任是指派 IERS 负责参考系的维持、天球参考架的加密和精化，并要求进行经常性比对研究 [36-38]。

ICRF 赤经零点源于 J2000.0 历元 3C273B 射电源在 FK5 系统中的坐标值

(12 时 29 分 6.6997 秒)，以此作为固定值确定基于河外射电源的 ICRF1 赤经零点 [9,35]。分析 FK5 星表中 23 颗射电源赤经位置，计算得到 ICRF1 赤经零点与 FK5 春分点之差为 0.078″ ± 0.105″ [9]，马祖波等 [28,32] 用 FK5 中 28 颗河外射电源的 VLBI 观测分析 ICRF1 赤经零点与 FK5 春分点差异为 0.009″ ± 0.017″，Mignard & Froeschlé(2000)[36] 确定 FK5 春分点相对于 IERS 赤经原点移动了 (-22.9 ± 2.3) 毫角秒 [36]，这些研究表明 ICRF1 赤经零点与 FK5 春分点赤经之差不大 [37,38]。

Fricke[1] 和 Schwann[39] 估计 FK5 赤经零点精度为 ±0.055″，综合上述分析表明定义：ICRF 赤经零点与 FK5 系统赤经零点之差均在 FK5 星表本身误差范围之内，ICRF 可以认为是 FK5 系统的延续。

激光测月 (Lunar Laser Ranging，LLR) 观测用行星动力学理论与 ICRS 相连接，分析 LLR 观测结果，可确定 ICRS 赤道与动力学平黄道位置之间的关系：动力学平黄道相对于 ICRS 赤道倾角 $\varepsilon^{\mathrm{ICRS}}$、ICRS 赤经零点改正 $d\alpha_0$、在 ICRS 赤道上 ICRS 赤经零点与动力学平黄道升交点 (动力学平春分点) 之间角距 φ^{ICRS}。巴黎天文台激光分析中心给出最佳估计值 [9,40] 为

$$\begin{cases} \varepsilon^{\mathrm{ICRS}} = 23°26'21.411'' \pm 0.1\mathrm{mas} \\ \varphi^{\mathrm{ICRS}} = -0.055'' \pm 0.1\mathrm{mas} \\ d\alpha_0 = -0.01460'' \pm 0.5\mathrm{mas} \end{cases} \tag{2.19}$$

IAU 推荐国际天球参考系极的方向应该与 FK5 一致。FK5 主要误差源：① 系统部分，FK5 系统所用的岁差常数改正为 -0.30(″)/ 世纪；② 随机部分，Fricke[1] 对 FK5 赤道精度的评估 (±0.02″)，Schwan[39] 估计 FK5 残余旋转不超过 ±0.07(″)/ 世纪，原则上岁差速率的误差被恒星自行所吸收，考虑到 FK5 平均观测历元为 1955 年，那么估计 J2000.0 的 FK5 天极位置相对于平极位置的偏差约为 ±50 毫角秒。1997 年 IAU 决定由 Hipparcos 星表替换 FK5 作为光学参考架，Hipparcos 星表提供了 117955 颗恒星的赤道坐标以及其自行、视差和星等，其观测历元为 1991.25 年，亮于 9 等星的中误差：赤经 0.77 毫角秒，赤纬 0.64 毫角秒，周年自行的中误差：赤经 0.88 毫角秒/年、赤纬 0.74 毫角秒/年。Hipparcos 星表在观测历元 1991.25 年时相对于 ICRF 的标准误差为 0.6 毫角秒，速率为 0.25 毫角秒/年 [9]，通过比较 FK5 的位置和 Hipparcos 初始星表，可得到 FK5 位置的系统误差为 100 毫角秒。同时 Mignard 和 Frschlé 研究 Hipparcs 星表的精度和系统偏差也得到了相同的结果 [36]。

J2000.0 平春分点应是惯性的 J2000.0 平春分点，不应是旋转的 J2000.0 动力学平春分点。惯性的 J2000.0 平春分点是相对于惯性意义下的黄道，Lieske 和 Seidelmann 等基于 VLBI 观测结果，分析 IAU 模型，提供岁差以及章动的修正

量 [14,70]，精确评估 J2000.0 历元平极相对 ICRS 参考极的位置：在 12 时方向为 +17.1 毫角秒，在 18 时方向为 +5.0 毫角秒；用 MHB2000 模型评估：在 12 时方向为 +16.6 毫角秒，在 18 时方向为 +6.8 毫角秒 (见图 2.2)，最终采用 J2000.0 历元改正值为

$$\xi_0 = (-16.617 \pm 0.010)\text{mas}$$
$$\eta_0 = (-6.819 \pm 0.010)\text{mas} \tag{2.20}$$

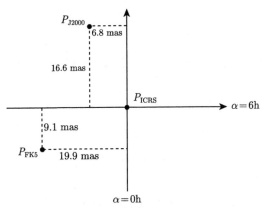

图 2.2 J2000.0 天极相对于 ICRS 天极的位置

2.2 国际地球参考系

国际地球参考系 ITRS 是在广义相对论框架下的时空坐标系，与地球本体固连在一起作周日运动的参考系。

2.2.1 国际地球参考系 ITRS

国际地球参考系可用欧几里得直角坐标系表示：坐标系原点 (用 0 表示) 是包括大气和海洋在内的地球质量中心，坐标系 Z 轴指向地极，X-Y 平面为赤道平面，在赤道上 X 轴的指向为赤道坐标零点。在指定时间内任何 2 个定义的参考系之间的转换只需要 7 个瞬时参数值 (坐标原点 3 个参数，Z 轴指向的方向余弦为 2 个参数，X 轴零点需要 1 个参数，尺度因子 1 个参数)，7 个参数是随时间而变化的，因此实际需要 14 个参数定义参考系的原点、指向、尺度及其随时间的变化关系。

ITRF 是 ITRS 的实现，随着观测精度的提高，ITRF 不断地得到精化，目前 ITRF 采用线性模型 (历元 t_0 位置和速度)，实现地球参考系中各模型之间的转换 [9]。

2.2.2　IAG 和 IUGG 有关地球参考系的决议

国际大地测量协会 (International Association of Geodesy, IAG)(1991) 决议 I

考虑到

国际测地和地球物理联合会 (International Union of Geodesy and Geophysics, IUGG) 有关 "协议地球参考系"(Conventional Terrestrial Reference System, CTRS) 的决议。

注意到

(1) 目前,IERS 源于 VLBI、SLR、LLR 和 GPS 的观测资料实现国际大地参考系 ITRS;

(2) ITRS 与 WGS84 之差在 1 米之内。

推荐

(1) 高精度大地测量、地球动力学或海洋成图分析应直接用 ITRS,或把本系统与 ITRS 相连接;

(2) IERS 标准应包含用于此类研究的所有必要文件;

(3) 要求米量级精度的测绘、导航和数字信息,可直接用 WGS84 替代 ITRS;

(4) 对于研究高精度的大陆区域板块移动系统 (如 EUREF 选择的 ETRS 89 系统),应抵消 ITRS 板块移动速度的影响。

国际大地测量和地球物理联合会 IUGG(1991) 决议 II[3]

考虑到

定义地球表面精度为厘米量级的协议地球参考系 CTRS 需要考虑相对论和地球形变的影响。

注意到

IAU 布宜诺斯艾利斯第 21 届大会 (1991) 有关参考系的决议。

认同

IAU 第 21 届大会 (1991) 定义的参考系。

推荐

CTRS 定义如下:

(1) CTRS 定义为无旋转的地心系统,可通过空间旋转导出笛卡儿坐标系;

(2) IAU 决议定义的地心参考系 (Geocentric Reference System, GRS) 是无旋转的理想地心系统;

(3) CTRS 及 GRS 坐标时对应于地心坐标时 TCG;

(4) 坐标系统原点为包括海洋和大气在内的地球的质量中心;

(5) 系统相对于整个地面水平方向没有剩余旋转。

第 24 届 IUGG(2007) 大会决议 2: GTRS 和 ITRS

考虑到

大地测量参考系在地球学科中日益显现其重要性,特别是在数字地球科学与技术活动中的重要性不断增强,诸如在卫星导航和地球信息科学领域。

注意到

1991 年维也纳大会 IUGG 决议 2 和 IAG 决议 1 决定采用协议地球参考系 CTRS。

认识到

IAG 服务机构 (IERS, IGS, ILRS, IVS, IDS ……) 实际上为实现这些系统做了大量工作,这些系统除了用于地球科学领域,还为有关领域的各类用户提供长期服务。

认同

(1) 在相对论框架下定义地心时空坐标系——地心地球参考系 GTRS:与地球同步旋转,通过地球定向参数指定的空间旋转,与地心天球参考系 GCRS 相关联,其定义与 IAU (2000) 决议 B1.3 一致;

(2) 国际地球参考系 ITRS 是指特定的地心地球参考系 GTRS,它的空间指向与以前的国际协议 (国际时间局 (Bureau International de I'Heure, BIH) 确定的指向) 一致。

认定

ITRS 是所有科学应用首选的系统。

推进

其他领域:诸如地球信息和导航等也应做相应决议。

2.3　国际地球参考系 ITRS 与国际天球参考系 ICRS 之间的转换

实现地心天球参考系和国际地球参考系之间的转换，显然，地球自转轴的定义是不可或缺的 [41]：IAU(2000) 决议 B1.7 定义了天球中间极 CIP，通过模型和天文观测可完全确定中间极在地心天球参考系和国际地球参考系内的运动。天球中间极在国际天球参考系内的运动称为岁差和章动 [9]，中间极在地球本体内，即在国际地球参考系内的运动称为极移，地球自转角严格地定义了地球本体绕天球中间极的自转 (相对于恒星空间的转动) 特性。地球自转轴在天球参考系内的运动 (岁差和章动) 和在地球参考系内的运动 (极移 2 个分量)，以及其本身自转运动 (地球自转角) 组成了描述天球和地球参考系之间关系的地球定向参数 (Earth Orientation Parameters, EOP)。

1984~2003 年地球自转轴的参考极是天球历书极，岁差是 IAU1976 岁差，章动是 IAU1980 章动理论 [14,20]，当时极移以天球历书极为参考极。天球历书极原意是模型最靠近瞬时地球自转轴的地球自转参考极，它的自由运动应该没有近周日运动分量，但是天文和测地观测分析表明，极移和章动都存在高频分量 (周日和近周日分量)，显然观测结果与历书极定义的原意相悖，随着天文和测地观测的精度不断提高 [41]，有必要定义更高精度的、有明确物理含义的地球自转参考极。

2.3.1　中间坐标系与岁差章动

IAU(2000) 决议 B1.7 定义天球中间极 CIP 替代原来使用的天球历书极 CEP。CIP 是在 GCRS 中周期大于 2 天的地球蒂塞朗平极 (Tisserand mean axis)。天球中间极 CIP 在 GCRS 中的运动由 IAU2000A 岁差和章动 (大于 2 天受迫章动) 模型及 IERS 根据天文与测地观测提供的改正量确定；中间极 CIP 在 ITRS 内的运动由对应的模型 (包括周期短于 2 天受迫章动项和潮汐项) 和天文与测地观测的改正量确定，这些观测改正量统一由 IERS 提供。

天球中间极对应的天赤道称为中间赤道，IAU(2000) 决议 B1.8 推荐用于天球中间参考系 CIRS 和地球中间参考系 TIRS 的经度零点，用无旋转原点 NRO 的概念 [42,43] 定义：在 GCRS 中 CIP 赤道上定义无旋转原点为天球历书零点 CEO(后更名为天球中间零点 CIO)[44]；在 ITRS 中 CIP 赤道上定义无旋转原点为地球历书零点 TEO (后更名为地球中间零点 TIO)。CIP、CIO、TIO 的定义实际上完全定义了中间坐标系，地球自转角 ERA 定义为：在 CIP 赤道上 (即沿中间赤道计量) CIO 单位矢量与 TIO 单位矢量间的夹角，即为 CIO 和 TIO 之间沿中间赤道计量的弧段长度。显然，地球自转角的定义完全独立于地球轨道运动 (UT1 定义不以春分点为起点)，这样的定义真实、严格地描述了地球本体绕 CIP 自转轴的旋转特性，据此导出地球自转角 θ 与 UT1 的严格关系，从而显露了 UT1 的真实属性 [9]，同时地球自转角的严格定义实现了 GCRS 和 ITRS 之间的严格转换。

2.3.1.1　中间极

地球旋转轴在恒星空间和本体内的运动描述了地球本体在空间的运动，IAU (2000) 决议 B1.7 定义了天球中间极，它是描述地球自转的瞬时参考极，中间极在天球参考系内运动 (岁差、章动) 和地球参考系内运动 (极移) 以及地球本体绕中间极的自转 (地球自转角 θ)，实现天球参考系和地球参考系之间的转换。因此，天球中间极的定义成为天体测量、大地测量及地球物理等基础科学研究领域的支柱。

根据 IAU (2000) 决议，2003 年 1 月 1 日启用 IAU2000A 岁差章动模型。IAU2000A 章动模型包含周期大于 2 天的受迫项：678 个日月项和 687 个行星项。考虑到动力学的影响推出 IAU2006 岁差 (P03 岁差)。IAU2006 决议决定从 2009 年 1 月 1 日起改用 IAU2006 岁差及 IAU2000A 章动模型，该系列岁差章动模型表示为 IAU2006/IAU2000A。

建立 GCRS 坐标系 $O\text{-}XYZ$，见图 2.3，O 为地球质量中心，Z 为 GCRS 的天极方向，X 为 GCRS 赤经零点方向，Y 与 X 和 Z 组成右手坐标系，中间极 CIP 在 GCRS 坐标系中的位置用 $P(t)$ 表示，$P(t)$ 位置球面坐标表示为 E 和 d，直角坐标系用 3 个方向余弦表示 $X(t)$、$Y(t)$、$Z(t)$，球面坐标 E 和 d 或方向余弦 $X(t)$、$Y(t)$、$Z(t)$ 完全描述中间极 $P(t)$ 在地心天球参考系 GCRS 内运动特征。

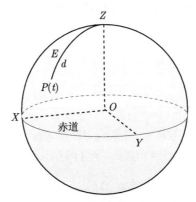

图 2.3　中间极 CIP 在地心天球参考系 GCRS 内的运动

从图 2.3 不难得到 $P(t)$ 的球面坐标 E 和 d 与直角坐标的方向余弦 $X(t)$、

$Y(t)$、$Z(t)$ 之间关系 [9]:

$$X(t) = \sin d \cdot \cos E$$
$$Y(t) = \sin d \cdot \sin E \qquad\qquad (2.21)$$
$$Z(t) = \cos d$$

CIP 在 ITRS 中的运动称为极移,由其在 X 和 Y 坐标上的分量 (x_p, y_p) 表示。总极移量应由 3 个部分组成:IERS 公告的改正值 $(x, y)_{\text{IERS}}$ (天文与测地观测结果),小于 2 天的受迫章动周期项退行对极移的影响 $(\Delta x, \Delta y)_{\text{libration}}$,以及潮汐对极移的影响 $(\Delta x, \Delta y)_{\text{ocean tides}}$。因此总极移量 (x_p, y_p) 可表示为 [9]

$$(x_p, y_p) = (x, y)_{\text{IERS}} + (\Delta x, \Delta y)_{\text{libration}} + (\Delta x, \Delta y)_{\text{ocean tides}} \qquad (2.22)$$

根据 IAU(2000) 决议 B1.7 中间极的定义:中间极在 GCRS 中运动的模型仅考虑大于 2 天周期的受迫章动项 (见图 2.4),即考虑到受迫章动频率在 $-0.5 \sim 0.5$cpsd(周/恒星日) 的周期项,更高频率的受迫章动周期项在极移中考虑。如上所述,$(\Delta x, \Delta y)_{\text{libration}}$ 项是小于 2 天周期的受迫章动项退行频率 (这些项不包括在 IAU2000A 章动模型内) 对极移的影响。地球自转周期为 1 恒星日,在 ITRS 坐标系中上述章动频率对应于退行频率为 $-1.5 \sim -0.5$cpsd(周/恒星日) 的周期项 (见图 2.4),近周日章动项对应的退行频率归算到极移变成长期变化项,近半周日章动项对应于极移的顺行为周日变化项,目前刚体地球章动模型对极移影响 $(\Delta x, \Delta y)_{\text{libration}}$ 包括顺行近周日项和顺行近半周日项,振幅大于 15 微角秒的项均列入模型中,较大振幅近周日变化项的极移模型包括 10 项,章动近周日项和近半周日项对极移的影响称为摆动,源于外部力矩 (主要是日月作用) 对地球不对称部分的直接影响,以前也称作章动对极移影响。

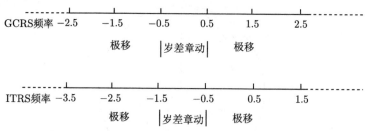

图 2.4　在 GCRS 中章动及在 ITRS 中极移的对应频率

由海洋潮汐引起极移改正项 $(\Delta x, \Delta y)_{\text{ocean tides}}$ 包括 71 项近周日项和近半周日项,IERS 提供计算潮汐影响的标准程序。

IERS 根据全球天文与测地观测结果以公报形式提供 $(x, y)_{\text{IERS}}$(极移的观测值包括章动退行部分的长期变化项和长周期项),它不包括近周日项和近半周日项，因此，计算总极移量 (x_p, y_p) 的过程是：把表列的 $(x, y)_{\mathrm{IERS}}$ 值内插到观测时刻；由观测时刻直接用模型计算获得 $(\Delta x, \Delta y)_{\mathrm{ocean\,tides}}$ 的周日项和半周日项，以及 $(\Delta x, \Delta y)_{\mathrm{libration}}$ 的周日项，观测时刻的总极移量 (x_p, y_p) 应为 3 项之和。

2.3.1.2　CIO、TIO 和地球自转角 ERA

IERS 规范采用国际天球参考系 ICRS，在天球中间极赤道上用无旋转原点的概念定义中间参考系的经度零点 CIO，根据 IAU (2006) 决议 B2，CIRS 定义为：Z 轴指向 CIP，X 轴指向 CIO；TIRS 定义为：Z 轴指向 CIP，X 轴指向 TIO，CIP 及其无旋转原点 CIO、TIO 分别定义了天球中间参考系 CIRS 和地球中间参考系 TIRS。

定义 CIO 优势在于其位置与地球轨道运动无关；定义地球中间参考系中间零点 TIO 相当于定义了地球中间参考系瞬时子午线的零点，定义的 CIP、CIO、TIO 及 ERA(地球旋转角) 取代以前习惯用的 CEP、春分点、本初子午线、UT1 与 GMST 关系，新定义组成了新的参考系基本点和参数，描述地球自转更精确、简单，且更直观。

CIO 的位置 (CIO 定位角)

CIO 定义见图 2.5。GCRS 极的方向为 Z 轴，X 轴为历元赤经零点方向 (图中表示为 Σ_0)；中间极 CIO 在 t 时刻位于 $P(t)$，$P(t)$ 的极坐标表示为 E 和 d，其直角坐标的方向余弦表示为 $(X(t)、Y(t)、Z(t))$，N_0 是 J2000.0 时刻中间赤道对 GCRS 赤道的升交点，N 是 t 时刻中间赤道对 GCRS 赤道的升交点。

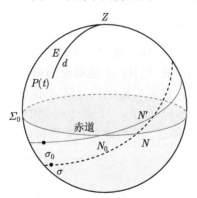

图 2.5　定义 CIO 的原理图

在 t 时刻，中间赤道上定义 σ 点 (初始时刻 t_0 为 σ_0)，当 $P(t)$ 作无限小位移时，σ 点是沿赤道方向无旋转的理想点，这个理想点 σ 定义为无旋转原点，从 t_0 至 t 时刻，σ 点在中间赤道上位置可用 $s(t)$ 量 (称为 CIO 定位角) 描述：

$$s(t) = (\sigma N - \Sigma_0 N) - (\sigma_0 N_0 - \Sigma_0 N_0) \tag{2.23}$$

$s(t)$ 用极坐标 E 和 d 可表示为

$$s(t) = \int_{t_0}^{t} \dot{E}(\cos d - 1)\mathrm{d}t - (\sigma_0 N_0 - \Sigma_0 N_0) \tag{2.24}$$

或用直角坐标量表示为

$$s(t) = -\int_{t_0}^{t} \frac{X(t)\dot{Y}(t) - Y(t)\dot{X}(t)}{1 + Z(t)}\mathrm{d}t - (\sigma_0 N_0 - \Sigma_0 N_0) \tag{2.25}$$

$s(t)$ 是沿着 CIP 赤道从起始 J2000.0 到时刻 t 的积分量，显然积分常数 $s_0 = (\sigma_0 N_0 - \Sigma_0 N_0)$ 可为任意常数，根据要求 J2000.0 时刻无旋转原点 σ 与 GCRS 赤道坐标零点 Σ_0 重合，最初选择 $s_0 = 0$，为了保证中间坐标系启用时刻，2003 年 1 月 1 日 CIO 和春分点计算算法一致，要求在此时刻连续，选择 $s_0 = +94\mu\mathrm{as}$。

近似到 1 微角秒精度，21 世纪内 $s(t)$ 可用下列近似公式表示：

$$s(t) = -\frac{1}{2}\left[X(t)Y(t) - X(t_0)Y(t_0)\right] + \int_{t_0}^{t} Y(t)\dot{X}(t)\mathrm{d}t - (\sigma_0 N_0 - \Sigma_0 N_0) \tag{2.26}$$

应该说明一下，上面 $s(t)$ 积分是中间极运动的总影响，因此变量 $\dot{E}$、d 或是 $X(t)$、$Y(t)$、$Z(t)$ 是中间极整体运动量 (运动量源于岁差、章动、历元偏差或其他)。

TIO 的位置 (TIO 定位角)

在 TIRS 中，与 CIRS 一样，也引入无旋转原点概念定义地球中间坐标系 TIRS 的零点为 TIO。CIP 在 ITRS 中运动称为极移 (图 2.6)，极移的 X 轴分量为 x_p，Y 轴分量为 y_p，也可用极坐标分量表示为 F 和 g，它们之间关系为 $x_p = \sin g \cdot \cos F$，$y_p = \sin g \cdot \sin F$，$M$ 是 t 时刻中间赤道在 ITRS 赤道上的升交点，Π_0 是 ITRS 的经度零点，ω 为定义的无旋转原点 TIO 位置，用 $s'(t)$ 表示 "TIO 定位角"，由图 2.6 得

$$s'(t) = \omega M - \Pi_0 M = \frac{1}{2}\int_{t_0}^{t}\left(x_p \dot{Y}_p - \dot{x}y_p\right)\mathrm{d}t \tag{2.27}$$

$s'(t)$ 公式实际定义了瞬时中间赤道经度零点改正，与 $s(t)$ 相比，公式中取近似：$\cos(z) = 1$。这个近似有相当高的精度，在几个世纪内引起的误差不会超过 1 微角秒 (经典形式坐标系转换完全忽略这个量)，IAU 决议从 2003 年 1 月 1 日起启用中间坐标系。

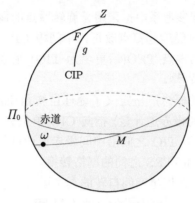

图 2.6 TIO 定义原理图

$s'(t)$ 可根据 IERS 资料进行估计，如果考虑极移中主要分量的影响，其主项可写成

$$s'(t) = -0.0015 \left(\frac{a_c^2}{1.2} + a_a^2 \right) t \tag{2.28}$$

其中，a_c 和 a_a 是极移的钱德勒摆动和周年摆动的平均振幅 (单位为角秒)。假定 22 世纪钱德勒项的平均振幅为 $0.5''$，周年项的平均振幅为 $0.1''$，那么 $s'(t)$ 值不超过 0.4 毫角秒。

用目前的极移的钱德勒项和周年项的平均振幅给出

$$s'(t) = -47\mu\text{as} \cdot t \tag{2.29}$$

旋转角 (θ) 地球

地球瞬时 (真) 赤道与瞬时黄道交点称真春分点，IAU(2000) 决议之前天球参考系和地球参考系的经度零点定义为真春分点和零子午线 (本初子午线)，真春分点的时角就是本地真恒星时，显然地球自转与真春分点联系在一起。真春分点的位置与地球绕太阳的轨道面 (黄道) 和岁差章动模型 (赤道) 有关，地球绕太阳运动的真实轨道面是复杂的三维曲线，黄道面是地球运动复杂轨道的拟合平面，另外，岁差和章动模型确定真赤道在天球参考系中的位置，当岁差章动模型或黄道定义改变时春分点的位置也会随之变动，世界时 UT1 和格林尼治恒星时的关系也随之变更，致使在研究天体运动时带来不必要的麻烦，这是原定义的系统困惑所在。事实上地球自转与地球的轨道运动无关，TIRS 与 CIRS 转换过程中不必要涉及黄道，只涉及天球中间参考系赤经零点，因此，真春分点选为赤经零点并非最佳选择。

1997 年起 IERS 规范采用国际规范的国际天球参考系 ICRS，在天球中间极运动赤道上用无旋转原点的概念来定义天球历书零点 CEO，天球历书零点与地球轨道运动无关；在地球参考系中也采用无旋转原点的概念来定义地球历书零点 TEO，相当于定义了瞬时经度起算点改正，中间极 CIP、天球历书零点 CIO(后更名为 CIO) 和地球历书零点 TEO(后更名为 TIO) 组成与黄道无关的天球中间参考系与地球中间参考系[45]。

借助于无旋转原点的概念严格定义了地球自转角 ERA。地球自转角定义为在 CIP 赤道上 (即沿中间极赤道计量) 指向 CIO 单位矢量和指向 TIO 单位矢量之间的夹角，即为 CIO 和 TIO 之间沿中间极赤道计量的弧长。显然，地球自转角的定义实现了 GCRS 和 ITRS 之间的严格转换。

地球旋转角代表地球在恒星空间自转的真实运动，地球自转定义 UT1 应该与地球自转角 θ 呈线性关系[46]。为了与以前 GMST 和 UT1 关系在相位 (关系式的常数项) 和速率 (两种时间的比例因子) 上保持连续，定义的地球自转角与世界时 UT1 关系式为

$$\mathrm{ERA}(T_u) = 2\pi(0.7790572732640 + 1.00273781191135448 T_u) \qquad (2.30)$$

其中，$T_u = \mathrm{JD_{UT1}} - 2451545.0$，是 2000 年 1 月 1 日 12 时时刻 (UT1) 起算的儒略日数。

注意到地球自转角采用无旋转原点的概念，原则上岁差章动对 CIO 有影响，但影响不灵敏，岁差章动和历元改正的改变对 UT1 影响仅为微角秒量级。

2.3.1.3　岁差与章动

公元前 2 世纪，依巴谷编纂了 1022 颗恒星星表，与 150 多年前的恒星位置进行比较，发现春分点迎着太阳方向运动，使得回归年短于恒星年，这就是 "岁差" 一词的源由。公元 4 世纪，我国晋代天文学家虞喜也独立发现了岁差。

牛顿首先指出岁差现象的力学原理：太阳和月球共同对地球赤道隆起部分的摄动作用，以及天极和黄极的不重合，致使地球自转轴绕黄极在空间绘出一个圆锥面，日月岁差的周期约为 25780 年。

1748 年英国天文学家布拉德雷分析 20 年 (1727~1747 年) 观测资料时发现地球自转轴绕黄极转动有周期性变化，这种周期性变化称为章动。章动的力学成因是受月球轨道面的变动 (18.6 年章动主周期)、太阳对地球引力的周期性变化和行星对地球引力的周期性变化的影响，致使真实的地球自转轴在空间绘出复杂周期的波浪式锥面，称为章动。

1749 年达朗贝尔提出岁差和章动的完整动力学理论，1818 年贝塞尔确定了岁差和章动系数的精确值，1896 年在巴黎召开的天文国际会议上纽康提出岁差和章动采用值，这个值一直沿用了 80 多年。

黄道极和赤道极在恒星空间的位置是随时间变化的。岁差和章动确定地球自

转极在恒星空间的位置, 显然, 用 VLBI 观测河外源的位置可精确地测定岁差和章动。

平赤道极和平黄道极在恒星空间的运动特征见图 2.7: P 和 P_0 分别表示在 t 和 t_0 时刻的平赤道极, Π 和 Π_0 分别表示在 t 和 t_0 时刻的平黄极, 黄极运动角速度较小, 约为平赤道极运动角速度的 1/40, 在前后几百年内可认为黄道北极沿着历元黄极和历元天极大圆弧成 7° 的方向移动, 移动速度 (行星对地–月系轨道的摄动) 约为每年 0.47″; 平赤道极总是沿着与瞬时黄极和瞬时平赤道极的大圆弧相垂直方向移动 (方向指向春分点), 3 个欧拉角 ζ_A、θ_A、z_A 完全描述平赤道极和春分点的运动特征。章动是真天极绕平北天极做椭圆形运动, 章动的主周期为 18.6 年。岁差完全描述了平天极的运动特征, 章动完全描述了瞬时天极相对于平天极的运动特征。

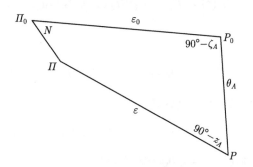

图 2.7 平赤道极和平黄道极在恒星空间的运动特征

图 2.8 是在天球上表示岁差引起基本平面及其交点春分点运动的示意图。定义历元平赤道的极为 Z 轴, X 轴指向历元平春分点 γ_0 (历元平赤道与历元平黄道的交点), XY 平面在历元赤道面内。

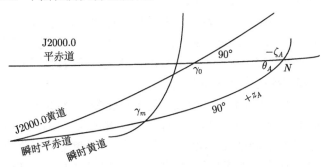

图 2.8 在天球上岁差角示意图

第一步: 首先沿 Z 轴转 $-\zeta_A$ 角度, 旋转后的 Y 轴于 N 点, 离 γ_0 的角距为 $90° - \zeta_A$(参见图 2.8), 旋转后瞬时平赤道的极 P 在 XZ 平面上 (参见图 2.7), 离

历元平赤道的极的角距为 θ_A, 旋转后 Z 轴指向历元平赤道的极, XY 平面在历元平赤道面内, Y 轴指向 N 点 (历元平赤道与瞬时平赤道的交点)。

第二步: 绕 Y 轴 (N 点) 转 θ_A, 旋转后新的 XY 平面在 t 时刻瞬时平赤道面内 (参见图 2.7), Z 轴是 t 时刻平赤道极 P(欧拉角 ζ_A、θ_A, 描述平赤道极在空间的运动), Y 轴指向 N 点 (历元平赤道与瞬时赤道的交点)。

第三步: 沿 Z 轴转 $-z_A$ 角度, 即沿 t 时刻平赤道极 P 转 $-z_A$ 角度, X 轴指向瞬时平春分点 γ_m(参见图 2.8), 与 N 点的角距为 $90° - z_A$, 实现从历元 t_0 时刻平赤道坐标转换到瞬时 t 时刻平赤道坐标。

上述过程用 3 个欧拉角 ζ_A、θ_A、z_A 的旋转实现坐标系的转换, 用春分点为赤经起算点, IAU2000A 模型岁差矩阵 $P(t)$ 具体表达式 [45] 为

$$P(t) = R_3\left(-z_A\right) R_2\left(\theta_A\right) R_3\left(-\zeta_A\right) \tag{2.31}$$

其中:

$$
\begin{aligned}
\zeta_A =\ & 2.5976176'' + 2306.0809506'' \cdot t + 0.3019015'' \cdot t^2 + 0.0179663'' \cdot t^3 \\
& - 0.0000327'' \cdot t^4 - 0.0000002'' \cdot t^5 \\
\theta_A =\ & 2004.1917476'' \cdot t - 0.4269353'' \cdot t^2 - 0.0418251'' \cdot t^3 \\
& - 0.0000601'' \cdot t^4 - 0.0000001'' \cdot t^5 \\
z_A =\ & -2.5976176'' + 2306.0803226'' \cdot t + 1.0947790'' \cdot t^2 \\
& + 0.0182273'' \cdot t^3 + 0.0000470'' \cdot t^4 - 0.0000003'' \cdot t^5
\end{aligned}
$$

t 为 J2000.0 起算的 TT 儒略世纪数。

上述公式以前应用得相当广泛, 岁差原理解释比较直观。GCRS 参考系并非 J2000.0 平赤道参考系, 在接近 J2000.0 时 z_A 和 ζ_A 对参考架偏差矩阵相当敏感, 大大降低了计算精度, 因此对于高精度计算天体位置时应用本公式要特别小心, 建议应尽量使用新的岁差转换公式。

在地心天球参考系岁差和章动定义了地球自转参考极 CIP 的位置, 根据 IAU-IUGG 有关非刚体地球章动理论联合工作组的研究成果, IAU(2000)B1.6 决议推荐岁差章动模型: IAU2000A 高精度岁差章动模型 (精度 0.2 毫角秒) 及简化岁差章动模型 IAU2000B(精度 1 毫角秒) 取代 IAU1976 岁差模型和 IAU1980 章动模型 (1984 年之前用 IAU1964 章动理论), IAU2000A 章动模型包括 678 项日月项和 687 项行星项, 提供在地心天球参考系内天极指向精度优于 0.2 毫角秒。IAU 2000A 与 IAU 1976 岁差模型相比 [45], 在岁差速率上进行改正 (没有考虑动力学

理论), 其改正量为

$$\delta\psi_A = (-0.29965'' \pm 0.00040'')/\text{世纪}$$
$$\delta\omega_A = (-0.02524'' \pm 0.00010'')/\text{世纪} \qquad (2.32)$$

2003 年 1 月 1 日起正式启用 IAU2000A 新的高精度岁差、章动模型。

根据 IAU (2006) 决议 B1, 用赤道岁差和黄道岁差取代日月岁差和行星岁差; 2009 年 1 月 1 日启用考虑动力学因素的新的 P03 岁差 (IAU2006 岁差), P03 岁差取 J2000.0 的平黄赤交角 $\varepsilon_0 = 84381.406''$(IAU2000 值是 $84381.448''$), 2009 年启用 P03 岁差和 IAU2000A 章动系列, 该岁差、章动模型表示为 IAU2006/IAU2000A。

2.3.2　ITRS 与 GCRS 之间转换矩阵

天文和大地测量需要天球参考系 (Celestial Reference System, CRS) 和地球参考系 (Terrestrial Reference System, TRS) 之间转换, 国际地球参考系 ITRS 是原点在地球的质量中心与地球本体固连, 并绕中间极 CIP 做周日运动的参考系; 地心天球参考系 GCRS 原点在地球的质量中心, 与 ICRS 的坐标轴 (相对于河外源固定的天球参考系) 有相同指向的天球参考系, ITRS 与 GCRS 之间转换中介是天球中间参考系 CIRS 和地球中间参考系 TIRS。

根据上面讨论, 国际地球参考系与地心天球参考系的坐标原点均在地球的质量中心, 它们之间的坐标转换公式应为 [9]

$$[\text{GCRS}] = Q(t)R(t)W(t)[\text{ITRS}] \qquad (2.33)$$

$W(t)$ 描述国际地球参考系 ITRS 与地球中间参考系 TIRS 之间的关系, 即描述中间极在 ITRS 中的位置 (极移) 和相应的经度零点改正; $R(t)$ 描述了天球中间参考系 CIRS 和地球中间参考系 TIRS 之间的关系, 描述地球本体绕中间极的运动 (地球自转) 特征; $Q(t)$ 描述地心天球参考系 GCRS 和天球中间参考系 CIRS 之间的关系, 描述中间极 CIP 在 GCRS 中的位置 (岁差、章动) 和对应的赤经零点改正。

2.3.2.1　基于 CIO 及 TIO 无旋转原点的 ITRS 与 GCRS 之间转换

基于 CIO 及 TIO 无旋转原点的 ITRS 与 GCRS 之间转换的中介是中间参考系 CIRS 及 TIRS, CIP 是其共同的极, CIRS 赤经零点是 CIO, TIRS 赤经零点是 TIO。如果没有特别说明, 本节讨论全部约定采用中间参考系: "中间极" 和 "无旋转原点", 即基于中间极 CIP、国际地球参考系的无旋转原点 TIO 及地心天球参考系无旋转原点 CIO, 实现 ITRS 与 GCRS 之间的坐标系转换的讨论。

根据式 (2.33)，通过 $W(t)$ 矩阵 (极移矩阵，从 ITRS 转换到 TIRS)、$R(t)$ 矩阵 (地球自转角矩阵，从 TIRS 转换到 CIRS)、$Q(t)$ 矩阵 (岁差、章动矩阵，从 CIRS 转换到 GCRS) 实现 ITRS 与 GCRS 之间的转换。

极移及 ITRS 与 TIRS 转换矩阵 $W(t)$

国际地球参考系 ITRS 是周日运动的地球本体的地球参考系，定义地球自转参考轴为中间极 CIP，CIP 是地球中间参考系 TIRS 和地心天球中间参考系 CIRS 的参考极，在 ITRS 中 CIP 的极坐标 x_p 和 y_p 表征 CIP 在 ITRS 中的位置运动特征，定义中间极赤道上无旋转原点 TIO 为 TIRS 经度零点，$s'(t)$ 为由极移引起的无旋转零点 TIO 在真赤道上积分位移，称为 TIO 定位角。根据图 2.6，极移矩阵 $W(t)$ 应为

$$W(t) = R_3\left(-s'(t)\right) R_2\left(x_p\right) R_1\left(y_p\right) \tag{2.34}$$

极移矩阵与经典形式坐标系转换的最大区别是引入 TIO 定位角 $s'(t)$ (定义和算法参见前面 "TIO 的位置" 一节)，显然 $s'(t)$ 实际上是极移引起经度零点变化相对于 TIRS 无旋转原点 TIO 的位置修正。

根据 IAU 决议，从 2003 年 1 月 1 日起启用中间坐标系，并提供 $s'(t)$ 表达式，精确地实现从 ITRS 到中间坐标系 TIRS 的转换。

TIRS 与 CIRS 中间坐标系间转换矩阵 $R(t)$

根据 IAU 决议和 IERS 规范，选择无旋转原点为中间坐标系的经度零点，天球中间极 CIP 为 CIRS 和 TIRS 的公共极，因此 CIRS 和 TIRS 的关系就是地球绕中间极在空间的自转，在 t 时刻地球自转角定义为在 CIP 赤道上 CIO 和 TIO 之间沿中间极赤道计量的弧段 [46]，前面极移矩阵 $W(t)$ 已经归算到 TIRS 经度零点 TIO，因此 TIRS 转换到 CIRS 的旋转矩阵为

$$R(t) = R_3(-\text{ERA}) \tag{2.35}$$

岁差、章动及 CIRS 转换至 GCRS 的转换矩阵 $Q(t)$

岁差和章动决定中间极 $P(t)$ 在 GCRS 中的位置 (图 2.5)，其位置可用极坐标表示为 E 和 d (包括岁差、章动和历元偏差的总影响)，CIO 为中间坐标系的赤经零点。从 t_0 至 t 时刻有限时间段内 CIO 在瞬时赤道上的运动特征可用 $S(t)$ (称为 CIO 定位角) 描述，$S(t)$ 是 CIP 在 GCRS 中运动引起 CIO 在真赤道上的积分位移，根据图 2.5，岁差、章动矩阵表示为

$$Q(t) = R_3(-E) \cdot R_2(-d) \cdot R_3(E) \cdot R_3(S(t)) \tag{2.36}$$

在 GCRS 坐标系中 CIP 的位置也可用直角坐标方向矢量表示，其与球面坐标的关系为

$$X = \sin d \cdot \cos E$$

$$Y = \sin d \cdot \sin E$$

$$Z = \cos d$$

X、Y、Z 由长期项和周期项组成。上述岁差、章动矩阵 $Q(t)$ 可直接写成直角坐标方向余弦的形式：

$$Q(t) = \begin{bmatrix} 1 - aX^2 & -aXY & X \\ -aXY & 1 - aY^2 & Y \\ -X & -Y & 1 - a\left(X^2 + Y^2\right) \end{bmatrix} \cdot R_3(S(t)) \qquad (2.37)$$

其中，$a = 1/(1 + \cos d)$。d 为小量，$\cos d$ 接近于 1，$1 - \cos d$ 是个小量，因此

$$a = \frac{1}{2 - (1 - \cos d)} = \frac{1}{2} \cdot \frac{1}{1 - \dfrac{1 - \cos d}{2}} = \frac{1}{2} \cdot \left(1 + \frac{1 - \cos d}{2}\right) = \frac{1}{2} + \frac{1}{4}(1 - \cos d),$$

取到 d 的平方项，则 $a \approx \dfrac{1}{2} + \dfrac{1}{8}\left(X^2 + Y^2\right)$。

上述讨论依据 IAU 决议基于中间极以及无旋转原点的转换矩阵。

2.3.2.2 CIP 和春分点为基准的 ITRS 与 GCRS 之间的转换

选择不同的零点有不同形式的转换矩阵，上面给出基于无旋转原点及中间极的转换矩阵。春分点的定义比较直观，习惯于用春分点作为天文赤道坐标系的零点，因此下面讨论中间极和春分点为基准的 ITRS 与 GCRS 之间的转换，重新考证基于 CIP 和春分点的式 (2.33) 中 3 个转换矩阵的具体表达式。

基于 CIP 的 $W(t)$ 极移矩阵

根据前面讨论，极移矩阵仅与极移量 x_p，y_p 和 $s'(t)$ 有关，显然极移矩阵与春分点位置无关，因此从 ITRS 转换到 TIRS 的 $W(t)$ 矩阵应保持原式不变，即

$$W(t) = R_3\left(-s'(t)\right) R_2\left(x_p\right) R_1\left(y_p\right)$$

这里应提示：从 ITRS 转换到 TIRS 用了 $W(t)$ 矩阵，TIRS 经度零点是 TIO。

基于 CIP 和春分点的 $Q(t)$ 岁差、章动矩阵

基于 CIP 和春分点的岁差、章动矩阵 $Q(t)$ 是从真赤道坐标系 (Z 轴方向是 CIP 方向，X 轴指向真春分点，赤经零点为真春分点) 转换到 GCRS 的转换矩阵，

$Q(t)$ 可由岁差矩阵 $P(\epsilon_0, \psi_A, \omega_A, \chi_A)$ 和章动矩阵 $N(\epsilon_A, \Delta\psi, \Delta\varepsilon)$ 及历元偏差矩阵 $B(d\alpha_0, \xi_0, \eta_0) = R_3(d\alpha_0) \cdot R_2(-\xi_0) \cdot R_1(\eta_0)$ 组成，因此

$$Q(t) = B(d\alpha_0, \xi_0, \eta_0) \cdot P(\epsilon_0, \psi_A, \omega_A, \chi_A) \cdot N(\epsilon_A, \Delta\psi, \Delta\varepsilon) \tag{2.38}$$

参阅图 2.9 所示岁差量的物理含义。图示了几个重要基本圈：历元平赤道和黄道，以及 t 时刻的瞬时平赤道和瞬时黄道，根据定义，γ_0 是历元平春分点，γ_m 是 t 时刻平春分点，ε_0 和 ε_A 分别为历元黄赤交角 (历元黄道与历元平赤道的交角) 和瞬时黄赤交角 (瞬时黄道与瞬时平赤道的交角)，ω_A 是瞬时平赤道与历元黄道的黄赤交角，χ_A 是沿瞬时平赤道上黄道岁差的导出量 (历元黄道和瞬时黄道在瞬时平赤道上升交点间的距离)，ψ_A 是历元黄道上赤道岁差的导出量 (历元黄道在历元平赤道升交点和瞬时平赤道升交点间的距离)。由图 2.9 可见，经典的岁差矩阵 $P(\varepsilon_0, \psi_A, \omega_A, \chi_A)$ 为 [47]

$$P(\varepsilon_0, \psi_A, \omega_A, \chi_A) = R_1(-\varepsilon_0) \cdot R_3(\psi_A) \cdot R_1(\omega_A) \cdot R_3(-\chi_A) \tag{2.39}$$

其中 (IAU2006 岁差模型, 摘自 IERS 2010 规范)，

$$t = (\mathrm{JD}_{TT} - \mathrm{J2000.0})/36525$$

$$\varepsilon_0 = 84381.406''$$

$$P_A = 4.1999094''t + 0.1939873''t^2 - 0.00022466''t^3 - 0.000000912''t^4$$
$$+ 0.0000000120''t^5$$

$$Q_A = -46.811015''t + 0.0510283''t^2 + 0.00052413''t^3 - 0.000000646''t^4$$
$$- 0.0000000172''t^5$$

$$\psi_A = 5038.481507''t - 1.0790069''t^2 - 0.00114045''t^3 + 0.000132851''t^4$$
$$- 0.0000000''t^5$$

$$\omega_A = \varepsilon_0 - 0.025754''t + 0.0512623''t^2 - 0.00772503''t^3 - 0.000000467''t^4$$
$$+ 0.0000003337''t^5$$

导出量为

$$\chi_A = 10.556403''t - 2.3814292''t^2 - 0.00121197''t^3 + 0.000170663''t^4$$
$$- 0.0000000560''t^5$$

$$\varepsilon_A = \varepsilon_0 - 46.836769''t - 0.0001831''t^2 + 0.00200340''t^3 - 0.000000576''t^4$$
$$- 0.0000000434''t^5$$

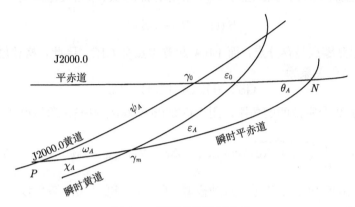

图 2.9 岁差量的物理含义

图 2.10 是章动影响示意图: γ_0 是历元平春分点, γ_m 是 t 时刻瞬时平春分点, γ 是 t 时刻瞬时真春分点。首先按 IERS 公式计算瞬时真赤道至平赤道间沿 t 时刻黄道的 $\Delta\psi$ 和交角章动 $\Delta\varepsilon$, 由图 2.10 可见, t 时刻的瞬时真赤道与瞬时黄道的交角是 $\varepsilon_A + \Delta\varepsilon$, 因此, 经典的章动矩阵 $N(\varepsilon_A, \Delta\psi, \Delta\varepsilon)$ (时间变量为 TT) 为

$$N(\varepsilon_A, \Delta\psi, \Delta\varepsilon) = R_1(-\varepsilon_A) \cdot R_3(\Delta\psi) \cdot R_1(\varepsilon_A + \Delta\varepsilon) \tag{2.40}$$

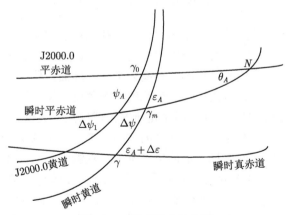

图 2.10 章动影响示意图

基于 CIP 和春分点的 $R(t)$ 自转矩阵

前面定义 $W(t)$ 矩阵是从 ITRS 转换到 TIRS 的矩阵, X 轴坐标零点为 TIO, 基于 CIP 和春分点的岁差章动矩阵 $Q(t)$ 是从真赤道坐标系 (Z 轴方向是 CIP 方

向，X 轴指向真春分点，即赤经零点为真春分点) 转换到 GCRS 的转换矩阵，显然，$R(t)$ 与基于 CIP 和 CIO 的自转矩阵不同，真春分点与 TIO 的角距就是格林尼治真恒星时 GST，因此基于 CIP 和春分点的 $R(t)$ 自转矩阵为

$$R(t) = R_3(-\text{GST}) \tag{2.41}$$

GST 起算零点是春分点，而 ERA 起算零点是 CIO，因此，格林尼治真恒星时与地球自转角关系为

$$\text{GST} = \text{ERA}(\text{UT1}) - \text{E0} \tag{2.42}$$

E0 表示 2 个零点间的角距，用 IAU2006/2000A 岁差、章动模型，关系为

$$\text{E0} = -\text{d}T_0 - \int_{t_0}^{t} \overbrace{(\psi_A + \Delta\psi_1)} \cos(\omega_A + \Delta\epsilon_1)\,\text{d}t + \chi_A - \Delta\psi\cos\epsilon_A + \Delta\psi_1\cos\omega_A$$

用 IAU2006/2000A 岁差、章动模型，所有项精度到 0.5 微角秒，1975～2025 年，可近似为

$$\text{E0} = -0.014506'' - 4612.156534''t - 1.3915817''t^2$$
$$+ 0.00000044''t^3 - \Delta\psi\cos\epsilon_A - \sum_k C_k' \sin\alpha_k \tag{2.43}$$

其中，C_k' 是系数，α_k 是 L、Ω、D 自变量的组合自变量，具体参见 2010 规范。

2.4　常用的几种天球坐标系

天文学描述的对象主要是远距离的天体，往往可以忽略坐标原点至天体间距离的特征，这就是天文上常用的描述天体方向的天球 (celestial sphere) 坐标系。天球是指以坐标系原点为中心，以单位距离为半径的球面，假想所有的天体都在这个球面上，任何一个天体方向用球面坐标的两个角度描述，这种仅关注方向的坐标系称为天球坐标系 [48]，天球坐标系是研究天球原点至天体方向的球面坐标系。

天球坐标系的原点是定义该坐标系的重要参考点，选取坐标系原点的原则是便于问题的研究，能使问题描述最简单，例如：观测太阳系天体或太阳系外天体时选择日心 (太阳系质心) 为天球坐标系的原点；研究近地天体时选择地球质量中心为天球坐标系的原点；用地面仪器观测天体时，为了天体方向与仪器指向一致，选择观测站的仪器转动中心 (站心) 为球面坐标系的原点。因采用坐标系原点的不同，我们会有日心 (heliocentric)、地心 (geocentric) 或观测站的站心 (topocentric) 天球坐标系。

天球坐标系可选取不同的极 (极的位置决定了对应的基本圈，极的方向一般选为坐标系的 Z 轴)，天文上通常选择的极是特殊的天文点，如天顶、天极、黄

极、银极和月极 (月亮轨道面——白道)。最常用天球坐标系为: 选择天顶为极的坐标系 (天顶为铅垂线方向), 称为地平坐标系 (horizontal system of coordinate); 选择天极为极的坐标系 (天极为地球自转轴方向, 天极对应的大圆为赤道面), 称为赤道坐标系 (equatorial coordinate system); 选择黄极为极的坐标系 (黄极对应的大圆为黄道面), 称为黄道坐标系 (ecliptic system of coordinate)。根据各坐标系轴方向和原点间的关系, 很容易实现相互间的转换。

天文特殊点在空间运动中除了随时间有长期变化外, 还有周期性变化, 因此, 坐标系的 "极" 分为 "平极" 和 "瞬时极", 但在讨论天球坐标系一般规则时并不需要区分不同极的特征。

下面介绍天文上常用的三种直角坐标系及其相互间的转换关系, 借助于直角坐标系给出不同天球坐标系间的球面坐标转换表达式。

2.4.1 赤道坐标系

IAU 决议定义了地球自转轴 CIP(中间极), 地球自转轴方向在天球上的投影称为天极, 与天极相距 90° 的大圆弧称为天赤道 (见图 2.11), 天赤道所在平面为天赤道面 (equator plane of the celestial sphere), 天赤道是赤道坐标系的基本圈, 天赤道面与地球自转轴 (CIP) 相垂直, 或是说地球自转轴是天赤道面的法线, 天赤道面把天球截成两个半球面: 北半球和南半球。地球自转轴在北半球的交点称为北天极 P, 在南半球的交点称为南天极 P', 天球上与赤道面平行的小圆称为赤纬圈, 通过天体 σ 视方向与赤道面的交角称为该天体 σ 的赤纬 δ(declination), 赤纬是度量天体 σ 的一个天球坐标, 赤纬从赤道面起算, 向北为正, 从 0° 到 90° 度量, 反之为负值; 从北天极 P 到天体 σ 的大圆弧弧长称为极距 p, 极距从 0° 到 180° 度量。天体 σ 赤纬 δ 与极距 p 的关系为

$$p + \delta = 90° \tag{2.44}$$

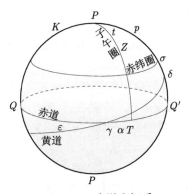

图 2.11 赤道坐标系

通过北极 P 和南极 P' 的大圆弧称为赤经圈，显然赤经圈与赤道面垂直，通过天体 σ 的赤经圈与赤道的交点为 T(见图 2.11)，赤经零点 (春分点) 至 T 间的角距 (逆时针为正) 是量度天体 σ 的另一个球面坐标，称为该天体的赤经 λ，赤纬 δ(或极距 p) 与赤经 λ 组成赤道坐标系量度天体 σ 位置的坐标。

天球上通过本地天顶 Z 的赤经圈称为本地子午圈，图 2.11 中 T 为本地子午圈与赤道的交点。选择点 T 为坐标零点的称为第一赤道坐标系，或称为时角 (hour angle) 坐标系，从北天极 P 看赤道，时角计量以顺时针方向 (向西) 为正，弧长 $\widehat{TQ'}$ 称为天体 σ 的时角 (图 2.11)，从 $0°$ 到 $360°$ ($0^{\mathrm{h}} \sim 24^{\mathrm{h}}$) 度量，天体的时角 t 随地球自转而增加，时角 t 和赤纬 δ 组成了第一赤道坐标系。

赤道与黄道交点称为春分点 (vernal equinox)，春分点是黄道在赤道上的升交点，用白羊宫的符号 γ 表示，选择春分点为零点的该天体的赤经 λ，赤纬 δ 的赤道坐标系称为第二赤道坐标系，或直接称作赤道坐标系。

从北天极 P 看赤道，赤经度量以逆时针方向为正，弧长 $\widehat{\gamma QQ'}$ 称为天体 σ 的赤经 α(right ascension，或 R.A.)，从 $0°$ 到 $360°$($0^{\mathrm{h}} \sim 24^{\mathrm{h}}$) 度量，$\widehat{TQ'}$ 为时角 t，弧 $\widehat{TQ'Q\gamma}$ 为春分点时角，称地方恒星时，根据图 2.11，下式显而易见：

$$\widehat{TQ'Q\gamma} = \widehat{TQ'} + \widehat{\gamma QQ'} \tag{2.45}$$

上式可写为

$$s = \alpha + t \tag{2.46}$$

当天体 σ 正好通过某地子午圈，即 $t = 0$ 时：

$$s = \alpha \tag{2.47}$$

即某地任何瞬间的地方恒星时等于该地瞬间上中天恒星的赤经，式 (2.47) 就是子午仪测时和测定天体位置的最基本公式 (恒星中天的赤经对应地方真恒星时)。春分点连续两次通过某地子午圈的时间间隔为 1 个地方恒星日。时角 t、恒星时 s 和赤经 α 通常用时间单位表示，其与角度关系：$24\mathrm{h} = 360°$，$1\mathrm{h} = 15°$，$1\mathrm{min} = 15'$，$1\mathrm{s} = 15''$。

现在研究第二赤道坐标系与相应的直角坐标系之间的关系：选择天极 P 为直角坐标系 Z 轴，X 轴指向春分点 γ，Y 轴在赤道面内，与 X 轴和 Z 轴组成右手坐标系，那么天体 σ 方向矢量的直角坐标 $X(t)$、$Y(t)$、$Z(t)$ 可表示为 [49]

$$\begin{pmatrix} X(t) \\ Y(t) \\ Z(t) \end{pmatrix} = \begin{pmatrix} \cos\delta \cdot \cos\alpha \\ \cos\delta \cdot \sin\alpha \\ \sin\delta \end{pmatrix} \tag{2.48}$$

对于第一赤道坐标系也可建立相应的关系: 选择天极 P 为直角坐标系 Z' 轴 (与 Z 轴方向相同), X' 轴指向 T, Y' 轴与 X' 轴和 Z' 轴组成右手坐标系, 那么用第一赤道坐标系表示的天体 σ 方向矢量与直角坐标的关系为

$$\begin{pmatrix} X'(t) \\ Y'(t) \\ Z'(t) \end{pmatrix} = \begin{pmatrix} \cos\delta \cdot \cos t \\ -\cos\delta \cdot \sin t \\ \sin\delta \end{pmatrix} \tag{2.49}$$

显然, XYZ 坐标系绕 Z 轴旋转 $-s$ 角度, 与 $X'Y'Z'$ 坐标系重合, 即

$$\begin{pmatrix} X'(t) \\ Y'(t) \\ Z'(t) \end{pmatrix} = R_3(-s) \begin{pmatrix} X(t) \\ Y(t) \\ Z(t) \end{pmatrix} \tag{2.50}$$

上式不难得到 $s = \alpha + t$ 的关系式。

2.4.2 黄道坐标系

IAU (2006) 决议 B1 重新定义了黄极, 黄极为地月系质心平均轨道角动量矢量的方向, 黄道坐标系适于描述行星等太阳系天体的运动。

靠近北天极的黄极称为北黄极 K, 靠近南天极的称为南黄极 K', 在天球上与黄极相距 90° 的大圆弧称为黄道 (见图 2.12), 和赤道坐标系定义相仿, 天球上通过天体 σ 与黄道面平行的小圆称为黄纬圈, 天体 σ 与黄道面的交角称为黄纬 β(ecliptic latitude), 黄纬从黄道起算, 向北为正, 反之为负, 黄纬度量范围为 $-90^\circ \sim 90^\circ$。

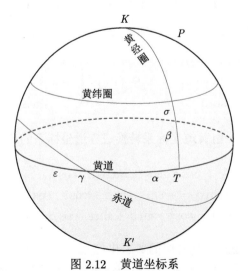

图 2.12　黄道坐标系

黄道在赤道上的升交点为春分点 (见图 2.12)，黄道与赤道交角称为黄赤交角 ε。天球上通过北黄极 K 和南黄极 K' 的大圆称为黄经圈，黄经圈与黄道垂直，过天体 σ 的黄经圈在黄道上的交点与春分点在黄道上的角距为天体 σ 的黄经 λ(ecliptic longitude)，春分点为黄经的零点，从北黄极 K 看黄道，黄经度量逆时针方向为正，λ 范围为 $0^\circ \sim 360^\circ$。

黄道坐标系与相应直角坐标系的关系：选择北黄极 K 为直角坐标系 Z'' 轴，X'' 轴指向春分点 γ，Y'' 轴在黄道面内，与 X'' 轴和 Z'' 轴组成右手坐标系，那么天体 σ 方向矢量的直角坐标用黄道坐标系的坐标表示为

$$\begin{pmatrix} X''(t) \\ Y''(t) \\ Z''(t) \end{pmatrix} = \begin{pmatrix} \cos\beta \cdot \cos\lambda \\ \cos\beta \cdot \sin\lambda \\ \sin\beta \end{pmatrix} \tag{2.51}$$

从图 2.12 可见，赤道直角坐标系绕 X 轴旋转 ε 角 (黄赤交角) 即为黄道的直角坐标系，因此有

$$\begin{pmatrix} \cos\beta \cdot \cos\lambda \\ \cos\beta \cdot \sin\lambda \\ \sin\beta \end{pmatrix} = R_1(\varepsilon) \cdot \begin{pmatrix} \cos\delta \cdot \cos\alpha \\ \cos\delta \cdot \sin\alpha \\ \sin\delta \end{pmatrix} \tag{2.52}$$

展开式 (2.52) 可得到一组赤道坐标系转换成黄道坐标系的球面三角公式 [49]：

$$\begin{aligned} \cos\beta \cdot \cos\lambda &= \cos\delta \cdot \cos\alpha \\ \cos\beta \cdot \sin\lambda &= \sin\varepsilon \cdot \sin\delta + \cos\varepsilon \cdot \cos\delta \cdot \sin\alpha \\ \sin\beta &= \cos\varepsilon \cdot \sin\delta - \sin\varepsilon \cdot \cos\delta \cdot \sin\alpha \end{aligned} \tag{2.53}$$

同理，黄道的直角坐标系绕 X 轴旋转 $-\varepsilon$ 角后成为赤道坐标系，因此有

$$\begin{pmatrix} \cos\delta \cdot \cos\alpha \\ \cos\delta \cdot \sin\alpha \\ \sin\delta \end{pmatrix} = R_1(-\varepsilon) \cdot \begin{pmatrix} \cos\beta \cdot \cos\lambda \\ \cos\beta \cdot \sin\lambda \\ \sin\beta \end{pmatrix} \tag{2.54}$$

展开式 (2.54) 可得到一组黄道坐标系转换成赤道坐标系的球面三角公式 [50]：

$$\begin{aligned} \cos\delta \cdot \cos\alpha &= \cos\beta \cdot \cos\lambda \\ \cos\delta \cdot \sin\alpha &= -\sin\varepsilon \cdot \sin\beta + \cos\varepsilon \cdot \cos\beta \cdot \sin\lambda \\ \sin\delta &= \cos\varepsilon \cdot \sin\beta + \sin\varepsilon \cdot \cos\beta \cdot \sin\lambda \end{aligned} \tag{2.55}$$

式 (2.52) 及式 (2.54) 是常用的黄道坐标系与赤道坐标系互转换的矩阵，式 (2.53) 和式 (2.55) 是常用的黄道坐标系与赤道坐标系互转换的球面三角公式。

式 (2.53) 和式 (2.55) 也可用球面三角公式推出。根据图 2.12 可画出球面三角形 $KP\sigma$(图 2.13)，利用球面三角形的正弦定律，可得到式 (2.55) 的第一行子式；用第一五元素公式可得到式 (2.55) 的第二行子式；用边的余弦公式可得到式 (2.55) 的第三行子式；显然用直角坐标推导转换公式要方便一些。

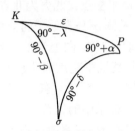

图 2.13　赤道和黄道互换球面三角形

2.4.3　地平坐标系

自古以来经典天体测量仪器均用水银面或水准管作为基准，即用水平面作为基准面进行天文测量，与水平面相垂直的方向是铅垂线方向，天体测量仪器以铅垂线方向为基准，如天文经纬以本地铅垂线方向为准。垂直于水平面的极为天顶，用水平面作为基准面的坐标系是地平坐标系 (horizontal system of coordinates)(见图 2.14)。天顶为本地铅垂线方向，与天顶相距 90° 的面为真地平面，或称为天文真地平圈，天文经纬度以铅垂线为准，与大地经纬度略有差异，这个差异称为垂线偏差。

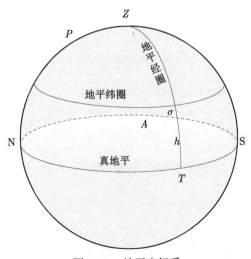

图 2.14　地平坐标系

　　选取观测本地的真地平作为地平坐标系的基准面, 该平面与天球相交的大圆称为天文地平, 与天文地平垂直的垂线交天球于两点, 位于观测者正上方的称为天顶 (zenith), 而位于观测者下方的称为天底 (nadir)。在地平坐标系中通过天顶与天文地平面垂直的大圆称为地平经圈 (vertical circle), 通过天极的地平经圈称为子午圈 (meridian), 子午圈与真地平交点在北方为北点 N, 在南方为南点 S, 平行于真地平的小圆称为地平纬圈, 天体 σ 与真地平的交角称为地平高度角 (horizontal angle)h, 地平高度角 h 从真地平起算, 向上为正, 反之为负, h 从 $-90°$ 到 $90°$ 度量; 通过天体 σ 的地平经圈与真地平交点和北点的角距 (在真地平上度量) 为方位角 (azimuth)A, A 以北点为零点, 经北、东、南至西度量, A 范围为 $0° \sim 360°$。A 和 h 描述了天体 σ 在地平坐标系中的位置。

　　对地平坐标系建立相应的直角坐标系: 选择天顶为直角坐标系 Z 轴, X 轴指向 N 点, Z 轴和 X 轴均在子午圈上, Y 轴在真地平面内, 与 X 轴和 Z 轴组成右手坐标系, 那么天体 σ 方向矢量的地平直角坐标表示为

$$
\begin{pmatrix} x(t) \\ y(t) \\ z(t) \end{pmatrix} = \begin{pmatrix} \cos h \cdot \cos A \\ -\cos h \cdot \sin A \\ \sin h \end{pmatrix} \tag{2.56}
$$

　　根据 2.4.1 节赤道坐标系的描述, 地平直角坐标经过: 绕 Y 轴转 $(90° - \varphi)$, 再绕 Z 轴转 $180°$, 与时角直角坐标系重合, 因此

$$
\begin{pmatrix} \cos \delta \cdot \cos t \\ -\cos \delta \cdot \sin t \\ \sin \delta \end{pmatrix} = R_3\,(180°) \cdot R_2\,(90°-\varphi) \cdot \begin{pmatrix} \cos h \cdot \cos A \\ -\cos h \cdot \sin A \\ \sin h \end{pmatrix} \tag{2.57}
$$

展开后得到地平坐标系转换为时角坐标系的三角球面公式:

$$
\begin{aligned}
\cos \delta \cdot \cos t &= \cos \varphi \cdot \sin h - \sin \varphi \cdot \cos h \cdot \cos A \\
\cos \delta \cdot \sin t &= -\cos h \cdot \sin A \\
\sin \delta &= \sin \varphi \cdot \sin h + \cos \varphi \cdot \cos h \cdot \cos A
\end{aligned} \tag{2.58}
$$

　　同理, 时角直角坐标系绕 Y 轴转 $(90° - \varphi)$, 再绕 Z 轴转 $180°$, 就是地平直角坐标, 因此:

$$
\begin{pmatrix} \cos h \cdot \cos A \\ -\cos h \cdot \sin A \\ \sin h \end{pmatrix} = R_3\,(180°) \cdot R_2\,(90°-\varphi) \cdot \begin{pmatrix} \cos \delta \cdot \cos t \\ -\cos \delta \cdot \sin t \\ \sin \delta \end{pmatrix} \tag{2.59}
$$

展开后得到时角坐标系转换为地平坐标系的三角球面公式 [50,51]：

$$\cos h \cdot \cos A = \cos \varphi \cdot \sin \delta - \sin \varphi \cdot \cos \delta \cdot \cos t$$
$$\cos h \cdot \sin A = -\cos \delta \cdot \sin t \tag{2.60}$$
$$\sin h = \sin \varphi \cdot \sin \delta + \cos \varphi \cdot \cos \delta \cdot \cos t$$

显然用直角坐标系推导出球面公式更为简单、直观。

2.5　有关天球参考系的天文术语及解释

BCRS(Barycentric Celestial Reference System)[9]**，质心天球参考系**

质心天球参考系是在广义相对论框架下，以太阳系质心为原点的时空坐标系，IAU2000 决议 B1.3 给出了 BCRS 度规张量，IAU2006 决议 B2 指定质心天球坐标系的空间指向：对于所有的应用，如果不特别指明，BCRS 空间坐标轴指向选择 ICRS 的指向，GCRS 空间坐标轴指向由 BCRS 指向导出。

CEO(Celestial Ephemeris Origin) ，天球历书零点

IAU2000 决议 B1.8 给出天球历书零点 CEO 的定义：在地心天球中间参考系以无旋转原点概念定义的经度零点。IAU2006 决议 B2 更名 CEO 为天球中间零点 CIO。

CEP(Celestial Ephemeris Pole)，天球历书极

1984~2003 年天球历书极是 IAU1980 章动理论和极移的参考轴，其自由运动的振幅为零，原定义天球历书极运动相对于空间和地球坐标系应无近周日项，但定义与实际观测结果不一致，后被 IAU2000 决议 B1.7 定义的天球中间极 CIP 所替代。

CIO (Celestial Intermediate Origin)，天球中间零点

根据 IAU(2006) 决议 B2，天球历书零点 CEO 更名为天球中间零点 CIO。天球中间零点很靠近 GCRS 经度零点，1900~2100 年其差值不超过 0.1″。

CIO locator (Celestial Intermediate Origin Locator)，CIO 定位角

由于岁差、章动影响引起的中间赤经零点 (CIO) 的积分移动。CIO 在历元时刻设定接近 J2000.0 的动力学平春分点，CIO 在中间赤道上按无旋转原点定义的规律运动，其积分移动由 s 表示，称为 CIO 定位角。

CIP (Celestial Intermediate Pole), 天球中间极

按 IAU(2000) 决议 B1.7, 天球中间极定义为 ITRS 到 GCRS 的参考轴, 在 GCRS 运动由岁差、章动和 IERS 提供与时间有关的改正项确定, 在 ITRS 运动由 IERS 给出极移量确定。从 2003 年 1 月 1 日启用中间极, 替代原天球历书极 CEP。

CIRS (Celestial Intermediate Reference System), 天球中间参考系

天球中间参考系是经岁差和章动改正后的地心瞬时天球参考系, 由该时刻中间极 (或 CIP) 和对应 CIO 所确定, 它与瞬时真春分点为零点的真赤道坐标系类同, 但赤经起点是 CIO。由于缩略语 CIRS 与 ICRS 接近, 易于混淆, 使用时要特别注意。

Celestial Pole Offset at J2000.0, 历元 J2000.0 天极偏差

J2000.0 平极与 GCRS 极的偏移。

CTRS (Converntional Terrestrial Reference System), 协议地球参考系

根据 1991 年 IUGG 维也纳大会决议 II 和 IAG 决议 I, 决议采用协议地球参考系 CTRS, CTRS 是相对论框架下地心地球时空坐标系, 定义为无旋转的地心系统: 系统原点为包括海洋和大气在内的地球质心, 它与地球同步一起旋转, 满足 IAU (2000) 决议 B1.3, 由地球定向参数描述地心天球参考系的空间运动, 地心坐标时 (Geocentric Coordinate Time, TCG) 是 CTRS 及 GRS 的坐标时。根据 IUGG(2007) 决议 B2, 地心地球参考系 GTRS 取代协议地球参考系 CTRS。

Ecliptic, 黄道

IAU (2006) 决议 B1 重新定义黄道: 定义黄道面与地月系质心平均轨道角动量矩矢量相垂直。这个定义避免与旧的定义相混淆。

EE(Equation of the Equinoxes), 赤经章动

在真赤道系 (真春分点为零点) 中平春分点的赤经, 为视恒星时与平恒星时之差。

Equition of the Origins, 零点差

在中间赤道上 CIO 与春分点的角距, 即为春分点在 CIRS 系统中的赤经, 是地球自转角与格林尼治视恒星时之差。

ERA (Earth Rotation Angle), 地球自转角

在中间赤道上 TIO 和 CIO 之间沿中间赤道度量的角距, 逆时针方向为正, 地球自转角与 UT1 为线性关系, 它的时间导数就是地球自转的角速度。

ET(Ephemeris Time), 历书时

由于地球自转速率不规则的原因, 1955 年都柏林第 4 届国际天文学联合会上定义历书时秒为 "1900 年 1 月 0 日历书时 12 时回归年年长的 1/31556925.9747", ET 年首为纽康太阳表 1900 年太阳几何平黄经 $279°41'48.04''$ 时刻 (1 月 0 日 12 时), 定义历书时起始时刻与该时刻平太阳时时刻一致, 1958 年国际天文学联合会决议: 自 1960 年用均匀的历书时 ET 代替世界时作为时间计量系统。

最原始的原子时尺度由历书时标定, 因此 SI 秒长接近于历书时秒长, 原子时起始点和历书时一致, 但由于历书秒难于测量, 1967 年起用原子时代替历书时作为基本时间计量系统的官方时间, 但在天文历表上仍用历书时, 1976 年第 16 届国际天文学联合会决议: 从 1984 年起天文计算和历表所用的时间单位以原子时为基础, 历书时正式退出应用舞台。

GAST (Greenwich Apparent Sidereal Time), 格林尼治真恒星时

格林尼治真恒星时为地球中间参考系经度零子午圈的真春分点时角。

GCRS(Geocentric Celestial Reference System), 地心天球参考系

地心天球参考系 GCRS 是广义相对论框架下的地心天球参考系, 其度规张量由 IAU(2000) 决议 B1 给出, GCRS 定义要求 GCRS 与 BCRS 之间坐标变换没有转动, 即 GCRS 相对于 BCRS 在运动学上是非旋转的, GCRS 空间指向由 BCRS 指向确定 (见 IAU(2006) 决议 B2), GCRS 的坐标时是地心坐标时, IAU(2000) 决议 B1.9 定义 TCG 与地球时 (Terrestrial Time, TT) 的转换为线性关系。

GMST (Greenwich Mean Sidereal Time), 格林尼治平恒星时

格林尼治平恒星时是地球中间参考系经度零子午圈的平春分点时角。

GTRS (Geocentric Terrestrial Reference System), 地心地球参考系

地心地球参考系是广义相对论框架下的地心时空参考系, 与地球本体一起旋转, 通过地球定向参数与 GCRS 相连接, IUGG(2007) 决议 2 决定: 用地心地球参考系 GTRS 取代原协议地球参考系 CTRS。

ICRF(International Celestial Reference Frame), 国际天球参考架

国际天球参考架 ICRF 是国际天球参考系 ICRS 的实现。第 22 届 IAU(1994) 大会用河外射电源为背景, 从运动学上定义国际天球参考架。ICRF 定义不涉及动力学方面的定义与约束, 因此是一个惯性的参考架。IAU (1997) 决议 B2 要求从 1998 年 1 月 1 日起采用 IAU 决议的 ICRS 和 ICRF。

国际天球参考架从 ICRF1 发展到当前 ICRF2。ICRF1: ICRF-Ext.1 包括 608 颗河外源, 定义源为 212 颗; ICRF-Ext.2 包括 717 颗射电源, ICRF2 包括

3414 颗射电源的精确位置，其中 295 颗为定义源，ICRF2 比 ICRF1 分布更合理，源的位置精度更高。第 27 届 IAU 大会决议 B3 决定从 2010 年 1 月 1 日起启用 ICRF2。

ICRS(International Celestial Reference System)，国际天球参考系

IAU 1991 年 A4 决议提出国际天球参考系的概念，并定义了坐标时，是广义相对论框架下天球参考系。国际天球参考系的原点在太阳的质心，坐标轴的指向相对于远距离的河外射电源固定，因此国际天球参考系的指向不依赖于历元、赤道和黄道，由河外射电源的定义源位置所确定，是个惯性的参考系。IAU 决议还规定：天球参考系的基本平面应尽可能靠近 J2000.0 平赤道面，在基本平面上的零点应尽可能靠近 J2000.0 动力学平春分点，使之与以前的基本参考系相连接。IAU(2000) 决议 B1 (B1.1~B1.9)，进一步规范了国际天球参考系，为国际天球参考系的定义和实现奠定了基础。

ITRF (International Terrestrial Reference Frame)，国际地球参考架

国际地球参考架是国际地球参考系的实现。通过其参考架的指向、尺度、原点、零点以及时间演化实现国际地球参考系。

ITRS(International Terrestrial Reference System)，国际地球参考系

根据 IUGG (2007) 决议 2，国际地球参考系 ITRS 是特殊地位的地心地球参考系，其定义包括参考系原点、参考轴指向、尺度、零点，以及时间演化。ITRS 的原点是包括整个海洋和大气在内的地球质量中心 (IUGG(1991) 决议 2)，与地球表面没有残余旋转，最初定向瞄准 1900 年平赤道和格林尼治子午圈。IUGG 推荐：ITRS 是科学与技术应用优先采用的地心地球参考系。

JD(Julian Date)，儒略日期

儒略日期是由儒略历公元前 4712 年 1 月 1 日格林尼治 12 时起算，以日和日小数的累计记时系统，儒略日期系统可用于任何形式的时间系统，如 TT、TCG、TCB、TDB 等。

MJD(Modifed Julian Date)，简化儒略日期

儒略日期由于起算日久远，计算位数过长，对计算机计算不便，定义：简化儒略日期 MJD = JD−2400000.5, MJD 对应为公元 1858 年 11 月 17 日平子夜起算，MJD 日的起算时刻 (平子夜) 和目前公历日的起算时刻相一致。

NRO (Non-Rotating Origin)，无旋转原点

在 GCRS 或 ITRS 中，在中间赤道上存在一个点，其瞬时运动沿中间赤道无旋转分量 (即无旋转原点的瞬时运动垂直于中间赤道)，这样的点在 GCRS 中为

CIO，在 ITRS 中为 TIO。

Nutation, 章动

章动是由外力矩引起地球自转极运动中受迫运动的周期部分。IAU(2000) 决议：岁差章动确定 CIP 在 GCRS 中运动，CIP 章动项是该运动长于两天的周期项，IERS 提供与时间有关改正项。

Polar Motion, 极移

地极 (CIP) 在 ITRS 内的移动称为极移。其主要分量：① 周期近似为 435 天的钱德勒 (Chandler) 自由极移；② 周年极移；③ 极移短周期项，即海潮引起近周日变化及章动周期短于两天引起的退行项周期变化；④ IERS 根据观测提供的改正量。IERS 提供极移量和内插模型的计算规范。

Precession, 岁差

岁差、章动决定 CIP 在 GCRS 中运动，岁差是该运动的长期部分，近似为 26000 年长周期项。

TAI (International Atomic Time), 国际原子时

1955 年英国国家物理实验室 (NPL) 的埃森 (Louis Essen) 研制了第一台可连续运转的铯频标，经埃森和美国海军天文台 (USNO) 马柯维奇 (Markowitz) 等三年月亮观测结果确定 (1958 年)，1 历书秒对应于铯频标 (9192631770 ± 20) 次谐振持续时间。1967 年 10 月，第 13 届计量大会定义了国际单位制 (SI) 秒 SI：“国际秒长是铯 133 原子两个超精细能级基态跃迁对应辐射频率的 9192631770 次振荡持续时间间隔”。20 世纪 70 年代注意到原子钟的重力时间膨胀效应，国际单位秒改正到平均海平面 (旋转大地水准面) 上，这改正大小约为 1×10^{-10}，1977 年初开始应用这一相对论改正，官方正式应用相对论改正于 1980 年，经相对论改正后的国际秒定义为在大地旋转水准面的坐标时。1997 年 BIPM 会议对秒定义又加入了补偿环境温度影响 (黑体辐射)，铯原子在绝对零度时的跃迁频率定义为国际秒。TAI 的起点规定：1958 年 1 月 1 日 00 时 00 分 00 秒世界时 (UT) 的瞬间作为 TAI 的起点 (事后发现，在该瞬间原子时与世界时的时刻之差为 0.0039 秒，这一差值就作为历史事实而保留下来)。国际原子时是连续的时间尺度，1988 年起国际原子时工作由 BIPM 时间部负责。

TCB (Barycentric Coordinate Time), 质心坐标时

质心坐标时是相对论框架下 BCRS 的坐标时，IAU (1991)A4 决议 Ⅲ：国际原子时 1977 年 1 月 1 日 00 时 00 分 00 秒 (JD = 2443144.5,TAI) 时刻对应坐标

时 (TCB、TCG) 读数精确地等于 1977 年 1 月 1 日 0 时 0 分 32.184 秒)。根据 A4 决议,坐标时 TCB 与 TCG 的 4 维时空转换关系:

$$\text{TCB} = \text{TCG} + L_C \times (\text{JD} - 2443144.5) \times 86400 + \frac{\boldsymbol{V}_e \cdot (\boldsymbol{X} - \boldsymbol{X}_e)}{C^2} + P \quad (2.61)$$

其中,P 为周期项,$\boldsymbol{X}_e$, $\boldsymbol{X}$ 分别是用质心坐标表示的地球质心位置和观测者位置,$\boldsymbol{V}_e$ 是地球质心的质心坐标速度矢量。

质心坐标时 TCB 和质心动力学时 TDB 差别仅为速率不同:

$$\text{TDB} = \text{TCB} + L_B \times (\text{JD} - 2443144.5) \times 86400$$

决议确定了坐标时的尺度和零点,确定了与各种时间系统之间的关系,很容易从一种时间系统转换到另一种时间系统。

TCG (Geocentric Coordinate Time),地心坐标时

地心坐标时是相对论框架下 GCRS 的坐标时,IAU (1991)A4 决议 Ⅲ:国际原子时 1977 年 1 月 1 日 00 时 00 分 00 秒 (JD=2443144.5,TAI) 时刻对应的坐标时 (TCB、TCG) 读数精确地等于 1977 年 1 月 1 日 0 时 0 分 32.184 秒。

TDB (Barycentric Dynamical Time),质心力学时

质心力学时 TDB 时间尺度引入用作质心历书和运动方程式的独立时间变量,IAU (1976) 决议定义 TDB 与地球力学时 TDT 之差仅周期项 (P),其数学关系为

$$\text{TDB} = \text{TDT} + P$$

IAU(2006) 决议 B3 重新定义质心力学时,TDB 与 TCB 坐标时时间尺度为线性关系:

$$\text{TDB} = \text{TCB} - L_B \times (\text{JD}_{\text{TCB}} - T_0) \times 86400 + \text{TDB}_0$$

在地面 TDB 和 TT 之差几千年内不超过 2 毫秒。

TDT (Terrestrial Dynamical Time), 地球力学时

IAU (1976)4、8 和 31 委员会决议 V 引入的地心历书的均匀时间尺度 TDT,TDT 为视地心历表用的时间变量,地球力学时 TDT 后更名为地球时 TT。

TEO (Terrestrial Ephemeris Origin), 地球历书零点

地球历书零点是地球中间参考系的经度零点,根据 IAU (2006) 决议 B2"IAU 2000 有关参考系决议的补充",地球历书零点 TEO 被地球中间零点 TIO 所取代。

Teph, 历表时

历表时是 JPL 历表的时间独立变量 Teph, 在实际应用中 Teph 与 TDB 可认作为等同。

TIO (Terrestrial Intermediate Origin), 地球中间零点

IAU(2000) 决议从 2003 年 1 月 1 日起正式采用中间系统。无旋转原点概念定义 TIRS 的地球中间零点 TIO, TIO 是大地中间参考系的经度起算点, IAU(2006) 决议 B2 决定 TIO 取代先前的地球历书零点 (TEO)。

TIRS (Terrestrial Intermediate Reference System), 地球中间参考系

根据 IAU(2006) 决议 B2, 地球中间参考系由 CIP 的中间赤道和 TIO 定义, 通过极移和 TIO 定位角与国际地球参考系 ITRS 相连接, 通过地球自转角 ERA 与国际天球中间参考系相连接。

TRF (Terrestrial Reference Frame), 地球参考架

地球参考架是地球参考系 (TRS) 的实现, 包括参考系的原点、指向、尺度, 以及参考架的演变。

TRS(Terrestrial Reference System), 地球参考系

地球参考系是与地球本体一起在空间做周日运动的空间参考系。

TT (Terrestrial Time), 地球时

IAU A4(1991 年) 决议 IV 定义地球时 TT, TT 是地心参考系的坐标时, 由地球力学时 TDT 更名而来, 是地心历书的独立时间变量。TT 定义与在地球水准面上的本征时间 TAI 一致, 1977 年 1 月 1.0 日 TAI 时刻精确等于 TT 1977 年 1 月 1.0003725 日 TT 时刻, 因此 TT (TAI) = TAI + 32.184s。TT 是国际原子时的理想时间标准, 或 TAI 是 TT 的实现。TT 与地心坐标时 TCG 为线性关系, 其固定比率: $\mathrm{d(TT)}/\mathrm{d(TCG)} = 1 - L_G$, L_G 取决于水准面引力势 U_G/c^2, 对应得到 $L_G = 6.969290134 \times 10^{-10}$, 这个值认定为定义值。

UT1(Universal Time), 世界时

世界时是根据地球自转的时间系统, 由天文观测确定。UT1 与地球自转角 (ERA) 呈线性关系。

UTC(Coordinated Universal Time), 协调世界时

1961 年年初引入 UTC 概念 (但直至 1967 年国际天文学联合会才正式命名为协调世界时), 1971 年国际计量大会决议: 协调世界时的尺度用原子时稳定的

速率, 而时刻上逼近世界时, 即与地球自转关联, 通过闰秒方式与 UT1 时刻保持在 0.9 秒之内, 1972 年 1 月 1 日起 UTC 正式作为全世界官方时间。但由于地球自转持续减缓, 闰秒引入频度在增速。

参 考 文 献

[1] Fricke W. Determination of the equinox and equator of the FK5. Astronomy & Astrophysics, 1982, 107(1): 13-16.

[2] Mccarthy D D, Boucher C, Eanes R, et al. IERS Standards (1989), IERS Technical Note 3. Observatoire de Paris, Paris, 1989.

[3] McCarthy D D. IERS Standards (1992), IERS Technical Note 13. Observatoire de Paris, Paris, 1992.

[4] McCarthy D D. IERS Standards (1996), IERS Technical Note 21. Observatoire de Paris, Paris, 1996.

[5] Arias E F, Feissel M, Lestrade J F. An extragalactic celestial reference frame consistent with the BIH Terrestrial System. BIH Annual Rep. for 1987, 1988: 113-121.

[6] Arias E F, Charlot P, Feissel M, et al. The extragalactic reference system of the International Earth Rotation Service ICRS. Astronomy and Astrophysics, 1995, 303(303): 604-608.

[7] 刘佳成, 朱紫. 2000 年以来国际天文学联合会 (IAU) 关于基本天文学的决议及其应用. 天文学进展, 2012, 30(4): 411-437.

[8] Soffel M, Klioner S A, Petit G, et al. The IAU 2000 resolutions for astrometry, celestial mechanics and metrology in the relativistic framework: explanatory supplement. The Astronomical Journal, 2003, 126(6): 2687.

[9] Petit G, Luzum B. IERS Conventions (2010), IERS Technical Note 36. Verlag des Bundesamts für Kartographie und Gäsie Frankfurt am Main, 2010.

[10] Melbourne W, Anderle R, Feissel M, et al. Project MERIT Standards. U.S. Naval Observatory, 1983, Circular No. 167.

[11] Smith C A, Kaplan G H, Hughes J A, et al. Mean and apparent place computations in the new IAU system, I—The transformation of astrometric catalog systems to the equinox J2000.0. Astronomical Journal, 1989, 97(1): 265-279.

[12] Boucher C, Altamimi Z, Sillard P. The 1997 International Terrestrial Reference Frame (ITRF97), IERS Technical Note 27. Observatoire de Paris, Paris, 1999.

[13] Lambert S, Bizouard C. Positioning the Terrestrial Ephemeris Origin in the International Terrestrial Reference Frame. Astron. Astrophys., 2002, 394(1): 317.

[14] Seidelmann P K. 1980 IAU Theory of Nutation: The final report of the IAU Working Group on Nutation. Celestial Mechanics, 1982, 27(1): 79-106.

[15] Nicole Ce, Daniel G, Dennis D, et al. IERS Technical Note 29. Verlag des Bundesamts für Kartographie und Gäsie Frankfurt am Main, 2002.

[16] McCarthy D D, Petit G. IERS Conventions (2003), IERS Technical Note 32. Verlag des Bundesamts für Kartographie und Gäsie Frankfurt am Main, 2004.

[17] Schwan H. Precession and Galactic rotation in the system of the FK 5. Astronomy & Astrophysics, 1988, 198: 116-124.

[18] Boucher C, Altamimi Z. International Terrestrial Reference Frame. GPS World, 1996, 7(9): 71-74.

[19] Capitaine N, Gambis D, Dennis D, et al. Proceedings of the IERS Workshop on the Implementation of the New IAU Resolutions Observatoire de Paris, Paris, France, IERS Technical Note 29. 2002, Verlag des Bundesamts für Kartographie und Geodäsie Frankfurt am Main, 2002.

[20] IAU 2000 Resolution B1.2. Hipparcos Celestial Reference Frame. XXIVth IAU GA, Manchester, 2000.

[21] Hog E, Fabricius C, Makarov V V, et al. The Tycho-2 Catalogue of the 2.5 million brightest Stars. Astronomy and Astrophysics, 2000, 355: L27-L30.

[22] Mathews P M, Herring T A, Buffett B A . Modeling of nutation and precession: new nutation series for nonrigid Earth and insights into the Earth's interior. Journal of Geophysical Research: Solid Earth, 2002, 107(B4): 3-26.

[23] Wallace P T, Capitaine N. Precession-nutation procedures consistent with IAU 2006 resolutions. Astron. Astrophys., 2007, 459(3): 981.

[24] Fukushima T. Geodesic nutation. Astronomy and Astrophysics, 1991, 244(1): L11-L12.

[25] Bretagnon P, Rocher P, Simon J L. Theory of the rotation of the rigid Earth. Astronomy and Astrophysics, 1997, 319(1): 305-317.

[26] Ma C, Feissel M. Definition and Realization of the International Celestial Reference System by VLBI Astrometry of Extragalactic Objects. 1997.

[27] Fey A L, Ma C, Arias E F, et al. The Second Extension of the International Celestial Reference Frame: ICRF-EXT.1. The Astronomical Journal, 2004, 127(6): 3587-3608.

[28] Ma C, Arias E F, Eubanks T M, et al. The International Celestial Reference Frame as realized by Very Long Baseline Interferometry. The Astronomical Journal, 1998, 116(1): 516.

[29] Kaplan G H. The IAU resolutions on astronomical constants, time scales and the fundamental reference frame. U. S. Naval Observatory Circulars, 1981, 163: 1.

[30] Fricke W, Schwan H, Lederle T, et al. Fifth fundamental catalogue (FK5). Part 1: The basic fundamental stars. Veroeffentlichungen des Astronomischen Rechen-Instituts Heidelberg, 1988.

[31] Capitaine N, Guinot B, Mccarthy D D. Definition of the Celestial Ephemeris Origin and of UT1 in the International Celestial Reference Frame. Astronomy and Astrophysics, 2000, 355(1): 398-405.

[32] Ma C, Shaffer D B. Stability of the Extragalactic Reference Frame Realized by VLBI. International Astronomical Union Colloquium, 1991: 127.

[33] Eubanks T M, Matsakis D N, Josties F J, et al. Secular Motions of Extragalactic Radio-Sources and the Stability of the Radio Reference Frame. Proceedings of the International Astronomical Union, 1995, 166: 283.

[34] Fey A L, Gordon D, Jacobs C S. IERS Technical Note 35. Frankfurt am Main: Verlag des Bundesamts für Kartographie und Gäsie, 2009.

[35] Hazard C, Sutton J, Argue A N, et al. Accurate Radio and Optical Positions of 3G273B. Nature, 1971, 233(40): 89-91.

[36] Mignard F, Frschlé M. Global and local bias in the FK5 from the Hipparcos data. Astronomy and Astrophysics, 2000, 354(2): 732-739.

[37] Kaplan G H, Josties F J, Angerhofer P E, et al. Precise radio source positions from interferometric observations. Astron. J., 1982, 87(3): 570-576.

[38] Kenneth R L. Astrophysical Formulae Vol.II: Space, Time Matter and Cosmology. 3rd. enlarged and revised editon. Berlin Heidelberg: Springer Verlag, 1999.

[39] Schwan H. Precession and Galactic rotation in the system of the FK5. Astronomy & Astrophysics, 1988, 198: 116-124.

[40] Chapront J, Chapront-Touzé M, Francou G. A new determination of lunar orbital parameters, precession constant and tidal acceleration from LLR measurements. Astronomy & Astrophysics, 2002, 387(2): 700-709.

[41] Mccarthy D D, Seidelmann P K. Time from Earth Rotation to Atomic Physics. Viley-Vch Verlag Gmbh&KgaA, 2009.

[42] Aoki S, Kinoshita H. Note on the relation between the equinox and Guinot's non-rotating origin. Celestial Mechanics, 1983, 29(4): 335-360.

[43] Capitaine N, Mathews P M, Dehant V, et al. On the IAU 2000/2006 nutation and comparison with other models and VLBI observations. Celest. Mech. Dyn. Astr., 2009, 103(2): 179-190.

[44] Capitaine N, Wallace P T. High precision methods for locating the celestial intermediate pole and origin. Astronomy and Astrophysics, 2006, 450(2): 855-872.

[45] Capitaine N, Wallace P T, Chapront J. Expressions for IAU 2000 precession quantities. Astronomy & Astrophysics, 2003, 412(2): 567-586.

[46] Aoki S, Guinot B, Kaplan G H, et al. The new definition of Universal Time. Astron. Astrophys., 1982, 105(2): 359.

[47] Michael S, Ralf L. Space-Time Reference Systems. Heidelberg: Springer, 2013.

[48] 夏一飞，黄天衣. 球面天文学. 南京：南京大学出版社, 1995.

[49] 赵铭. 天体测量学导论. 北京：中国科学技术出版社, 2006.

[50] 胡中为，萧耐园. 天文学教程: 上册. 北京: 高等教育出版社, 2003.

[51] Hide R D. Earth's variable rotation. Science, 1991, 253: 629-637.

[52] Fukushima T, Fujimoto M K, Kinoshita H, et al. A system of astronomical constants in the relativistic framework. Celestial Mechanics ,1986, 38: 215-230.

[53] Hirayama Th, Kinoshita H, Fujimoto M K, et al. Analytical Expression of TDB-TDT. Proc. IAG Symposia, IUGG XIX General Assembly, Vancouver, 1987: 91.

[54] Chovitz B H. Parameters of common relevance of astronomy, geodesy, and geodynamics. Bull. Geodesique, 1988, 62: 359-367.

[55] Damour T, Soffel M, Xu C. General-relativistic celestial mechanics I. Method and defini-
     tion of reference systems. Phys. Rev. D, 1991,43(10): 3273-3307.
[56] Irwin A W, Fukushima T. A numerical time ephemeris of the Earth. Astron. Astrophys.,
     1999, 348(2):642-652.
[57] Bretagnon P, Francou G, Rocher P, et al. SMART97: a new solution for the rotation of
     the rigid Earth. Astron. Astrophys., 1998, 329: 329-338.
[58] Souchay J, Loysel B, Kinoshita H, et al. Corrections and new developments in rigid earth
     nutation theory. Astron. Astrophys. Suppl. Ser., 1999, 135: 111-131.
[59] Roosbeek F, Dehant V. RDAN97: an analytical development of rigid Earth nutation series
     using the torque approach. Celestial Mechanics and Dynamical Astronomy ,1998,70: 215-
     253.
[60] Dehant V, Arias F, Bizouard C, et al. Considerations concerning the non-rigid Earth
     nutation theory. Celestial Mechanics and Dynamical Astronomy 1998, 72: 245-309.
[61] Guinot B. Basic problems in the kinematics of the rotation of the Earth. In time and the
     Earth's rotation//International Astronomical Union Symp 82. Springer, 1979.
[62] Capitaine N, Guinot B, McCarthy D D. Definition of the celestial ephemeris origin and of
     UT1 in the international celestial reference frame. Astron. Astrophys., 2000, 355: 398-405.
[63] Hilton J L, Capitaine N, Chapront J, et al. Report of the international astronomical
     union division I working group on precession and the ecliptic. Celestial Mechanics and
     Dynamical Astronomy, 2006, 94: 351-367.
[64] Capitaine N, Wallace P T, Chapront J. Improve of the IAU 2000 precession model. A&A,
     2005, 432: 355.
[65] IAU Transactions XXVI A, 2005.
[66] Fairhead L, Bretagnon P. An analytical formula for the time transformation TB-TT.
     Astronomy and Astrophysics, 1990, 229: 240-247.
[67] Trans. Int. Astron. Union ,Vol. XXVI B//Proceeding of 26th General Assembly,Prugue,
     2006. Cambridge: Cambridge University Press, 2007.
[68] Irwin A W, Fukushima T. A numerical time ephemeris of the Earth. A&A, 1999, 348:
     642.
[69] Standish E M. Time scales in the JPL and CfA ephemerides. Astronomy and Astrophysics,
     1998, 336: 381-384.
[70] Lieske J H, Lederle T, Fricke W, et al. Expressions for the precession quantities based
     upon the IAU (1976) system of astronomical constants. Astronomy and Astrophysics,
     1977, 58: 1-16.

第 3 章　时间与时间定义

人们认为地球自转是均匀的,所以选择地球自转为时间基准。以此为基准的官方时间有世界时 (Universal Time, UT) 或天文应用的恒星时 (Sidereal Time, ST)。随着天文观测精度和时钟精度的不断提高,高精度的时间计量成为可能:1921 年,威廉·雪特 (William H. Shortt) 研制出商用的雪特子母摆钟,日误差为千分之几秒 (即日稳达 10^{-8},与地球自转稳定性相当,可以称它为第一台有可能测出地球自转速率变化的高精度时钟);1927 年,华伦·马利逊 (Warren Marrison) 与贺顿 (J. W. Horton) 研制出精度远高于天文摆钟的石英钟。借助于精确的时钟和精密的天文观测,天文学家发现:基于地球自转的世界时不是均匀的时间系统,地球自转速率不但有不规则变化、周期性变化,还有长期变慢现象 [1,2]。显然,选用不均匀的时间系统作为时间计量标准是不合适的,于是天文学家引入基于地球公转运动的时间——历书时 (Ephemeris Time, ET) 作为时间计量标准,历书时是在牛顿框架下用天体动力学理论定义的力学时间系统 (天体力学的均匀时间变量)[3]。历书时本身的定义似乎是完美的,但需要通过天文观测确定天体的位置,换言之,历书时实现取决于天文观测精度,其实现的精度大约为毫秒级水平,显然这样的时间系统应用不能满足现代科技发展的需要。由于测量精度本身的原因,1977 年 1 月 1 日起,历书时天文时间标准在天文观测及有关科学研究中被地球力学时 (Terrestrial Dynamical Time, TDT),后改为地球时 (Terrestrial Time, TT) 所替代 [4]。

原子跃迁振荡频率十分稳定,1955 年,埃森 (L. J. Essen) 和巴利 (V. L. Parry) 利用稳定的原子跃迁振荡频率研制出可连续工作的铯原子钟,天文学家用历书时时间尺度标定原子跃迁振荡频率,建立原子时时间尺度 [5],1960 年,国际计量大会以历书时标定的原子跃迁振荡频率定义的秒为时间计量单位,称为 SI 秒,显然 SI 的定义为国际原子时 (International Atomic Time, TAI) 的建立和应用奠定了基础。从 20 世纪 60 年代末开始,国际上渐渐地采用原子时作为时间计量标准。1977 年 1 月 1 日起,原子时计入相对论改正,把原子时的秒归化到大地水准面上,因此原子时 TAI 成为坐标时 [3]。

世界时是基于地球自转的时间系统,其优点是子夜和正午永远与地球自转同步 (世界时本身的定义),由于潮汐摩擦的影响,地球自转速率渐渐变慢,显然基于地球自转运动的世界时与基于原子跃迁的均匀原子时之间将渐行渐离。不均匀的世界时时间系统不适合于高精度的时间、频率计量,但世界时系统与人们习惯及日常生活相协调。既考虑时间尺度的均匀性,又考虑日常生活习惯,最终协调的结果是提出协调世界时 (Coordinated Universal Time,UTC),协调世界时的秒长采用原子时秒长,通过闰秒 (leap second) 使得协调世界时与世界时时刻之差保持在 0.9 秒之内 [6]。

1977 年 1 月 1 日起原子时归化到大地水准面上成为坐标时,质心力学时 (Barycentric Dynamical Time,TDB) 和地球力学时替代历书时,太阳系的质心历表用质心力学时,地心历表和地面观测用地球力学时,两个系统的时间差异仅为周期项。天文历书计算引入广义相对论之后采用地心坐标时 (Geocentric Coordinate Time,TCG) 和质心坐标时 (Barycentric Coordinate Time,TCB),坐标时是天体运动的时间变量,可根据相对论的时空间隔不变原理建立坐标时之间的关系。地球时 TT 是定义在大地水准面上的地心坐标时,与 TAI 建立确定的关系 [7],其速率与大地水准面上原子时的速率相一致,根据相对论原理各坐标时之间的理论关系,实现各时间系统间的严格转换。

3.1　儒略日期 JD 和简化儒略日期 MJD

儒略日期 (Julian Date,JD) 是 16 世纪法国学者斯卡里格尔 (Joseph Justus Scaliger,1540~1609) 提出的长期连续记日的记时系统,特别适用于两个事件之间时间间隔的计算 [3]。儒略日期起算日为儒略历公元前 4713 年 1 月 1 日,对应于格里高利历公元前 4714 年 11 月 24 日 (格里高利历采用世纪年闰年的法则,使格里高利历年长更接近于回归年;对儒略历以前积累的时刻差进行调整:1582 年 10 月 4 日下一日为格里高利历 1582 年 10 月 15 日)。

儒略日期的起算时刻为格林尼治正子午,每晚 (上半夜和下半夜) 为同一个儒略日期,这样选择在天文记录上不会引起混淆:如果选择儒略日子夜起算,上半夜和下半夜为不同儒略日期,而在水钟时代很难精确地确定子夜时刻,显然,当时选用正子午为儒略日期起算时刻有其一定的历史原因。任何时刻的儒略日期为儒略日期整数部分加上正子午起算的小数部分,方便计算两个事件之间的时间间隔,例如 2000 年 1 月 1 日 21 时 UT1 儒略日期为 JD=2451545.375,与上时刻仅差 3 小时的时刻是 2000 年 1 月 2 日 0 时 UT1,其儒略日期为 JD=2451545.500,为同一个儒略日期,实际上这两个事件是同一个夜晚,但日期差一天。

一个儒略世纪为 100 儒略年,一个儒略年定义为 365.25 日,一儒略日定义为 86400 秒。下面列出几个常用的天文重要时刻的儒略日期 [8]:

1900 年 1 月 0 日 12 时 =JD 2415020.0

1925 年 1 月 0 日 12 时 =JD 2424151.0

1950 年 1 月 0 日 12 时 =JD 2433282.0

2000 年 1 月 0 日 12 时 =JD 2451544.0

2050 年 1 月 0 日 12 时 =JD 2469807.0

儒略日期可表示不同的时间系统, 历史上曾用过的官方时间有格林尼治平太阳时 (Greenwich Mean Time, GMT)、历书时 ET 及目前国际天文联合会指定用地球时 TT 时间系统, 正确儒略日期记时用法要注明所属的时间系统, 如 JD(UT1) 是 UT1 时间系统的儒略日期, JD(TT) 是地球时时间系统的儒略日期。

儒略日期起算时刻太遥远, 儒略日期的数值过大, 计算机使用该记日的记时系统极为不便, 1957 年史密松天体物理台在计算卫星轨道时采用简化儒略日期 (Modified Julian Date, MJD) 概念, 其与儒略日期关系为 [8-10]

$$MJD = JD - 2400000.5 \tag{3.1}$$

MJD 对应的起算时刻 (JD 2400000.5) 为 1858 年 11 月 17 日平子夜, MJD 从平子夜时刻起算, 与目前公历日起算时刻一致, MJD 的简洁特性使其在天文上得到了广泛的应用。

在天文计算恒星位置曾用贝塞尔年首 (Besselian Year, B.Y) 作为起算时刻, 平太阳平赤经 280° (18 时 40 分) 时刻为贝塞尔年首 (这时刻几乎接近公历年首), 不用月数, 仅用年小数或以日为单位的记时形式。由于平太阳赤经有加速度项, 贝塞尔年短于回归年约 $0.148'' \times T$ (T 是从 1900 年起算的世纪数)。下面列出几个重要的贝塞尔年首 [8]:

贝塞尔年首	儒略日期
B1900	2415020.313
B1950	2433282.423
B1975	2442413.478
B2000	2451544.533

3.2　恒星时及世界时转换成恒星时

天体东升西落现象起因于地球自转, 恒星时 ("sidereal" 来自拉丁字 sidus, 原意恒星 "star") 是描述地球坐标系相对于天球坐标系 (春分点为参考点) 之间的旋转运动 (地球自转角) 的参量。春分点时角定义为本地恒星时 (真春分点时角定义为本地真 (视) 恒星时 (Apparent Sidereal Time, AST), 平春分点时角定义为本地平恒星时 (Mean Sidereal Time, MST))。在同一恒星时时刻注视天空, 所有恒星的相对位置几乎不变, 显然, 恒星时是观测天体最方便的时间系统。本地平 (真) 春分点的时角与地理位置 (本地子午圈) 有关, 相对于本地子午圈的平 (真)

春分点时角称地方平 (真) 恒星时 (Local Sidereal Time，LST)，在格林尼治 (现被地球中间零点 TIO 所替代，TIO 实际上定义了地理瞬时经度零点) 平 (真) 春分点时角称为格林尼治平 (真) 恒星时 GST。

天文经度为 λ (东经为正) 的地方恒星时 LST 与格林尼治恒星时 GST 关系 (平、真恒星时均适用) 为

$$\text{LST} = \text{GST} + \lambda \tag{3.2}$$

春分点是天球上假想的赤道和黄道相交的理想点，显然无法直接通过观测春分点确定恒星时，恒星时只能通过观测恒星中天确定。地方恒星时是本地子午圈 (通过地球自转极和本地天顶的大圆) 与春分点之间沿天赤道度量的角度 (时角)，天体赤经为 α、天体的本地时角为 t 时刻、其地方恒星时 s (春分点的时角) 间的关系为[8]

$$s = \alpha + t \tag{3.3}$$

赤经为 α 的天体通过本地子午圈上中天的时刻 (时角 $t = 0$) 为

$$s = \alpha \tag{3.4}$$

即**本地真恒星时在数值上等于该瞬间通过本地子午圈上中天天体的视赤经**。这一公式是天文测时最基本的公式，确定天体通过本地子午圈上中天瞬间最直接的方法是用子午仪 (如中星仪、天顶筒、天顶仪、子午环) 观测，另外也可用天体经本地等高圈的专用仪器等高仪测定恒星时。观测上中天恒星获得本地真恒星时，经赤经章动改正得平恒星时，由平恒星时可转换成世界时 UT1。

恒星时是以春分点为参考点的基于地球自转的时间系统。受岁差影响，平春分点在天球上移动，因此以平春分点时角为基准的恒星时实际上由地球自转运动和春分点在天球参考系内的移动 (平春分点移动仅受赤经岁差影响，真恒星时还包括赤经章动的影响) 合成，真实地球自转一圈比一个恒星日大约长 8 毫秒 (春分点移动)。

格林尼治平太阳的时角定义为世界时 UT1(从子夜起算)，平太阳的时角由地球自转和虚拟平太阳假想点的移动所决定，世界时和恒星时均以地球自转为基准，不同之处是参考点的不同，因此只要严格确定这两个参考点之间的位置关系，就能从一个时间系统转换成另一个时间系统 (通常观测恒星测定恒星时，之后转换成世界时)。

世界时 UT1 起点定义为平太阳下中天时刻，即 UT1 自子夜起算，UT1 为 $12^{\text{h}}+$ 格林尼治平太阳时角，根据式 (3.3)，$t = s - \alpha$，格林尼治平太阳的时角应为格林尼治平恒星时 GMST − 平太阳赤经 $\alpha_\odot$，不难得到世界时 UT1、格林尼治平春分点时角 GMST 和平太阳赤经 $\alpha_\odot$ 的关系为

$$UT1 = 12^{h} + GMST - \alpha_{\odot} \tag{3.5}$$

根据上式，世界时 0 时 (UT1) 的格林尼治平恒星时 S_0 为

$$S_0 = GMST_{0时UT1} = 12^{h} + \alpha_u \tag{3.6}$$

其中，α_u 是格林尼治平子夜 (UT1 为 0^h) 时刻平太阳的平赤经。

纽康根据观测结果给出平太阳赤经 $\alpha_{\odot}$ 的表达式为 [11]

$$\alpha_{\odot} = 18^{h}38^{m}45.836^{s} + 8640184.542^{s}T + 0.0929^{s}T^2 \tag{3.7}$$

T 是世界时 UT1 时间系统 1900 年 1 月 0 日格林尼治平正午 (JD2415020.0 UT1) 起算的儒略世纪数，0 时 (UT1) 时刻恰好为取儒略日的整数值 $+0.5$ 平太阳日，可严格计算 UT1 在 0 时时刻赤经 α_u 值，纽康这个公式一直沿用到 1984 年。

上述公式采用的天文常数系统是纽康常数系统，1984 年起采用新的天文常数系统，考虑 IAU1976 岁差和 IAU1980 章动理论、天文常数系统对春分点位置和速率变化的影响，Aoki 给出新历元 (J2000.0, UT1) 在 0h(UT1) 时刻的格林尼治平恒星时 [12]：

$$GMST1_{0时UT1} = 6^{h}41^{m}50.54841^{s} + 8640184.812866^{s} \cdot T$$
$$+ 0.093104^{s} \cdot T^2 - 6.2^{s} \cdot 10^{-6} \cdot T^3 \tag{3.8}$$

其中，T 是从 2000 年 1 月 1 日 12 时 (UT1) 起算儒略世纪数。0 时 (UT1) 时刻对应的儒略日数为 $\pm 0.5, \pm 1.5, \cdots$，如 2000 年 1 月 1 日 0 时 (UT1) 对应的儒略日数取值为 -0.5，在中间参考系采用之前 (1984~2003 年) 一直应用这个公式。

平恒星时与 UT1 秒长不同，平恒星时秒长略短于 UT1 秒长，UT1 的 1 秒等于 1.002737909350795 恒星时秒长，这个 r 值源于一个回归年年长为 365.2422 平太阳日 (2000 年 1 月 1 日中午 12 时) 正确地等于 366.2422 恒星日时间间隔。1 平太阳日公转角度为 $360°/365.2422$ 日 $= 0.9856(°)$/日，或 $(59'8'')$/日，故 1 个平恒星日约为 23 小时 56 分 4.0916 秒，或等于 0.99726958 平太阳日。

根据 0 时 (UT1) 时刻格林尼治平恒星时 $GMST_{0hUT1}$ 及时间尺度关系，可导出格林尼治平恒星时与 UT1 之间的转换关系：

$$GMST = GMST_{0hUT1} + r \times [UTC + (UT1 - UTC)] \tag{3.9}$$

这里引入了官方民用时间——协调世界时 UTC，UT1-UTC 采用值由 IERS 给出。上述公式右边第一项表示 UT1 的 0h 时刻的格林尼治平恒星时 $GMST_{0hUT1}$，

r 是平恒星时与平太阳时之间时间尺度比率。r 值不是严格意义下的常数，随时间会略有微小变化，平恒星时与世界时时间尺度的比率 r 为 [8]

$$r = 1.002737909350795 + 5.9006 \times 10^{-11} \cdot T - 5.9 \times 10^{-15} \cdot T^2 \qquad (3.10)$$

其中，T 为从 2000 年 1 月 1 日中午 12 时 UT1 起算的世纪数，1 个世纪之后这个比值变为 1.002737909409795。

3.3 世 界 时

20 世纪之前人们认为地球自转是均匀的，观测太阳位置决定时间成为首选方式，用日晷指示本地真太阳的视运动，这一质朴的概念形成了真太阳时。真太阳时与观测者所在的地理位置有关，故冠名为地方真太阳时。观测者观测太阳赤经的变化，发现太阳赤经的变化不是均匀的，其原因有 [3]：① 地球绕太阳的公转轨道的角速度不是常数。地球绕太阳在黄道面内做椭圆运动，太阳位于该椭圆的一个焦点上，根据开普勒第二定律，在相同时间内地球轨道运动所扫过的面积相等，因此地球轨道运动的角速度不是恒定不变的，地球近日点的角速度比平均角速度大，相反地球远日点的角速度比平均角速度小。② 黄道面相对于赤道有 23.5° 倾角，真太阳的视运动速度在赤道上投影与太阳的赤纬有关。黄赤交角影响是真太阳日长不等长的最重要的因素。

基于上述考虑，天文学上用了平太阳概念：假定在黄道上建立虚拟点，虚拟点的运行角速度等于真太阳在黄道上的平均角速度，并与真太阳同时通过近地点和远地点；在赤道上假定虚拟的平太阳，平太阳的赤经等于上述虚拟点的黄经，这意味着平太阳和上述虚拟点同时通过春分点，基于地球自转运动，以平太阳为参考点的时间系统称为平太阳时。**平太阳时是虚拟平太阳的时角**，是均匀的平太阳运动和不均匀的地球自转运动的会合运动，显然不均匀的地球自转运动致使平太阳时不均匀。

平太阳时与真太阳时的时刻差称为时差 (见图 3.1)。从图可见，时差几乎每年 2 月 6 日达到最大值，约 14 分钟；每年 11 月 3 日达到最小，约 −16 分钟。原则上可利用时差曲线由平太阳时计算真太阳的位置。时差曲线的主项是由黄赤道交角引起的影响，因此时差曲线也可认为是真太阳与赤纬的关系图。

1834 年英国天文年历及 1835 年法国天文年历引入平太阳时概念，原则上 "平太阳" 虚拟点位置可通过观测真太阳的位置确定 (借助于时差)，但是真太阳视圆面太大 (约 0.5°)，致使观测真太阳的定位精度很低，不能满足对时间精度的需求。实际平太阳时是通过观测恒星 (确定平春分点时角) 及根据太阳运动理论的太阳历表确定的 (参见式 (3.7))。

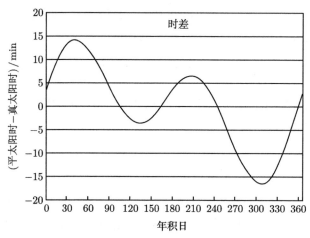

图 3.1　时差曲线图

　　1925 年之前平太阳时仍沿用中午起始, 称为天文日开始, 在格林尼治子午圈的平太阳时角称为格林尼治平太阳时 GMT, 1925 年后改用子夜起算, 其连接点规定为: 1924 年 12 月 31.5 日为新的平太阳时 1925 年 1 月 1.0 日 (子夜起算)。引入子夜起算的时间称为格林尼治民用时 GCT, 当时也有人称作格林尼治平时 GMT (这提法与前面有些混淆), 1928 年 IAU 大会决议不再用格林尼治平太阳时 GMT 以免与 1925 年之前定义混淆, 从子夜起算一律称格林尼治民用时 GCT 或世界时 UT, 1925 年之前子夜起算的时间也称为世界时 UT[3]。

　　由于地球自转不均匀性的影响, UT 不是一种均匀的时间系统, 在计量方面相继被历书时和原子时所取代, 但不均匀的世界时反映地球自转速率的真实变化, 是天文学和地球物理科学有关地球自转的基本资料, 在卫星导航、大地测量和宇宙飞行、地球自转有关的研究领域乃至日常生活仍需要世界时。

3.3.1　世界时、恒星时与地球自转角

　　19 世纪, 纽康根据前人的观测结果给出了平太阳赤经的表达式, 利用 0 时 (UT1) 时刻平太阳在格林尼治下中天计算 0 时 (UT1) 时刻格林尼治平恒星时 $\mathrm{GMST}_{\mathrm{0hUT1}}$ (参见式 (3.8)), 进而归算到 UT1:

$$\mathrm{UT1} = \frac{1}{r}[\mathrm{GMST} - \mathrm{GMST}_{\mathrm{0hUT1}}] \tag{3.11}$$

　　天文测定天体相对于真春分点的时角为真恒星时, 真恒星时经赤经章动改正后为平恒星时。由于真春分点在天球参考系中表现出长期运动 (岁差) 和周期运动 (章动), 当岁差、章动模型变化或黄道定义改变时, 世界时 UT1 和格林尼治恒星时关系随之变更, 这是使用原系统的困惑所在。

1997 年起 IERS 规范采用国际天球参考系 ICRS, 在中间参考系 CIRS 赤道上用非旋转原点的概念定义天球中间坐标系的赤经零点 CIO, 在地球中间参考系采用无旋转原点的概念定义地球中间零点 TIO, TIO 相当于定义了瞬时子午线零点。地球自转角 (Earth Rotation Angle, ERA) 是天球中间零点 CIO 与地球中间零点 TIO 之间沿中间赤道量度的角度, 地球自转角真实描述了地球自转的特征, 因此, 2000 年 IAU 大会上重新定义 UT1: **UT1 与地球自转角 ERA 为线性关系**。新的关系替代格林尼治平恒星时转换成 UT1 的传统形式, 新定义的 UT1 要求与以前定义的 UT1 在相位 (关系式的常数项) 和速率 (与时间有关的比例因子) 上保持连续, 根据上述要求, 地球自转角 ERA (T_u) 与 UT1 关系为

$$\text{ERA}\,(T_u) = 2\pi\,(0.7790572732640 + 1.00273781191135448 \times T_u) \tag{3.12}$$

T_u 是世界时 UT1 从 2000 年 1 月 1 日 12 时时刻起算的儒略日数 (UT1), 上式可改写为

$$\text{ERA}\,(T_u) = 2\pi[\text{JD}\,(\text{UT1})\ \text{小数部分}\ + 0.7790572732640$$
$$+ 0.00273781191135448T_u] \tag{3.13}$$

由于岁差和章动的原因, 真春分点在真赤道上是随时间移动, 无旋转原点 CIO 是在天球中间参考系赤道上绕天球中间极 CIP 无瞬时旋转运动的理想点, 同样, 地球中间零点 TIO 是在地球中间参考系赤道上绕 CIP 无瞬时旋转的理想点, ERA 真实地描述地球本体绕 CIP 自转轴在恒星空间的旋转运动, 显然地球自转角定义独立于地球轨道运动。

格林尼治真恒星时是格林尼治 (更确切地说是 TIO) 子午圈的真春分点时角, ERA 是 TIO 相对于 CIO 的时角, 通过用 E0 描述 CIO 与真春分点在真赤道上的间距, ERA 和格林尼治真恒星时 GST 的关系为 [7]

$$\text{GST} = \text{ERA}\,(\text{UT1}) - \text{E0} \tag{3.14}$$

E0 为 CIO 在真赤道上相对于真春分点的位置, 称为零点运动, 定义为 (参量的物理含义见图 3.2)[7]

$$\text{E0} = -\mathrm{d}T_0 - \int_{t_0}^{t} \overbrace{(\psi_A + \Delta\psi_1)} \cos\,(\omega_A + \Delta\varepsilon_1)\,\mathrm{d}t + \chi_A - \Delta\psi \cos\varepsilon_A$$
$$+ \Delta\psi_1 \cos\varepsilon_A \tag{3.15}$$

其中, $\mathrm{d}T_0$ 为新旧公式交替时刻 (2003 年 1 月 1 日) 为保证 UT1 连续性要求引入的常数; ψ_A 为在历元黄道上的黄经岁差; $\Delta\psi_1$ 为在历元黄道上的黄经章动; ω_A

为历元黄道与瞬时平赤道的黄赤交角；$\Delta\varepsilon_1$ 为历元黄道与真赤道的交角章动；χ_A 为沿平赤道由黄道变化引起的岁差 (黄道岁差沿平赤道分量)；$\Delta\psi$ 为沿瞬时黄道的黄经章动；ε_A 为瞬时黄道与瞬时平赤道的黄赤交角。

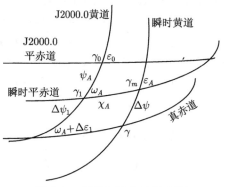

图 3.2 岁差与章动量示意图

E0 包括历元偏差、岁差和章动的积分量，t 从 J2000.0 起算，$\mathrm{d}T_0$ 选择 $\mathrm{d}T_0 = 14506\mu as$, Capitaine 根据 IAU 2006/2000A 岁差章动模型给出 1975~2025 年 E0 大于 0.5 微角秒所有项的近似数值公式 [7] (单位：微角秒)

$$E0 = -0.014506'' - 4612.156534''t - 1.3915817''t^2 + 0.00000044''t^3$$

$$- \Delta\psi\cos\varepsilon_A - \sum_k C'_k \sin\alpha_k \tag{3.16}$$

其中，$\Delta\psi\cos\varepsilon_A$ 是经典的赤经章动，$\sum_k C'_k \sin\alpha_k$ 为赤经章动的补充项 (EECT)，α_k 为德洛奈基本变量 (周期)，C'_k 是对应的振幅 (见表 3.1)。

表 3.1 E0 的 α_k (周期) 与 C'_k (振幅)

α_k	C'_k
Ω	+2640.96
2Ω	+63.52
$2F-2D+3\Omega$	+11.75
$2F-2D+\Omega$	+11.21
$2F-2D+2\Omega$	−4.55
$2F+3\Omega$	+2.02
$2F+\Omega$	+1.98
3Ω	−1.72
$l'+\Omega$	−1.41
$l'-\Omega$	−1.26
$l+\Omega$	−0.63
$l-\Omega$	−0.63

扣除章动的影响，得到格林尼治平恒星时的数值表达式 [7,36]：

$$\text{GMST} = \text{ERA}\,(\text{UT1}) + 0.014506'' + 4612.156534''t + 1.3915817''t^2$$

$$- 0.00000044''t^3 - 0.000029956''t^4 - 0.0000000368''t^5 \qquad (3.17)$$

应注意上式的时间变量：ERA 的时间变量为 UT1，E0 (岁差章动在赤道方向累计影响) 是 TDB (实际为 TT) 的时间变量。

UT0 是观测恒星或河外源的直接结果，其经度零点为 TIO，但观测站位置是大地参考架的采用值，要进行极移改正，即从 ITRS 归算到 TIRS 系统，UT0 经极移改正后称为 UT1。

地球自转不规则变化量级为 1.5×10^{-9} 水平，UT1R 是对 UT1 平滑的世界时系统，改正由潮汐引起的 UT1 周期性变化，改正值共包括 62 项周期项，周期从 5.6 天到 18.6 年。

UT2 是改正地球自转的季节性变化对 UT1 的影响，包括周年和半年项，从观测结果中决定其振幅，UT2 与原子时相比稳定性能要差得多，这个时间系统现在已经不再应用。

协调世界时用原子时的秒长，通过闰秒方式与 UT1 时刻保持在 0.9 秒之内，显然协调世界时与地球自转关系仅是一种约束。

3.3.2 区时

不同的地方有自己的本地时间，即地方真太阳时，如果某人按地方时工作，从一个地方到另一个地方，要不断地调整他的时钟与地方时同步，显然这是一件烦恼的事情，英国为了解决这个难题建立了统一的时间——格林尼治平时，并用电波信号实现英国各地时钟的时间同步，之后欧美国家竞相仿效，建立以本国首都或重要子午线为标准的时间，例如：英国采用格林尼治时间，法国采用巴黎时间，美国采用华盛顿时间 (有多个区时)，这些时间仅限于本国内某一区域的时间统一，对国际交往还是相当不便，于是区时概念成为时间统一的首选。

1879 年，加拿大铁路工程师弗莱明 (Sandford Fleming) 首先提出标准时间——区时的概念 [12]：全球划分 24 时区，每一时区覆盖地理经度 15°，在同一时区内时钟为同一时间，与相邻时区的钟相差整 1 小时，这个建议首先被加拿大和美国采用，后被多数国家采用。1884 年 10 月 22 日在华盛顿国际子午线会议上决定按全球统一时区计量的时间系统称为区时，又称标准时间，区时起点以格林尼治子午线为标准，跨格林尼治子午线东 (经) 西 (经) 各 7.5° 之内区域为 0 时区，每隔经度 15° 划一个时区，全球共划 24 时区，相邻区时时间相差整 1 小时。虽然时区以地理经度划分，为了方便使用，各国往往采用行政区界或自然界线划分，绝大部分国家与格林尼治时间相差为整小时数，但也有例外，朝鲜法定的时区差 0.5 小时, 尼泊尔区时为首都的地方时, 用 UTC+05:45 为尼泊尔标准时间, 新西兰查塔姆群岛区时用 UTC+12:45, 但全球绝大部分地区用相差 1 小时作为标准时间。

世界各国区时都用以格林尼治本初子午线为基准 [4,13]。1928 年国际天文学联合会 IAU 决定格林尼治平子夜起算的平太阳时称作世界时 UT。中国疆域辽阔, 地理区域从东五区至东九区横跨 5 个时区, 1939 年 3 月 9 日中华民国内政部召开标准时间会议, 我国曾经划分为 5 个时区:①长白时区 (中国东北), 以东经 135° 为中央子午线;②中原标准时区, 以东经 120° 为中央子午线;③陇蜀时区, 以东经 105° 为中央子午线;④新藏时区, 以东经 90° 为中央子午线;⑤昆仑时区, 以东经 75° 为中央子午线。5 个时区分别比格林尼治时间快八个半小时、八小时、七小时、六小时、五个半小时。虽然中国有 5 个时区的划分, 但由于使用不便没有正式推广使用。1949 年 10 月 1 日新中国成立之后, 中国的标准时采用东八时区, 称为北京时间。位于西安临潼的 "中国科学院国家授时中心" 指定为我国唯一的国家官方机构负责我国国家标准时间发播, 其保持的 UTC(NTSC) 是 UTC 在我国的法定代表, 北京时间与世界时关系为

$$北京时间 = UTC(NTSC)+8 \text{ 小时} \tag{3.18}$$

区时定义各区域的标准时间, 东边时区总是比相邻西边时区的区时多整 1 小时, 当沿着地球向东计量与沿着地球向西计量, 会集到同一时区时, 其记录的时间差一个整天, 历史上环球航行出现过这样的日期佯谬, 为了解决这个问题, 规定在靠近经度 180° 附近太平洋地区划定为 "国际日期变更线" 或曰 "日界线", 国际日期变更线为新的一天开始的起始线, 跨越国际日界线, 从东侧至西侧日期要加一天, 当从国际日期变更线西侧到东侧时, 日期要减一天, 圆满解决日期模糊问题, 为了避免在国际日期变更线附近国家或行政区域内出现日期不一致的困境, 实际的国际日期变更线是顾及行政区的一条折线。

3.4 历 书 时

1656~1657 年伽利略发现摆钟的等时性原理, 精密摆钟成为天文守时工具, 为天文观测及航海导航提供了准确的时间。1685 年有关计量的论文中第一次出现 "秒" 定义的概念, 秒为太阳日的 86400 分之一, 当时还未引入平太阳时的概念, 真太阳日的均匀性约为 10^{-4} 日 $^{-1}$。现在回顾这个 "秒" 的定义似乎显得过于粗糙。由于地球自转的随机起伏和潮汐摩擦致使地球自转有随机和长期减慢现象, 如果用平太阳日替代上述定义, 其均匀性约为 1.5×10^{-9} 日 $^{-1}$ 的水平, 显然这样定义的 "秒" 用于计量, 其精度还是不够理想 [14,15]。

1948 年国际计量委员会 CIPM 递交一个提案, 建议基于牛顿天体运行理论建立均匀的时间标准, 提出定义和建立一种均匀时间尺度的提案, 首次提出用天体动力学理论建立力学时间尺度, 用地球绕太阳轨道运动作为计量时间的标准, 以纽康的太阳历表作为历书时定义的基础 [16,17]。

1955 年都柏林第 4 届国际天文学联合会大会决议首次给出 "秒长" 的现代计量的精确定义: 秒长 (历书秒长) 是 1900 年回归年年长的 1/31556696.975。这个定义的最大优点是唯一性和不变性, 但缺点是难于复现。原则上, 太阳系中任何一个天体的运动规律均可作为力学时间尺度的基准, 用于历书时的测定。

历书时的定义是精准的, 但必须依赖天文观测得以实现, 几乎平均一年的天文观测结果才能得到比较满意的精度, 这种情况在实际应用上几乎是不可接受的。与此同时出现了连续运行的原子钟 (1955 年), 当时对原子钟的 10 天测量平均可以与天文观测一年的平均结果精度相当, 甚至会更好一些。历书时难于精确测定的致命弱点势必被原子时所替代。

3.4.1 历书秒与历书时

1955 年都柏林第 4 届国际天文学联合会大会上给出时间间隔秒长的精确定义: 1900 年 ET 年首 1 月 0 日 12 时时刻 (纽康太阳表太阳几何平黄经为 $279°41'48.04''$) 的回归年年长的 1/31556696.975 (数值后修改为 1/31556696.9747) 定义为历书秒长。历书时起点与纽康计算太阳几何平黄经的起始历元相同, 即取 1900 年平太阳几何平黄经为 $279°41'48.04''$ 的瞬间定义为历书时 1900 年 1 月 0 日 12 时整, 1956 年国际计量委员会 (CIPM) 决议 1 通过了该 "秒定义", 1960 年国际计量大会 (CGPM) 决议 9 正式通过该 "秒定义"。

1958 年国际天文学联合会 IAU 决议: 从 1960 年开始历书时替代世界时作为时间计量标准, 并规定世界各国天文年历的太阳、月球和行星历表都采用历书时。1960 年开始, 美国和英国天文年历和航海历 (海员用的航海历仍用世界时) 率先采用历书时。1967 年起在时间计量系统用原子时代替历书时, 但天文历表上仍沿用历书时, 直至 1976 年, 第 16 届国际天文联合会 IAU 决议: 从 1984 年起天文计算和历表上所用的时间一律采用原子时, 此后, 原子时作为官方时间计量标准。

原子时尺度最初标定采用历书时时间系统, 因此 SI 秒长接近于历书秒长, 或可说成 SI 秒长是历书秒的延续。之后在相对论框架下引入的力学时时间尺度 (质心力学时 TDB、地球力学时 TDT, TDT 后更名为 TT) 和相对论框架下引入的坐标时 TCB、TCG 时间尺度均与历书时保持持续关系。尽管历书时现在不再应用, 但历书时对新的时间系统建立的承前启后功绩具有不可替代的作用。

3.4.2 历书时定义的讨论

19 世纪之前, 人们认为地球自转是均匀的, 如约翰·弗拉姆斯蒂德 (John Flamsteed, 1646~1719, 格林尼治天文台创始人, 现代天文观测的开拓者) 在当时就是这样描述地球自转的特性。19 世纪末到 20 世纪初, 随着天文观测精度及天文守时钟精度的提高, 发现地球自转在短期尺度上有不规则和周期性变化, 在长期尺度上有长期变慢的趋势。1927 年, 德西特 (Willem de Sitter, 1872~1934) 列举了一些地球自转不均匀性的有力证据, 他认为 "我们能否接受这样一个事实: 基于地球自转的不均匀天文时与实际天文计算用的天体力学方程独立变量需要均匀时 (或牛顿时) 之间不一致的状况"。他设想用平太阳时经过改正后得到均匀的时间系统; 还有些天文学家提出直接建立均匀时的设想, 如天文学家丹戎 (Andre Louis Danjon, 1890~1967) 在 1929 年提出: 观测太阳、月亮以及行星的位置与它们的历表相比较, 可获得更为均匀的时间尺度替代基于地球自转的时间系统 (世界时和恒星时), 即建立一种与地球自转无关的均匀时间尺度, 为科学界, 特别为天文研究提供一种全新的均匀时间, 避免平太阳时间尺度不均匀性及不可预报的缺陷。建立均匀时间尺度的设想被大家遗忘了一段时间, 直至 1948 年, 克莱门斯 (Gerald Maurice Clemence, 1908~1974) 基于斯宾塞 (H. Spencer Jones) 1939 年的研究成果 [37], 他认为历书中的时间变量应满足牛顿力学方程, 即应该是均匀的时间 (牛顿时), 他提出了历书时概念, 替代依赖于不稳定的地球自转的平太阳时, 并提出了建立历书时的具体建议: 建立牛顿时的目的是为天文研究提供一种均匀的时间尺度, 牛顿时的时间尺度定义应相对于 1900 年的平太阳日, 但建议民用官方时间仍用平太阳时。克莱门斯和德西特提议这个新的均匀的时间尺度叫纽康时或均匀时, 有些天文学家提出了另外的名称, 如布朗威尔 (D. Brouwer) 建议为历书时。

1948 年国际计量委员会 CIPM 向国际天文学联合会 IAU 提交建立均匀时间标准的提案, 1950 年在巴黎召开的国际天文学联合会 "有关基本天文常数" 讨论会上讨论建立历书时的建议, 会议决议: "在任何情况下, 平太阳秒不适于作为时间单位的标准, 因为它不是恒定不变的, 应采用历书时的时间单位, 起始历元采用 1900.0 恒星年, 并按克莱门斯公式把平太阳时转换成历书时。" 1952 年罗马召开 IAU 大会通过上述建议, 但历书时定义与上述专题讨论会的推荐略作修改: 1900.0 回归年定义为历书时的起始历元, 替代原提议恒星年 1900.0 为起始历元, 1900.0 回归年年长的 1/31556925.975 定义为时间单位历书秒。修改理由是回归年年长不受岁差、章动常数影响。1954 年第 10 届国际计量大会 CGPM 认定了历书时的定义。为了使历书时秒长与纽康太阳表完全一致, 历书时秒长定义修改为 1900 年 1 月 0 日历书时正午 12 时 (与纽康太阳表起始历元一致) 回归年年长的 1/31556925.9747。这个数值是从纽康原始太阳平黄经公式的一次项导出。新的数值被第 11 届国际计量大会 CGPM(1960) 所确认。

历书时的定义基础是 1895 年纽康出版的太阳历表, 纽康太阳历表的太阳平黄经为 [11]

$$Ls = 279°41'48.04'' + 129602768.13'' \times T + 1.089'' \times T^2 \qquad (3.19)$$

T 是 1900 年 1 月 0 日格林尼治平中午起算的儒略世纪数, 纽康太阳历表依据于 1750~1890 年 (平均观测历元为 1820 年) 天文观测结果。

斯宾塞比对 (1939 年) 太阳的实际观测位置和纽康公式的理论位置, 结果表明太阳平黄经需加入改正量 [18]:

$$\Delta Ls = +1.00'' + 2.97'' \times T + 1.23'' \times T^2 + 0.0748 \times B \qquad (3.20)$$

其中, $0.0748 \times B$ 是从月亮观测中计算得到的不规则变化。考虑改正后的纽康太阳平黄经公式应为

$$Ls = 279°41'49.04'' + 129602771.10'' \times T + 2.32'' \times T^2$$
$$+ 0.0748 \times B \qquad (3.21)$$

1948 年克莱门斯提议不采用改正纽康平太阳黄经公式的方案, 而是直接用纽康原始太阳平黄经公式定义新的均匀时间 (历书时) 和时间尺度:

$$Ls = 279°41'48.04'' + 129602768.13'' \times E + 1.089'' \times E^2 \qquad (3.22)$$

这一公式虽然与纽康的太阳历表形式完全相同, 但这里时间变量 E 定义了新的时间尺度——历书时。

式 (3.21) 与式 (3.22) 均表示同一个真实平太阳平黄经公式, 公式形式不同仅仅是时间尺度的差异, 现定义历书时 ET 与世界时 UT 之间差值 ΔT:

$$\Delta T = ET - UT \qquad (3.23)$$

克莱门斯导出估计两种时间尺度之差 ΔT 的表达式为

$$\Delta T = 24.349^s + 72.3165^s T + 29.949^s T^2 + 1.821\ B \qquad (3.24)$$

ΔT 由天文观测获得。

审视上述公式, ΔT 有不规则变化项和长期变化项, 其长期变化项有抛物线特征, 不难想象, 历书时起始时刻 (19 世纪末, $T = 0$) 之前某一时刻, 平太阳时的秒短

于历书秒，在整个 20 世纪，平太阳时的秒长略长于历书秒，由潮汐摩擦原因，大约每世纪平太阳时日长增加 2.3 毫秒，其相对变化 $2.3 \times 10^{-3}/(86400 \cdot 365.2422 \cdot 100) = 7.3 \times 10^{-13}$，除了潮汐影响外，地球自转速率还受到其他的影响，自上次冰河期结束以来极区的冰雪融化，用模型可以导出极区冰雪融化大约平太阳日每世纪日长减少约为 0.6 毫秒，综合结果约为每世纪 1.7 毫秒/日，这与实际观测平均结果相一致。

3.5　原　子　时

　　早在 20 世纪 40 年代初，美国哥伦比亚大学、诺贝尔奖获得者伊西多·艾萨克·拉比 (I. I. Rabi) 提出原子钟的概念，1949 年美国国家标准局 (NBS) 哈罗德·里昂 (Harold Lyons) 成功研制出第一台氨分子钟，当时氨分子钟的稳定性能与基于地球自转的世界时水平相当，同时，该研究组研究了用铯原子作为原子频标的可能性，这一前瞻性研究显示了铯原子频标成为高精度频率标准的潜力。

　　1955 年 6 月，英国国家物理实验室 (NPL) 埃森和巴利利用稳定的原子跃迁振荡频率研制出第一台连续运转的铯原子钟，1956 年美国出现商用的铯原子钟，当时的铯原子钟稳定度不是很高，约为 10^{-10}，略高于世界时的精度 ($\sim 10^{-9}$)，要使铯原子钟的优势真正用于民用及科学研究，铯原子钟推广应用最紧迫的问题是正确标定铯原子跃迁频率。埃森把铯原子钟溯源到格林尼治天文台的 UT2，1956 年埃森给出相对于 UT2 时间尺度铯原子跃迁频率的采用值为 (9192631970±90) 赫兹、(9192631800±50) 赫兹和 (9192631880±30) 赫兹。1957 年又给出采用值为 (9192631845±2) 赫兹，显然埃森给出的铯原子跃迁频率受到 UT2 不均匀性 ($\sim 10^{-9}$) 的影响，稳定度约为 10^{-9}。1955 年都柏林 IAU 大会上与会天文学家曾指出：不均匀的世界时不宜用于均匀的原子频标的标定工作，推荐原子时秒的定义 (铯原子跃迁频率的标定) 与天文动力学时间尺度——历书秒一致 (尽管当时历书时还未正式启用，但历书时的均匀性已有共识)。经英国国家物理实验室 (NPL) 埃森和美国海军天文台 (USNO) 威廉·马柯维奇 (William Markowitz) 三年的紧密合作，用历书秒标定铯原子跃迁频率，于 1958 年最终确定历书秒对应于铯频标 (9192631770±20) 赫兹次谐振持续的时间，这个结果成为原子秒定义的依据 [18−21]。

　　原子时 (Atomic Time scale，TA) 的建立有较长的进程。1957 年 IAU 会议认为铯频标仅仅为频率标准，1960 年 IAU 会议认定铯频标为时间间隔的标准，直至 1963 年 IAU 会议确认铯频标频率为时间尺度的定义，1967 年 IAU 正式推荐铯频标频率标准定义为原子时时间尺度。之后，第 13 届 CGPM (1967) 决议 [3]：**铯 133 在基态两个超精细能级之间的跃迁频率的 9192631770 次持续时间为**

1 原子时秒，成为原子时秒的定义值 (不是测量值)。用铯原子频率定义国际时间单位为 SI 秒，替代基于天体运行的天文动力学时间尺度——历书秒，之后认定原子时尺度相应的国际机构决议有：1969 年国际电信科学联盟 IURS 决议和 1970 年国际电信咨询委员会 IRCC (现在称为国际电信联盟 (International Teiecommunications Union，ITU) 决议。1970 年 6 月秒定义咨询委员会 (Comité Consultatif pour la Définition de la Seconde，CCDS) 讨论了原子时时间尺度的需求，要求国际计量局 BIPM 不仅要注重对原子时时间间隔的定义 (秒长)，还要注重于研究原子时的实现，同时认定原子时在时间信号协调、自然天体和人造天体的均匀参考时间及不同地域和不同时间频率标准的比对中的作用。国际权威机构的决议，推进了原子时的应用，使原子时及其时间尺度正式成为官方的时间和频率的计量标准。

原子时秒采用铯原子跃迁频率定义，标定铯原子的跃迁频率用了历书时，因此原子时秒长与历书时秒长是一致的，原则上铯原子钟运行的原子时可认为是历书时的时间尺度的延续，原子时 TAI 在某种程度上等效于历书时，但原子时的实现比历书时使用更为方便，实现的精度会更高 [21]。

3.5.1 原子秒的标定及原子时的定义

1955 年英国国家物理实验室埃森和巴利用锁相技术把石英晶振频率锁相到铯 133 精细态跃迁的原子频率上，研制成第一台连续运转的铯原子频率标准，高准确度和稳定度的铯原子频标使科学界酝酿一种全新的秒定义和时间尺度。

不稳定的地球自转速率有长期变慢效应 [22~27]：1900~1996 年，近一百年时间间隔内地球自转放缓了约 62 秒；1900~1958 年 (定义原子时起算时刻)，地球放缓了约 32 秒，另外地球放缓现象似乎还有加速倾向，由于地球自转速度的不可预测性及地球自转速率的不规则波动，地球自转稳定度仅为 10^{-9}，显然用不同时段的世界时标定原子频标的频率会得到不一样结果，原子秒的定义必须与均匀的历书秒一致。

英国国家物理实验室 (NPL) 和美国海军天文台 (USNO) 通力合作负责用均匀的历书时标定原子跃迁频率。NPL 提供稳定的铯原子钟的频率标准，美国海军天文台时间部主任威廉·马柯维奇负责历书时的精确测定。当时测定历书时用了 3 种天文仪器：子午仪、照相天顶筒和双速月亮照相仪。子午仪 UT1 单次观测精度约为 12 毫秒，照相天顶筒单次观测 UT1 精度约为 10 毫秒，双速月亮照相仪能补偿月亮和恒星的不同的视运动速度，专门设计观测月亮测定历书时，月亮的视运动比太阳运动快 13 倍，原则上观测月亮测定历书时的精度要比观测太阳的精度高，但月亮的视圆面几乎与太阳一样大，观测月亮确定历书的精度不高，一次观测精度约为 100~500 毫秒之间，为了削弱观测噪声的影响，天文学家对测量值进行长时间的平滑处理, 100 天历书时测量平均仅达到日稳 $10^{-9} \sim 10^{-10}$ 量级, 还略逊于当时铯原子钟的频率稳定度。通过英国横跨大西洋 65 千赫兹的 MSF 电台发播的时间和标准频率信号与美国 WWWVH 的时间信号相互比对, 实现 NPL 和 USNO 间的时间频率传递, 经马柯维奇等确定 (1958 年), 1 历书秒对应于铯频标 (9192631770 ± 20) 次谐振周期持续时间 [3,25]。

1967 年 10 月在印度新德里召开第 13 届计量大会 CGPM, 大会决议原子时秒正式取代历书时秒。会议认为: 1956 年 CIPM 决议 1 采用的历书时秒定义及 1960 年第 11 届 CGPM 通过的决议 9, 1964 年第 12 届 CGPM 确认的历书时秒定义, 显然历书时秒的定义不能满足当前计量需求, 考虑到 1964 年第 12 届 CGPM 会议决议 (决议 5) 允许用铯原子频标 (原子时秒) 作为暂时替代历书时秒应用, 此时已有足够的精度定义原子时秒, 以满足当前计量的需求, 由原子秒定义为标准 SI 的时机已成熟, 会议决议: ① 时间单位是 SI 秒, 定义: **铯 133 在基态两个超精细能级之间的跃迁频率的 9192631770 次持续时间为 1 SI 秒**; ② 废除 1956 年 CIPM 通过的决议 1 和 1964 年第 11 届 CGPM 的决议 9。

第 13 届 CGPM 决议之后, 考虑到处于不同海拔的原子钟产生引力时间膨胀效应, 精确的原子时秒定义不应与地域、引力势和观测者的运动有关, 原子钟秒长的定义应该归算到地球水准面上, 频率改正量的大小约为 $1×10^{-10}$, 1977 年 1 月 1 日 0 时 (JD 2443144.5) 开始把处于不同海拔的原子钟的钟速改正到大地水准面上, 1980 年起对处于不同海拔的原子钟产生的引力频率改正为规范标准, 这样, 由原子时定义在大地水准面的 SI 秒成为坐标时 (TT 的实现)。

考虑到环境温度补偿的影响 (黑体辐射), 1997 年 CIPM 对原子时秒的定义加入环境温度补偿, 相对于**在大地水准面上铯 133 原子在绝对零度状态下两个超精细能级跃迁对应辐射的 9192631770 次振荡持续的时间定义为原子时秒**。秒定义为在绝对零度下的铯 133 原子在大地水准面上跃迁所对应的辐射频率。

第 13 届 CGPM 决议同时确定了 TAI 的起点: 取 **1958 年 1 月 1 日 00 时 00 分 00 秒世界时 (UT2) 的瞬间为同年同月同日 00 时 00 分 00 秒 TAI** (与 A1 和 A3 的原子时时间尺度连续)。事后发现, 在该瞬间原子时并未与世界时精确对准, 时刻之差为 0.0039 秒 (在世界时测量精度范围之内), 这一差值就作为历史事实而保留下来, 此后, 原子时真正成为时间和频率计量的标准。

世界时与原子时之间的时差由于地球自转速度不均匀和长期变慢现象逐年累积, 越来越大, 协调它们之间的关系形成协调世界时。

3.5.2　原子时的建立

尽管天文时已经证实是不均匀的, 但天文时的唯一性是无可置疑的, 因为天文时的定义是相对于某一个特定的天文现象。全球有许多原子钟, 根据原子时秒的定义, 原则上任何原子钟在确定起始时刻后都可以提供原子时, 各实验室的铯原子钟导出的原子时称为地方原子时, 历史上确实用各自的原子钟给出时间估计: 1955 年格林尼治皇家天文台 RGO 建立起格林尼治原子时, 发播时间的工作钟是石英钟, 定期与 NPL 铯原子钟进行标校; 1956 年 9 月 13 日美国海军天文台 USNO 筹建原子时尺度, 称为 A1, 发播时间的钟也是石英钟, 每日与美国海军研究实验室 NRL 连续工作的铯频标标校; 1957 年 10 月 9 日美国国家标准局 NBS 建立原子时尺度, 称 NBS-A, 其时间尺度起始历元与 A1 原子时尺度一致, 显然原子时唯一性的问题遇到了极大的挑战。

"平均钟"概念解决原子时时间尺度的可靠性问题,"时钟综合"概念解决原子时唯一性问题 [3]。美国海军天文台为了提升 A1 原子时系统, 由几个合作实验室的铯钟综合构建而成 A1 原子时系统, 至 1961 年, 参与构建 A1 原子时系统的实验室有美国海军天文台 USNO、美国海军研究实验室 NRL、美国国家标准局 NBS、英国国家物理实验室 NPL、哈佛大学及加拿大国家研究委员会。

国际时间局 BIH 早在 1955 年 7 月开始着手研究构建原子时的工作, 1955 年起 BIH 用甚低频 (VLF) 与各地铯钟用相位比对结果综合构建成平均时间尺度 AM, 1960 年开始 BIH 定期刊登 AM 与 UT2(天文观测) 的差值, 1963 年 BIH 弃用简单的平均钟方法, 用 3 个计量院 (美国国家标准局 NBS、瑞士钟表研究所、英国国家物理实验室) 的铯原子钟确定原子时尺度, 称为 A3, 1966 年扩充了参与 A3 原子时尺度的实验室的数量, 但仍称为 A3。考虑到时间传递技术的进展和原子钟性能的进展, 1969 年起 BIH 对构建原子时尺度方法有所改变, 弃用平均本地独立时间尺度的方法, 改用对钟的平均方法, 同时考虑与 A3 时间尺度的连续, 这个时间系统称之为 TA(BIH), 各独立时间实验室原子钟的综合结果称 TA(k)。1988 年起, 原子时 TAI 工作由 BIH 移交到 BIPM。目前 TAI 精度为 3×10^{-15}, 相当于最精确原子钟一千万年仅差 1 秒。

由参加时间尺度的原子钟构建的时间尺度称为自由原子时 (法文 Echelle Atomique Libre, EAL, 英文 Free Atomic Time Scale), EAL 来源于大量原子钟的平均, 解决原子时的均匀性, 1973 年开始国际时间局 (Bureau International de l'Heure, BIH) 启用加权平均的原子时 ALGOS 算法, 用于分析钟的质量, 确定各台钟权重, 给出自由原子时 EAL, 随着钟性能提高和比对技术的进展, ALGOS 算法进行了多次修改, 但基本原则未变。通过国际上几台更高精度的基准频标驾驭自由原子时, 驾驭后的 EAL 成为原子时的最终产品——国际原子时 TAI。1977 年 1 月 1 日之前 EAL 等于 TAI, 系统频率驾驭改正为 1×10^{-12}, 之后系统驾驭改正为 2×10^{-14}, 从 1998 年至 2004 年, 驾驭改正为 1×10^{-15} 及 0.7×10^{-15}, 不难发现 TAI 频率长期稳定性取决于基准频标的测量精度。

3.6　协调世界时 UTC 与闰秒

平太阳上中天和下中天时刻的天文现象定义世界时的"子夜"和"正午"，人们日常生活习惯于世界时时间系统，但是时间和频率的计量和研究工作需要均匀的时间尺度，显然，以铯原子跃迁频率定义的原子时大大地改善了时间尺度的均匀性，更适合于计量、时间科学和其他科学研究工作。

用基于地球公转的历书时标校原子钟的频率，定义历书时的基础是根据 1750~1892 年经大量天文观测而确定的纽康太阳表，历表的平均观测历元是 1820 年，历表时间尺度参考为在观测平均历元时刻世界时的平均秒长，由于地球自转长期变慢效应，真实的世界时秒长会渐渐变长，尽管定义原子时起始时刻与世界时在 1958 年 1 月 1 日 0 时 UT2 对准 (实际上后来发现没有精确地对准)，世界时秒长与原子时秒长的不同，致使两种时间尺度渐行渐离，既要兼顾民用时的要求与地球自转基本同步，又要考虑精密计量工作的实际需求，协调世界时 UTC 自然而生。

协调世界时 UTC 秒长定义基于铯原子 133 能级跃迁的 SI 秒，采用闰秒方式实现 UTC 时刻与世界时 UT1 时刻之差不超过 0.9 秒。根据国际约定，原则上每月的月底可引入闰秒，但目前一年多时间间隔才需要引入闰秒，因此推荐引入闰秒的日期为 UTC 的 6 月底或 12 月底，两项约定 (闰秒规则及定义 UTC 秒长为 SI 秒) 是定义 UTC 的基础，使 UTC 既完全满足日常生活习惯，又完全满足目前计量和科学研究工作的需求 [26,27]。

ITU 统一了协调世界时的缩写。协调世界时的英语为 "Coordinated Universal Time"，按英语的缩写应为 "CUT"；协调世界时的法语为 "Temps Universel Coordonné"，按法语的缩写应为 "TUC"，协调世界时应是加上协调 "Coordinated" 后的世界时系统，ITU 建议书 TF.536 规定协调世界时缩写统一为 UTC。

协调世界时可用传统格里高利历的形式表示，也可用儒略日数的形式表示，每一个日分为 24 小时，每小时为 60 分钟，每分钟一般为 60 秒，闰秒为 61 秒 (原则上也有可能为 59 秒，但从引入 UTC 到今日这种情况还没有发生过)。由于闰秒原因，分、小时及更长时间单位时间间隔是不固定的。

协调世界时时刻的协调方式经历了逐渐成熟的过程。1956 年美国国家标准局短波无线电台 WWV 的时间信号用铯原子钟，采用调频和调相方式使发播时号的时刻和速率与世界时 UT2 一致，每次调相幅度为 20 毫秒，至 1960 年一共进行了 29 次调相操作。为了协调各国发播时间信号的一致性，1959 年世界无线电行政大会 (World Administrative Radio Congress，WARC) 建议国际无线电咨询委员会 (CCIR) 研究时间信号一致性的问题。1959 年英国、美国协商时频信号发播方式，决定采用共同的调整方式 (调相和调频) 使信号尽量靠近 UT2，1960 年 1 月 1 日起正式发播协调后的时频信号，1961 年 1 月 1 日 00:00:01.422818 TAI 精确等于 1961 年 1 月 1 日 00:00:00.000000 UTC (见表 3.2)，频偏采用值为 1.5×10^{-8}。调相改变发播的协调时频信号与 UT2 时刻差异，之后其他国家时间实验室也参照该系统。1961 年起 BIH 协调全球的时频信号的发播工作，1963 年 CCIR 决议 374 正式推荐这个时间系统的官方名称为协调世界时，1965 年起 BIH 基于 A3 尺度 (之后演变为 TAI) 计算改正，每年 BIH 刊登频率以及时刻的补偿值 (单位为 100 毫秒)，尽可能与 UT2 的差值在 0.1 秒之内。于 1967 年，CCIR 正式命名为协调世界时，缩写为 UTC，同年第 13 届 IAU 大会通过采用协调世界时 UTC 的决议：由 BIPM 负责协调，每年年底预告频偏及调相 (调相单位增大至 100 毫秒) 值，使 UTC 与 UT2 之差在 0.1 秒之内，该方法一直用到 1971 年年底 (见表 3.2)。1968 年埃森和温克勒 (G. M. R. Winkler) 提案认为 UTC 频繁跳相的方法不是太合适，提议跳相值用整秒数，另外的提案是 UTC 秒与 TAI 秒一致 (不再使用跳频方式)，这两个提案形成了目前 UTC 构建的基本规则。

1972 年 1 月 1 日起协调世界时 UTC 成为世界官方标准时间 [3]：引入 UTC 闰秒 (整秒数) 补偿规则，并在 1971 年年底 UTC 额外跳动 0.107758 秒，使得 **1972 年 1 月 1 日 00:00:00 UTC** 精确地等于 **1972 年 1 月 1 日 00:00:10 TAI**，在 UTC 新规则启用时刻，UTC 与 TAI 时刻差为 10 整秒，规定闰秒发生在 UTC 6 月 30 日或是 12 月 31 日，引入 UTC 闰秒的原则为 UTC 与 UT1 差值在 0.9 秒之内，同时 UTC 速率 (秒长) 与 TAI 速率 (秒长) 完全一致 (见表 3.2)。第一次闰秒发生在 1972 年 6 月 30 日，自 1972 年 1 月 1 日至 2017 年 7 月 1 日，45 年间加了 27 个闰秒，加上 1972 年 UTC 与 UT1 起始时差 10 秒，2017 年 7 月 1 日 UTC 滞后 TAI 为 37 秒，平均 1 年多出现 1 次闰秒。20 世纪地壳惯量矩的微小变化，导致从 1999 年 1 月 1 日至 2005 年 12 月 31 日较长时间内没有闰秒。表 3.2 列出了 1961 年以来引入频率补偿和 1 秒步长时刻补偿方法的详细改正结果，给出 1972 年以后 UT1–UTC 之值 [28]。

表 3.2 UTC 频率补偿和闰秒

起始日期	频率补偿/10^{-10}	时刻补偿值/s	(TAI−UTC)/s
1961 年 1 月 1 日	−150	(定义)	$1.4228180 + (\text{MJD} - 37300) \times 0.001296$
1961 年 8 月 1 日	−150	0.050	$1.3728180 + (\text{MJD} - 37300) \times 0.001296$
1962 年 1 月 1 日	−130		$1.8458580 + (\text{MJD} - 37665) \times 0.0011232$
1963 年 11 月 1 日	−130	−0.100	$1.9458580 + (\text{MJD} - 37665) \times 0.0011232$
1964 年 1 月 1 日	−150		$3.2401300 + (\text{MJD} - 38761) \times 0.001296$
1964 年 4 月 1 日	−150	−0.100	$3.3401300 + (\text{MJD} - 38761) \times 0.001296$
1964 年 9 月 1 日	−150	−0.100	$3.4401300 + (\text{MJD} - 38761) \times 0.001296$
1965 年 1 月 1 日	−150	−0.100	$3.5401300 + (\text{MJD} - 38761) \times 0.001296$
1965 年 3 月 1 日	−150	−0.100	$3.6401300 + (\text{MJD} - 38761) \times 0.001296$

起始日期	频率补偿/10^{-10}	时刻补偿值/s	(TAI−UTC)/s
1965 年 7 月 1 日	−150	−0.100	3.7401300 +(MJD − 38761)×0.001296
1965 年 9 月 1 日	−150	−0.100	3.8401300 +(MJD − 38761)×0.001296
1966 年 1 月 1 日	−300		4.3131700 +(MJD − 39126)×0.001296
1968 年 2 月 1 日	−300	+0.100	4.2131700 +(MJD − 39126)×0.001296
1972 年 1 月 1 日	0	0.1077580	10 (额外补偿后)
1972 年 7 月 1 日	0	−1	11
1973 年 1 月 1 日	0	−1	12
1974 年 1 月 1 日	0	−1	13
1975 年 1 月 1 日	0	−1	14
1976 年 1 月 1 日	0	−1	15
1977 年 1 月 1 日	0	−1	16
1978 年 1 月 1 日	0	−1	17
1979 年 1 月 1 日	0	−1	18
1980 年 1 月 1 日	0	−1	19
1981 年 7 月 1 日	0	−1	20
1982 年 7 月 1 日	0	−1	21
1983 年 7 月 1 日	0	−1	22
1985 年 7 月 1 日	0	−1	23
1988 年 1 月 1 日	0	−1	24
1990 年 1 月 1 日	0	−1	25
1991 年 1 月 1 日	0	−1	26
1992 年 7 月 1 日	0	−1	27
1993 年 7 月 1 日	0	−1	28
1994 年 7 月 1 日	0	−1	29
1996 年 1 月 1 日	0	−1	30
1997 年 7 月 1 日	0	−1	31
1999 年 1 月 1 日	0	−1	32
2006 年 1 月 1 日	0	−1	33
2009 年 1 月 1 日	0	−1	34
2012 年 7 月 1 日	0	−1	35
2015 年 7 月 1 日	0	−1	36
2017 年 1 月 1 日	0	−1	37

目前 UTC 日常维持工作由 BIPM 负责,BIPM 为指定的时间台站提供 UTC (K) 改正值,改正值稳定性能取决于源本身的稳定程度和时间及频率传递技术的精度,一般在 100 纳秒之内,较好的时间台站保持在 10 纳秒之内。闰秒由 IERS 根据观测地球自转参数决定。

3.7 有关闰秒的讨论

1971 年,国际计量大会通过决议,"协调世界时"作为官方时间,采用原子时稳定的速率,时刻上逼近世界时,通过闰秒调整使协调世界时与 UT1 的时刻偏差不超过 0.9 秒。BIPM 给出综合原子时的结果,国际地球自转与参考系服务组织 IERS 根据监测提供地球自转参数，向全球发布"闰秒"公告。北京时间是第八时区的区时，比世界时早 8 小时，因此中国的标准时间将通过以下方式进行闰秒：如 7 时 59 分 59 秒的下一秒是 7 时 59 分 60 秒，再下一秒是 8 时 00 分 00 秒。闰秒时间是在 7 时 59 分 59 秒与 8 时整之间加注一秒。

地球自转有长期减慢的趋势，通常情况下，每过 1~2 年，就需要"闰秒"一次，即 UTC 增加 1 秒，自 1961 年至今已累计 37 秒。根据统计，"闰秒"基本上为"三年两闰"。实际上闰秒无确定的规则可循，比如，1998 年年底"闰秒"直至 2005 年年底时隔 7 年才再次发生"闰秒"，这说明地球自转的速度在这 7 年比原先有所加快。地球自转速率受潮汐摩擦和各种复杂的自然因素的影响，地球自转速率的变化不但不均匀，而且不稳定，致使我们无法准确无误地预测闰秒会在何时发生[28]。

由于地球自转持续减缓的长期效应，地球自转不断变慢，闰秒频度需要加快，日长 (Length Of Day, LOD) 平均变化速率长期项约在 1.7~2.3 毫秒/周期之间摆动，21 世纪初大约为每天变慢约 2 毫秒，500 天之后就相差 1 秒，到 21 世纪末日长约为 86400.004 秒 (原子时秒)，粗略估计约 250 天要求 1 次闰秒，22 世纪中叶每年需要 2 次闰秒，目前用 6 月或 12 月闰秒就不满足闰秒要求，要加 3 月或 9 月闰秒规则，到 25 世纪，每年会有 4 次闰秒，此时每季度闰秒规则也变得不满足，也许需要每月的月底加入闰秒的规则，再过 2000 年，每月月底闰秒也不够了 (见表 3.3)。估计 4000 年之后每月必须引入约 2 次闰秒才能保持 UTC 接近于 UT1，几万年之后日长超过 86401 秒，每天需要 1 次闰秒，也许需要 2 次闰秒。按照以往记录的偏差结果预测，大致 5000 年之后，人类使用的时间就会与 UT1 时间有 1 小时的误差，那时烈日当头不再是习惯上的正午 12 点，而会出现在下午 1 点。

表 3.3   日长随时间的变化

年 (2000+)	平均日长 LOD/ms	ΔT	闰秒间隔/d
0	2	32s	500
100	4	2min	250
500	11	20min	90
1000	20	1h	50
1500	29	2.3h	35
2000	38	4h	26

讨论闰秒除了上述本身问题外，闰秒不利于计算机计时系统，或是使计算机计时系统复杂化，1999 年美国海军天文台 McCarthy 和 Klepczynski 提出取消闰秒提案，之后，取消闰秒的呼声成为 ITU-R 和 IAU 会议讨论的热点，IAU (2000) "有关协调世界时闰秒" B2 决议：推荐 IAU 建立工作组，与国际无线电科学联合

会 (International Union of Radio Science，URSI)、国际电信联合会 ITU、国际计量局 BIPM、导航组织有关部门协同合作，负责向 IAU (2003) 大会 Division 1 提出 UTC 重新定义及研究讨论是否需要闰秒的问题。

有人建议取消闰秒 [26]，有人提议要求重新定义 UTC[29−33]，还有人建议改变目前 UTC 与 UT1 关系的形式，目前学术界对这些争论还未有完全统一的认知。地球自转变化是相当缓慢的 [34]，在较长时间内并不影响目前规则的使用，显然取消闰秒的讨论留给我们充分的考虑时间。

3.8　卫星导航系统时间

目前全球卫星导航系统 (GNSS) 有：美国的全球卫星定位系统 GPS、俄罗斯的全球卫星导航系统 GLONASS、欧盟的伽利略全球卫星定位系统 Galileo 及中国的北斗全球卫星导航系统 BDS。区域卫星导航系统有：中国的区域卫星定位系统 CAPS、日本的准天顶卫星系统 QZSS 和印度的区域卫星导航系统 IRNSS，这些卫星导航系统已成为定位及授时的主要手段。GPS 系统时间溯源于美国海军天文台，BDS 和 CAPS 系统时间溯源于中国科学院国家授时中心，GLONASS 系统时间溯源于俄罗斯协调世界时 UTC(SU)。

大部分卫星导航系统采用连续的时间系统 (GLONASS 例外，用不连续的协调世界时 UTC(SU) 时间系统)，参见表 3.4。GPS 采用的系统时间 GPST 的时刻与 1980 年的 UTC 一致，GPST 采用连续时间系统，GPST 与 TAI 关系和起始时刻保持固定不变 [34]，1980 年 UTC 与 TAI 时刻之差为 19 秒，因此

$$\text{GPST} = \text{TAI} - 19\text{s} \qquad (3.25)$$

Galileo 的系统时间 GST 的定义与 GPS 相同：

$$\text{GST} = \text{TAI} - 19\text{s} \qquad (3.26)$$

GLONASS 系统时间 GLST，采用与俄罗斯协调世界时 UTC(SU) 相关联的莫斯科时间，莫斯科时间与协调世界时 $t_{\text{UTC(SU)}}$ 相差 3 小时整，因此

$$\text{GLST} = t_{\text{UTC(SU)}} + 3\text{h} \qquad (3.27)$$

GLST 闰秒规则与协调世界时同步。

BD 时间系统 BDT 采用连续的时间系统，秒长取 SI 秒，BD 时间起始时刻为 2006 年 1 月 1 日 0 时 (UTC)，因此

$$\text{BDT} = \text{TAI} - 33\text{s} \qquad (3.28)$$

表 3.4 卫星导航系统时间与 UTC 和 TAI 间的关系

卫星导航系统	UTC– 系统时间	TAI– 系统时间	C_i 允差
GPS	UTC − GPST = $0\,\mathrm{h} - n + 19\,\mathrm{s} + C_0$	TAI − GPST = $19\,\mathrm{s} + C_0$	C_0 要求小于 1 微秒, 典型为小于 20 纳秒
GLONASS	UTC − GLST = $-3\,\mathrm{h} + C_1$	TAI− GLST = $-3\,\mathrm{h} + n + C_1$	C_1 要求小于 1 毫秒
Galileo	UTC − GST = $0\,\mathrm{h} - n + 19\,\mathrm{s} + C_2$	TAI − GST = $19\,\mathrm{s} + C_2$	C_2 要求一般小于 50 纳秒
BDS	UTC − BDT = $0\,\mathrm{h} - n + 33\,\mathrm{s} + C_3$	TAI − BDT = $33\,\mathrm{s} + C_3$	C_3 要求一般小于 100 纳秒

注：表中 $n = $ TAI − UTC，为闰秒数。

3.9 国际地球自转与参考系服务

UTC 是目前国际民用官方时间，时间间隔定义由 CIPM、CGPM 和 BIPM 确定。1988 年之前时间尺度由 BIH 负责，之后由 BIPM 负责。

国际天文学联合会 IAU 和国际地球测量与地球物理联合会 IUGG 于 1987 年建立 IERS，IERS 原名为国际地球自转服务 (International Earth Rotation Service, IERS)，负责监测地球自转和世界时，于 1987 年 1 月 1 日正式开展服务，2003 年改名为国际地球自转与参考系服务 (International Earth Rotation and Reference Systems Service，IERS)，它的目标任务是负责监测地球自转，提供国际天球参考系 ICRS 及其实现 (国际天球参考架 ICRF)、国际地球参考系 ITRS 及其实现 (国际地球参考架 ITRF)。IERS 提供 ICRF 与 ITRF 之间转换的定向参数、标准、常数、模型 (规范) 所要求的产品，包括：ICRF 与 ITRF，每月报告的地球定向参数、近实时地球定向参数快速服务与预报、公告无线电台发射时号的天文时与民用时之差、闰秒公告、全球地球物理产品 (如全球地球物理质量迁移和角动量)、年报和技术注释等以及地球长期的定向资料。下设机构有技术中心、产品中心、联合中心、分析协调部和中央局。技术中心是独立的服务机构，下设有 4 个服务机构：国际 GNSS 服务 (International GNSS Service，IGS)，国际激光测距服务 (International Laser Ranging Service，ILRS)、国际 VLBI 服务 (International VLBI Service，IVS)，国际 DORIS 服务 (International DORIS Service，IDS)。产品中心提供 IERS 产品，美国海军天文台也提供快速/预报服务。

3.10 我国时间服务

中国科学院负责我国标准时间的产生及标准时间的发播工作，1970 年之前我国时间工作由上海天文台负责，之后移至陕西天文台 [35]。1872 年法国天主教耶稣会在上海建立徐家汇观象台，1900 年建立佘山观象台，1914 年徐家汇观象台开始短波授时，无线电呼号为 FFZ，在上海、青岛和香港开展天文测定世界时工作，黄浦江畔还有午炮报时、落球报时等授时工作，为船舶导航提供时间服务。

新中国成立之后，我国的时间工作倍受重视，得到飞速发展。1950 年中国科学院接管徐家汇观象台 (其隶属于中国科学院紫金山天文台)，1951 年徐家汇观象台用中国自己呼号 "BP"，以 BPV 呼号租用上海真如电台进行短波授时。

在新中国成立初期天文测定世界时工作较为薄弱，徐家汇观象台和紫金山天文台参加苏联 "标准时间" 系统，当时我国使用时号改正数是相对于 "标准时间"。新中国天文和地球测量得到迅速发展，需要独立自主的、精确的时间系统，以上海天文台为主，北京天文台、紫金山天文台及武汉测量与地球物理研究所组成 "我国综合时号改正数" 系统，1964 年通过国家鉴定，正式用于天文和大地测量工作。

1966 年经国家科委批准，在陕西省蒲城县筹建陕西天文台 (现改名为国家授时中心)，主要负责授时工作，建立专用的短波授时台；1970 年陕西天文台用短波 BPM 开始试播国家标准时间和标准频率；1972 年陕西天文台又增加远洋授时功能；1972 年又承担增设长波授时系统 BPL 的任务，授时精度从毫秒提升至微秒。与此同时，承接上海天文台我国综合时号改正数工作，参加测时的天文仪器有：上海天文台的中星仪、丹戎和光电等高仪，陕西天文台中星仪、I 型光电等高仪，北京天文台中星仪、光电等高仪，紫金山天文台中星仪，云南天文台中星仪和光电等高仪，武汉测量与地球物理研究所中星仪、丹戎等高仪，台站布局更为合理，满足了国民经济建设和国际建设需求，这个系统一直工作到 20 世纪 90 年代。

在长短波授时系统建设的同时，中国科学院责成陕西天文台推动和组建我国原子时。陕西天文台与上海、北京、武汉、昆明等兄弟单位合作建成 "我国综合原子时系统"，并加入 BIPM 的国际原子时系统。目前我国加入国际原子时系统的研究单位有：中国科学院国家授时中心 (National Time Service Center，Chinese Academy of Sciences，NTSC)，中国计量科学研究院 (National Institute of Metrology，NIM) 和北京无线电计量测试研究所 (Beijing Institute of Radio Metrology and Measurement，BIRM)。中国国家标准时间为 UTC (NTSC)，它与国际原子时标准的偏离不超过 50 纳秒，一般保持在 10 纳秒之内。

参 考 文 献

[1] Brower D. A study of the change on the rate of rotation of the Earth. Astron. J., 1952, 57: 125-146.

[2] Guinot B. Solar time, legal time, time in use. Metrologia, 2011, 48(4): 181-185.

[3] McCarthy D D, Seidelmann K P. Time—From Earth Rotation to Atomic Physics. Weinheim: Wiley-VCH Verlag GmbH & Co. KGaA, 2009.

[4]   Guinot B, Seidelmann P K. Time scales—Their history, definition and interpretation. Astronomy and Astrophysics, 1988, 194: 304-308.

[5]   Winkler G M R, van Flandern T C. Ephemeris Time, relativity, and the problem of uniform time in astronomy. Astronomical Journal, 1977: 84-92.

[6]   Allan D W, Ashby N, Hodge C C. The Science of Timekeeping. Hewlett Packard Application Note 1289, 1997.

[7]   Stetzler B, Bachmann S, Wolfgang R D. IERS Convention (2010), IERS Technical Note 36. Verlag des Bundesamts für Kartographie und Geodäsie, Frankfurt arn Main, 2010.

[8]   Lang K R. Astrophysical Formulae. 3rd ed. Berlin: Springer, 1999.

[9]   Gordon M. The origin of the Julian Day System. Sky and Telescope, 1981, 61: 311-313.

[10] Winkler M R. Modified Julian Date. US Naval Observatory, 2015.

[11] Newcomb S. Astronomical Papers prepared for the use of the American Ephemeris and Nautical Almanac. vol. 6, part 1: Tables of the Sun. Washington DC: U. S. Goverment Printing Office, 1895: 9.

[12] Aoki S, Guinot B, Kaplan G H, et al. The new definition of Universal Time. Astronomy and Astrophysics, 1982, 105(2): 361.

[13] Derek H. Greenwich Time and the Longitude. London: Philip Wilson Publishers Limited, 1997.

[14] Stephenson F R, Morrison L V. Long-Term Fluctuations in the Earth's Rotation: 700 BC to AD 1990. Royal Society (London), Philosophical Transactions, 1995: 165-202.

[15] Derek H. Greenwich Time and the Discovery of the Longitude. Oxford: Oxford Univ. Press, 1980: 154-155.

[16] Hide R, Dickey J O. Earth's variable rotation. Science, 1991, 253: 629-637.

[17] Guinot B, Seidelmann P K. Time scales—Their history, definition and interpretation. Astronomy and Astrophysics, 1988, 194(1-2): 304-308.

[18] McCarthy D D. Astronomical Time. Proceedings of the IEEE, 1991, 79 (7): 915-920.

[19] Guinot B. Solar time, legal time, time in use. Metrologia, 2011, 48(4): 181-185.

[20] Clemence G M. The concept of Ephemeris Time. Journal for the History of Astronomy, 1971: 73-79.

[21] Markowitz W, Hall R G, S Edelson, et al. Ephemeris time from photographic positions of the moon. Astronomical Journal, 1955, 60: 171.

[22] Markowitz W, Hall R G, Essen L, et al. Frequency of cesium in terms of Ephemeris Time. Physical Review Letters, 1958, 1(3): 105-107.

[23] The rotation of the earth and atomic time standards// IAU Symposium no. 11 held in Moscow, August 1958. Lancaster: Lancaster Press, Inc., 1959: 26.

[24] Babcock A K, Wilkins G A. The Earth's Rotation and Reference Frames for Geodesy and Geophysics. IAU Symposia, 1988, 128: 413-418.

[25] Morrison L V, Stephenson F R. Historical values of the Earth's clock error ΔT and the calculation of eclipses. Journal for the History of Astronomy, 2004, 35(3): 327-336.

[26] De Sitter W. On the secular accelerations and the fluctuations of the longitudes of the moon, the sun, Mercury and Venus. Bull. Astron. Inst. Netherlands, 1927, 4(21): 21-38.

[27] Time Service Dept., U.S. Naval Observatory. History of TAI-UTC. Retrieved 4 January 2009.

[28] Spencer J H. The Rotation of the Earth, and the Secular Accelerations of the Sun, Moon and Planets. Monthly Notes of the Royal Astronomical Society, 1939, 99: 541.

[29] Essen L. Time Scales. Metrologica, 1968, 4(4): 161-165.

[30] A Proposal to Upgrade UTC. Retrieved 2 June 2007.

[31] UTC might be redefined without Leap Seconds. http://www.ucolick.org/sla/leapsecs/ [2007-6-2].

[32] Leschiutta S. The definition of the atomic second. Metrologia, 2005, 42: 10-19.

[33] Arias F, Bernard G,Quinn T. Rotation of the Earth and Time Scales. Bureau International des Poids et Mesures, 2022.

[34] 刘基余. GPS 卫星导航定位原理与方法. 北京: 科学出版社, 2003.

[35] 胡永辉, 漆贯荣. 时间测量原理. 香港: 亚太科学出版社, 2000.

[36] Capitaine N, Wallace P T, Chapront J. Expressions for IAU 2000 precession quantities. Astronomy & Astrophysics, 2003, 412(2): 567-588.

[37] Jones H S. The rotation of the earth, and the secular accelerations of the sun, moon and planets. Monthly Notes of the Royal Astronomical Society, 1939, 9: 541-558.

第 4 章 相对论框架下的时间与时间同步

时间与时间同步要考虑狭义相对论和广义相对论效应的影响。狭义相对论是研究以固定速度相对运动的惯性系中共域物体的运动规律，广义相对论是研究各种可能运动方式的两个坐标系中共域物体的运动规律，因此，广义相对论要研究参考系原点的加速度、参考系的旋转 (参考系的指向) 和各种引力场作用的影响 [1]。

1905 年 6 月 30 日爱因斯坦在德国《物理年鉴》发表了第一篇狭义相对论论文《论动体的电动力学》，改造了经典物理学中有关时间、空间及物体运动等基本概念，否定时间同时的绝对性。1915 年爱因斯坦又提出广义相对论理论，推算出水星近日点进动，并预言引力波的存在，此后相对论成为高能天体物理学和物理学的基础。由于当时天文观测精度的原因，天文历书、天体力学、天体测量和时间领域引入相对论概念要迟一些，当时天体测量观测和天体运动学理论似乎还没有迫切需求引入相对论理论。随着天文观测精度的提高，特别是原子钟精度的提高 (几乎每 7 年有 1 个数量级的提高)，需要天文历书、天体力学、天体测量和时间领域引入相对论理论与观测精度相匹配。

源于天文的历书时是牛顿框架下的天体运行的时间变量，由动力学方法定义，与地球自转无关的历书时认为是均匀的时间系统，历书时标定原子时时间尺度，可以说原子时是历书时的延续，或是说原子时是历书时的实现。随着测时精度的提高和实际需要，天体力学和时间领域引入相对论改正：1974 年天体力学的天体运动方程中引入相对论影响；自 1977 年 1 月 1 日 0 时 (JD 2443144.5) 起国际原子时计入相对论的影响，原子时的时间标准 "秒" 定义为在静止于大地水准面的铯频标的振荡频率持续的时间 (原子时成为坐标时)，把不同海拔的原子钟的钟速归化到大地水准面上，1980 年国际秒定义咨询委员会 CCDS 确认："**TAI 时间尺度是定义在地心坐标系旋转水准面上以 SI 秒的坐标时**"，1980 年之后引力改正原子钟的频率正式成为标准规范，1976 年 IAU 引入基于相对论概念的质心力学时时间尺度，定义相对论框架下的质心均匀时间尺度和地心均匀时间尺度，1979 年 IAU 正式命名上述均匀的时间尺度为质心力学时 (Barycentric Dynamical Time，TDB) 和地球力学时 (Terrestrial Dynamical Time，TDT)，二者差异仅为周期项 (相对论改正项)，与历书时 ET 连续的地球动力学时 TDT 是地心惯性坐标系的运动方程的时间变量，TDT 后更名为地球时 TT，TT 时间尺度定义与原子时时

间尺度一致,可认为 TT 是原子时的理想形式,或称原子时是 TT 的实现;1984
年相对论影响引入到数值积分的太阳历表和行星历表中,相对论全面引入到天文
历书、天体力学和时间领域 [2]。

相对论认定时间为四维时空坐标的时间分量,时间与空间是不可分割的。狭
义相对论是研究空间分隔的两个事件的时间同步问题,爱因斯坦在 1948 年为《美
国人民百科全书》有关 "相对论" 条目中用单程光信号的传递定义两地时间的同
时性:"狭义相对论用光信号传递从物理上定义时间的同时性:在 P 处发生的事
件的时间为 t,是这个事件发出的光信号到达时钟 C 时刻的 C 钟读数减去光信
号走这段距离所需的时间,本公设的先决条件是假定光速不变原理。"[3] 爱因斯
坦利用光速不变原理定义了异地时间的同步,上述定义的时间同步实际上是把空
间分隔开的两个事件的同时性的概念,借助于光速不变原理归结为同一地点上出
现的两个事件同时性的概念。

4.1   相对论框架下的本征时与坐标时

根据爱因斯坦相对论理论,时间坐标和空间坐标构成四维时空坐标,狭义相
对论 (在惯性参考系下物体运动) 中四维时空无穷小间隔 ds 为 [4]

$$ds^2 = -c^2 dt^2 + \sum dx_i^2 \tag{4.1}$$

相对论的一个定则是 ds 在所有坐标系中不变,利用 ds 不变定则,很容易推出狭
义相对论坐标转换的洛伦兹变换。

广义相对论公设是假定在所有参考系下时空间隔不变式成立,广义相对论在
概念上是对狭义相对论的进一步拓展。设 ct 为时间坐标,广义相对论拓展四维时
空无穷小间隔 ds 一般变换形式为 [5]

$$ds^2 = g_{\alpha\beta} dx^\alpha dx^\beta \tag{4.2}$$

其中,$g_{\alpha\beta}$ 称为度规张量 [6]。上式度规张量 $g_{\alpha\beta}$ 表达式中采用爱因斯坦求和算子
(或称求和约定),对 α 和 β 求和均从 0 至 3 (本节中爱因斯坦求和算子约定为:
凡希腊字母均为 0 至 3 求和,即对四维时空坐标求和;拉丁字母均为 1 至 3 求
和,即对空间坐标求和),度规张量 $g_{\alpha\beta}$ 是对称张量,因此度规张量 16 个元素中
仅有 10 个元素是独立的。显然 $g_{\alpha\beta}$ 表达式与所选择的坐标系、引力势、参考系
旋转的角速度和线加速度有关。

回顾式 (4.1),狭义相对论四维时空无穷小间隔 ds 的度规张量 $g_{\alpha\beta}$ 为

$$\begin{cases} g_{\alpha\beta} = 0, & \text{当 } \alpha \neq \beta \\ g_{\alpha\alpha} = 1, & \text{当 } \alpha \neq 0 \\ g_{00} = -1 \end{cases} \tag{4.3}$$

上述表达式表明: 狭义相对论的度规张量 $g_{\alpha\beta}$ 是对角张量。

对式 (4.2) 按时、空、时与空的坐标位移分量分类别求和, 式 (4.2) 可以重写成

$$ds^2 = g_{\alpha\beta}dx^{\alpha}dx^{\beta} = g_{00}(cdt)^2 + 2g_{0j}cdt \cdot dx^j + g_{ij}dx^i \cdot dx^j \tag{4.4}$$

上式右边第二项根据爱因斯坦求和算子约定包括 3 项 (度规张量中时与空坐标相关的元素, 本度规张量是对称张量, 实际上包含 6 项) 求和, 右边第三项 (空间坐标) 为 9 项求和, 时空无穷小间隔 ds 总共有 16 项求和。利用爱因斯坦求和算子, 上式数学形式还可改写成

$$ds^2 = g_{00}\left(cdt + \frac{g_{0j}}{g_{00}}dx^j\right)^2 - \frac{1}{g_{00}}g_{0i}g_{0j}dx^idx^j + g_{ij}dx^i \cdot dx^j \tag{4.5}$$

式 (4.5) 是在广义相对论框架下讨论本征时 (原时) 与坐标时关系、无线电波的传递特征, 以及不同位置时钟同步的最基本的方程式。

本征时 τ 是可实际测量的时间, 是钟所在参考系的本地时间, 根据度规张量的性质 [7], 当 $dx^j = 0$ (静止于本地参考系), $g_{00} = -1$ 时, 则 $ds^2 = -c^2d\tau^2$, 在共域中运动时钟的四维时空无穷小间隔不变式为

$$ds^2 = -c^2d\tau^2 = g_{00}\left(cdt + \frac{g_{0j}}{g_{00}}dx^j\right)^2 - \frac{1}{g_{00}}g_{0i}g_{0j}dx^idx^j + g_{ij}dx^idx^j \tag{4.6}$$

上述方程中的 t 是参考系中运动方程的时间变量, 称为该参考系的坐标时, 如果参考系是质心坐标系, 那么该坐标时为质心坐标时 (Barycentric Coordinate Time, TCB), 如果参考系是地心参考系, 对应的坐标时为地心坐标时 (Geocentric Coordinate Time, TCG), 因此当涉及坐标时, 必须标明所属的参考系。显然, 式 (4.6) 是描述本征时与坐标时关系的最基本公式。

坐标时是物体运动 (包括电磁波传播) 方程中四维时空坐标中的时间坐标变量, 是用于分析的时间坐标的数学时间尺度。对于某一个特定的事件, 在指定参考系中坐标时有相同的值 (运动方程时间变量的特性)。显然, 坐标时是不能测量的量, 只能通过本征时的测量, 根据式 (4.6) 积分无穷小间隔不变式, 从本征时测量值直接计算获得坐标时, 因此本征时与坐标时的区别: 本征时是可测量的量, 而坐标时是不能测量的量, 是计算量。

根据式 (4.6)，本征时与坐标时关系取决于度规张量，即与时钟所在位置的引力场和运动状态有关。坐标系选取的原则以方便使用为准，坐标系的选取决定了对应的坐标时，IAU 定义的坐标时有：以地心为原点的坐标时称为地心坐标时 TCG，以太阳系质心为原点的坐标时称为质心坐标时 TCB，TT 坐标时是对 TCG 重新标度的坐标时，其定义使之与在大地水准面上的原子钟速率相同 [2,5,6]。根据 TAI (测量值的综合)，以 TT (TAI 的理想形式) 为中介，利用 TT 与其他坐标时的关系计算 TCG 及 TCB。本征时时间尺度与坐标时时间尺度的关系用积分形式表示，应该强调说明：在相对论框架下的本征时 (时钟读数) 独立于坐标系的选取，对异地时钟的本征时的比对，中介是坐标时。

基本式 (4.6) 用于研究坐标时特性时，可导出本征时 $\mathrm{d}\tau$ 与坐标时 Δt 关系。假设钟从坐标 A 位置转移到 B 位置，积分式 (4.6)，可获得坐标时 Δt 与本征时 $\mathrm{d}\tau$ 关系：

$$\Delta t = \pm \int_A^B \frac{1}{\sqrt{-g_{00}}} \sqrt{1 + \frac{1}{c^2}\left(g_{ij} + \frac{g_{0i}g_{0j}}{-g_{00}}\right)\frac{\mathrm{d}x^i}{\mathrm{d}\tau}\frac{\mathrm{d}x^j}{\mathrm{d}\tau}}\,\mathrm{d}\tau + \frac{1}{c}\int_A^B \frac{g_{0j}}{-g_{00}}\frac{\mathrm{d}x^j}{\mathrm{d}\tau}\mathrm{d}\tau \tag{4.7}$$

其中，$\dfrac{\mathrm{d}x^i}{\mathrm{d}\tau}$ 代表在第 i 维空间的速度分量。一般情况下度规张量极其复杂，但考虑到特定坐标系 (如质心惯性坐标系及地心惯性坐标系) 及截取到合理的精度范围，可以大大地简化度规张量，这种近似几乎可以解决时间科学的大部分问题，后面将根据 IAU 定义给出的相应度规张量，详细讨论及导出各坐标时之间及与本征时的关系 [4]。

当式 (4.6) 用于时间同步时，由于电磁信号传递总是沿着零世界线的轨迹 (度规张量的另一个性质)[5]，即 $\mathrm{d}s = 0$ (四维时空坐标量)，因此式 (4.6) 在时间同步上应用时可写成

$$g_{00}\left(\mathrm{c}\mathrm{d}t + \frac{g_{0j}}{g_{00}}\mathrm{d}x^j\right)^2 - \frac{1}{g_{00}}g_{0i}g_{0j}\mathrm{d}x^i\mathrm{d}x^j + g_{ij}\mathrm{d}x^i\mathrm{d}x^j = 0 \tag{4.8}$$

根据式 (4.8)，电磁信号传递从 A 转移到 B 的坐标时增量 Δt 为

$$\Delta t = \pm\frac{1}{c}\int_A^B \frac{1}{\sqrt{-g_{00}}}\sqrt{\left(g_{ij} + \frac{g_{0i}g_{0j}}{-g_{00}}\right)\mathrm{d}x^i\mathrm{d}x^j} + \frac{1}{c}\int_A^B \frac{g_{0j}}{-g_{00}}\mathrm{d}x^j \tag{4.9}$$

定义 $\gamma_{ij} = g_{ij} + g_{0i}g_{0j}/(-g_{00})$，并定义三维空间距离增量 $\mathrm{d}\rho$ 的表达式为

$$\mathrm{d}\rho = \sqrt{\gamma_{ij}\mathrm{d}x^i\mathrm{d}x^j} = \sqrt{\left(g_{ij} + \frac{g_{0i}g_{0j}}{-g_{00}}\right)\mathrm{d}x^i\mathrm{d}x^j} \tag{4.10}$$

则式 (4.9) 为

$$\Delta t = \pm \frac{1}{c} \int_A^B \frac{1}{\sqrt{-g_{00}}} \mathrm{d}\rho + \frac{1}{c} \int_A^B \frac{g_{0j}}{-g_{00}} \mathrm{d}x^j \tag{4.11}$$

上式是借助于电磁信号传递的, 即光速不变原理实现空间分隔的两个台站间时钟时间 (坐标时) 同步的关系式。

不管是时间同步或是本征时与坐标时的关系, 关键是决定积分关系式中的度规张量, 大多数情况下度规张量是可以简化的: 如在弱场及物体运动速度不大 (相对于光速而言, 如行星和卫星运动属运动速度不大) 时, 我们可以期望在这种情况下广义相对论的解与经典力学解的差异不大, 可以忽略度规张量时间和空间元素的交叉项, 那么在弱场及物体运动速度不大的情况下度规张量可大为简化 [4-7]:

$$\begin{cases} g_{\alpha\beta} = 0, & \text{当 } \alpha \neq \beta \\ g_{\alpha\alpha} = 1 + \Delta g_{\alpha\alpha}, & \text{当 } \alpha \neq 0 \\ g_{00} = -(1 + \Delta g_{00}) \end{cases} \tag{4.12}$$

式 (4.12) 与式 (4.3) 相比较, 弱引力场的影响引入了 Δg_{00} 及 $\Delta g_{\alpha\alpha}$。某些特殊情况下度规张量还可以进一步简化: 如场的变化很缓慢, 可近似认作稳定的场, 对于稳定场 $\Delta g_{\alpha\alpha}$ 的时间导数为 0, 即 Δg_{00} 及 $\Delta g_{\alpha\alpha}$ 认作与时间无关的改正量, 用上面简化的度规张量能够解决广义相对论中许多实际应用问题。

IAU(2000) 决议 B1.3 推荐: 质心坐标 (t=TCB) 的度规张量 $g_{\mu v}$ 为

$$g_{00} = -1 + \frac{2w}{c^2} - \frac{2w^2}{c^4}$$

$$g_{ij} = \delta_{ij} \left[1 + \frac{2}{c^2} w \right]$$

$$g_{0i} = -\frac{4}{c^3} w^i$$

式中

$$w(t, \boldsymbol{x}) = G \int \mathrm{d}^3 x' \frac{\sigma(t, \boldsymbol{x}')}{|\boldsymbol{x} - \boldsymbol{x}'|} + \frac{1}{2c^2} G \frac{\partial^2}{\partial t^2} \int \mathrm{d}^3 x' \sigma(t, \boldsymbol{x}') |\boldsymbol{x} - \boldsymbol{x}'|$$

$$w^i(t, \boldsymbol{x}) = G \int \mathrm{d}^3 x' \frac{\sigma^i(t, \boldsymbol{x}')}{|\boldsymbol{x} - \boldsymbol{x}'|}$$

其中, σ 和 σ^i 是引力质量密度和惯性质量密度。

IAU(2000) 决议 B1.3 推荐 [8]：地心坐标 $(T=\text{TCG})$ 的地心度规张量 $G_{\mu\nu}$ 为

$$G_{00} = -1 + \frac{2W}{c^2} - \frac{2W^2}{c^4}$$

$$G_{ab} = \delta_{ab}\left[1 + \frac{2}{c^2}W\right]$$

$$G_{0a} = -\frac{4}{c^3}W^a$$

地球势 W_E 和 W_E^a 与前述 w_E 和 w_E^i 定义相同，但物理量在 GCRS 框架内计算。

地心引力势 W 和 W^a 可分为

$$W(T, \boldsymbol{X}) = W_E(T, \boldsymbol{X}) + W_{\text{ext}}(T, \boldsymbol{X})$$

$$W^a(T, \boldsymbol{X}) = W_E^a(T, \boldsymbol{X}) + W_{\text{ext}}^a(T, \boldsymbol{X})$$

$W(T, \boldsymbol{X})$ 和 $W^a(T, \boldsymbol{X})$ 由两个部分组成：源于地球引力作用的势为 W_E 和 W_E^a；源于外部引力体的潮汐势和惯性力影响为 W_{ext} 和 W_{ext}^a，外部引力部分的张量势在地心处趋于零。

在弱场、运动速度不太大及稳定场的情况下，度规张量的近似式仅取到 v/c 的二阶小量可满足应用要求，$\Delta g_{\alpha\alpha}$ 与牛顿力学中质量为 M、距离为 r 的中心体产生的引力势 U 之间的关系为

$$\begin{cases} \Delta g_{00} = -\dfrac{2U}{c^2} \\ \Delta g_{ii} = \dfrac{2U}{c^2} \end{cases} \tag{4.13}$$

根据 IAU (1991) A4 决议 I，原点在整个系统质心的时空坐标系在广义相对论框架下定义度规张量近似为

$$\begin{cases} g_{\alpha\beta} = 0, & \alpha \neq \beta \\ g_{\alpha\alpha} = 1 + \dfrac{2U}{c^2}, & \alpha \neq 0 \\ g_{00} = -\left(1 - \dfrac{2U}{c^2}\right) \end{cases} \tag{4.14}$$

U 为整个系统质心引力势以及外部对整个系统产生潮汐势 (外部产生潮汐势在质心处为零) 之总体，这一近似的度规张量可认作研究许多问题的依据，得到极其有效的结论，如引力势的存在使得时钟速率变低，或常提及的时间膨胀问题。

4.2 地心地固坐标系与 Sagnac 效应

地心坐标时 TCG 是地心惯性系 (Earth-Centered Inertial，ECI) 的坐标时，在惯性系内可简单地描述电磁波的传播过程和许多物理过程，但许多情况下用户主体在地面，显然用地心地固坐标系 (Earth-Centered Earth-Fixed，ECEF) 描述问题更为简单，如卫星导航系统的大部分用户一般固定于地面或相对于地面以低速运动 (相对于光速)。显然，描述地面用户位置和运动特征最方便的坐标系是随地球一起转动的地心地固坐标系，如卫星导航系统采用地心地固坐标系广播卫星位置和速度，在国际地球参考架 ITRF 内定义用户的位置 (GPS 采用世界大地坐标系 WGS-84，WGS-84 与 ITRF 之差尽可能小，目前差值在 2 厘米之内)，ECEF是一个随地球本体一起旋转的非惯性坐标系，因此，时钟同步或卫星导航系统中伪码的测距要考虑地球自转的相对论影响[9]。

一台接收机同时接收到多个卫星信号，这些信号对应的卫星信号发射时刻 t_j (第 j 颗卫星) 是不一致的，当要归化到同一个惯性坐标系时，要对地心地固坐标系进行不同参数的旋转，似乎使得问题复杂化，最简化的方法是：卫星导航系统采用地心地固坐标系，但要对观测量进行自转的相对论影响，即 Sagnac 效应改正，这样大大地简化了归算的复杂性。

地心天球参考系是惯性参考系，在不考虑引力场影响下其时空无限小间隔 $\mathrm{d}s$ 采用闵可夫斯基度规，式 (4.1) 用柱面坐标 (基本平面为赤道面) 可表示为[10]

$$
\begin{aligned}
\mathrm{d}s^2 &= -(c\mathrm{d}t)^2 + (\mathrm{d}r)^2 + r^2(\mathrm{d}\varphi)^2 + (\mathrm{d}z)^2 \\
&= -(c\mathrm{d}t)^2 + \mathrm{d}\sigma^2
\end{aligned}
\tag{4.15}
$$

其中 $\mathrm{d}\sigma^2 = (\mathrm{d}r)^2 + r^2(\mathrm{d}\varphi^2) + (\mathrm{d}z)^2$。

电磁波总是沿着零世界线轨迹传播，即 $\mathrm{d}s^2 = 0$，积分上式得

$$
\int_{\text{Path}} \mathrm{d}t = \int_{\text{Path}} \frac{\mathrm{d}\sigma}{c}
\tag{4.16}
$$

式 (4.16) 是爱因斯坦狭义相对论用光信号进行空间分隔两地时钟时间同步的具体数学表达式。

现在考虑在狭义相对论框架下从地心惯性参考系向旋转的地心地固参考系的转换 (忽略引力势的影响) 关系。在地心惯性参考系和地心地固参考系内分别建立柱面坐标系 (基本平面均为赤道面)，从惯性坐标系 (t, r, φ, z) 转换为绕地球自转轴旋转的地心地固坐标系 (t', r', φ', z')，后者的基本平面 (x', y' 平面) 为赤道面。根据地球自转特性，自转轴垂直于赤道面 (定义)，坐标系自转轴为 Z 轴，坐标系

转动 (简单地忽略了中间极与地理轴间的差异), 即相当于参考系绕 Z 轴转动, 在上述定义的柱面坐标系中, 仅改变 φ 角空间坐标, 其他空间坐标没有变化, 因此新旧坐标的转换关系为

$$
\begin{pmatrix}
t = t' \\
r = r' \\
\varphi = \varphi' + \omega_E t' \\
z = z'
\end{pmatrix}
\tag{4.17}
$$

其中, ω_E 是地球自转角速度。上式的微分形式为

$$
\begin{pmatrix}
\mathrm{d}t = \mathrm{d}t' \\
\mathrm{d}r = \mathrm{d}r' \\
\mathrm{d}\varphi = \mathrm{d}\varphi' + \omega_E \mathrm{d}t' \\
\mathrm{d}z = \mathrm{d}z'
\end{pmatrix}
\tag{4.18}
$$

式 (4.18) 代入式 (4.15), 得

$$
\mathrm{d}s^2 = -\left(1 - \frac{\omega_E^2 r'^2}{c^2}\right)(c\mathrm{d}t')^2 + 2\omega_E r'^2 \mathrm{d}\varphi' \cdot \mathrm{d}t' + (\mathrm{d}\sigma')^2
\tag{4.19}
$$

其中

$$
(\mathrm{d}\sigma')^2 = (\mathrm{d}r')^2 + r'^2 (\mathrm{d}\varphi')^2 + (\mathrm{d}z')^2
$$

式 (4.19) 与式 (4.4), 得到旋转坐标系下 (柱面坐标) 的度规张量:

$$
\begin{cases}
g_{00} = -\left(1 - \dfrac{\omega_E^2 r'^2}{c^2}\right) \\
g_{02} = \dfrac{1}{c} 2\omega_E r'^2 \\
g_{11} = 1 \\
g_{22} = r'^2 \\
g_{33} = 1
\end{cases}
$$

坐标系旋转的情况下柱面坐标的度规张量元素仅 g_{00} 和 g_{02} 发生了变化。

电磁波在旋转坐标系 (地固坐标系) 中传播, 根据光速不变原理和爱因斯坦时间同步的概念, 电磁波总是沿着零世界线轨迹传播, 即 $\mathrm{d}s^2 = 0$, 上式为

$$
-\left(1 - \frac{\omega_E^2 r'^2}{c^2}\right)(c\mathrm{d}t')^2 + \frac{1}{c} 2\omega_E r'^2 \mathrm{d}\varphi' (c\mathrm{d}t') + (\mathrm{d}\sigma')^2 = 0
$$

解上式含未知量 cdt 的方程, 公式近似到 $1/c$ 的一阶为止, 略去高阶项, 上式为

$$cdt' = \frac{\omega_E r'^2}{c} d\varphi' + d\sigma' \tag{4.20}$$

对式 (4.20) 积分, 得

$$\int_{\text{Path}} dt' = \int_{\text{Path}} \frac{d\sigma'}{c} + \int_{\text{Path}} \frac{\omega_E r'^2}{c^2} d\varphi' \tag{4.21}$$

上式与式 (4.16) 比较, 式 (4.21) 右边多了最后一项, 显然, 这是在狭义相对论框架下由地球自转引起的额外附加项, 称为地球自转 Sagnac 效应 [9,10]。

现在考察式 (4.21) 右边最后一项 $\int_{\text{Path}} \frac{\omega_E r'^2}{c^2} d\varphi'$, 柱面坐标 r' 实际上是时钟或电磁波的位置矢量在赤道面上的投影, $r'^2 d\varphi'/2$ 是电磁波矢量或运动时钟扫过的无限小面积在赤道面上的投影 dA'_z, 因此, 式 (4.21) 可改写成

$$\int_{\text{Path}} dt = \int_{\text{Path}} \frac{d\sigma'}{c} + \frac{2\omega_E}{c^2} \int_{\text{Path}} dA'_z \tag{4.22}$$

上式积分的物理含义, 即 Sagnac 效应影响正比于电磁波或运动时钟起始位置、终止位置与坐标原点 (地球质心) 所围成面积在赤道面上的投影, 这项积分符号由 $d\varphi$ 决定, 电磁波传播方向向东为正, 向西为负。如果电磁波沿子午线方向传播, $d\varphi' = 0$, 电磁波发射位置、电磁波终止位置与坐标原点 (地球质心) 所围成面积在赤道上投影为零, 因此电磁波沿子午线方向传播的 Sagnac 效应影响为零; 如果电磁波在赤道面内沿地面传播, $r' \equiv$ 常数, r' 等于地球的赤道半径, 柱坐标 r' 最大值为地球赤道半径 $r'_{\max} = 6378137\text{m}$, 地球自转角速度 $\omega_E = 7.2921151467 \times 10^{-5}\text{rad/s}$, 则钟沿着赤道面向东或向西飞行一圈的 Sagnac 效应影响为

$$\frac{2\omega_E}{c^2} \int_{\text{赤道}} dA'_z = 207.4\text{ns (赤道)} \tag{4.23}$$

观测者在地球上, 并没有感觉到自己在运动, 似乎自己在惯性参考系内, 往往只用上式右边第一项, 漏掉了右边第二项, 结果造成了与路径有关的系统误差。Sagnac 效应可认为是光在非惯性系中为了追逐旋转参考点的额外旅程, 如果两架飞机分别沿赤道面向东、向西飞行, 当它们相遇时 (各飞行半圈) 钟面相差 207.4 纳秒。Sagnac 效应已被飞机搬运钟实验所证实, 中国科学院国家授时中心在 20 世纪与美国海军天文台用飞机搬运钟的方法进行过时间同步实验。

Sagnac 效应改正在卫星双向时间频率传递、时间同步、卫星测距和卫星导航等领域均为重要的改正, 特别对卫星导航具有重要意义, 对多颗导航卫星的观测分别用 Sagnac 效应进行改正, 使得归算更为简单。

4.3   度规张量与坐标时

根据 IAU (1991)A4 决议 Ⅲ, 在公共域内任何两个坐标系的坐标时的时间尺度可由度规张量的变换求得而不需要重新标度, 这一决议明确指出: 坐标时的时间尺度只能由度规张量决定。坐标时作为时间系统还需定义坐标时的起始时刻, IAU (1991)A4 决议 Ⅲ 定义了各坐标时的起点: 在国际原子时 1977 年 1 月 1 日 00 时 00 分 00 秒 (JD=2443144.5, TAI) 这一时刻坐标时 (TCB, TCG, TT) 读数精确地等于 1977 年 1 月 1 日 00 时 00 分 32.184 秒, 上述决议对坐标时尺度的表述和起始时刻的定义完全确定了坐标时。地球时 TT 时间尺度是对 TCG 的重新标度, 为了保持地球时 TT (坐标时, 运动方程的时间变量) 与历书时 ET (力学时, 牛顿运动方程的时间变量) 基本连续, IAU (1991) A4 决议 Ⅳ 推荐地球时 TT 时间尺度与 TCG 在速率上有一个固定差, 选择 TT 时间尺度与在水准面上 SI 秒一致, 定义地球时的起点时刻为: 在国际原子时 1977 年 1 月 1 日 00 时 00 分 00 秒 (JD=2443144.5, TAI) 时刻, TT 读数精确地等于 1977 年 1 月 1 日 00 时 00 分 32.184 秒, 即定义与 ET 连续的 TT 在起始时刻与 TAI 之差为 32.184 秒, 由于 TT 与 TAI 时间尺度一致, 原则上 TT 与 TAI 之差保持不变。基于上述 IAU 决议, 很容易导出各坐标时之间的关系。

4.3.1   地球时 TT 与地心坐标时 TCG 之间的转换

时间测量的基准是国际原子时 TAI, TAI 时间尺度与在水准面上定义的 SI 秒一致, 通过 BIPM 发布的改正数使国家时间标准或原子钟钟面时刻显现国际统一的国际原子时 TAI。

地心惯性坐标系 ECI 的坐标时为地心坐标时 TCG[11], 根据式 (4.14), 近似取到 $1/c^2$ 项, 对应的地心惯性坐标系的度规张量近似为 [12]

$$\begin{cases} g_{00} = -\left(1 - \dfrac{2U}{c^2}\right) \\ g_{0j} = 0 \\ g_{ij} = \delta_{ij}\left(1 + \dfrac{2U}{c^2}\right) \end{cases}$$

根据式 (4.15), $\mathrm{d}s$ 近似为 (见 IAU (1991) A4 决议 I)

$$\mathrm{d}s^2 = -c^2\mathrm{d}\tau^2 = -\left(1 - \frac{2U}{c^2}\right)c^2\mathrm{d}t^2 + \delta_{ij}\left(1 + \frac{2U}{c^2}\right)\mathrm{d}x^i\mathrm{d}x^j$$

当速度 v 不大时，上式可近似为

$$-c^2\mathrm{d}\tau^2 = -\left(1 - \frac{2U}{c^2} - \frac{v^2}{c^2}\right)c^2\mathrm{d}t^2 \tag{4.24}$$

其中，$v^2 = v^i v^i = \left(\mathrm{d}x^i/\mathrm{d}t\right)\left(\mathrm{d}x^i/\mathrm{d}t\right)$，是时钟的运动速度 ($t$ 是该坐标系的时间变量)。τ 对应于本征时间 (如果时钟静止于大地水准面上，则为原子时 TAI 或其理想形式 TT)，t 应为该坐标系的时间变量 (对应于 ECI 为地心坐标时)[11]。

用式 (4.24) 研究静止 (相对于地心地固坐标系) 于大地水准面上的原子钟的时间尺度，定义为国际原子时 TAI 或地球时 TT[13]。大地水准面上相对于地心地固坐标系静止的原子钟随地球一起旋转，地球旋转速率为 ω_E，因此在 ECI 坐标系中原子钟的运动速度应为 $v = \omega_E \times r$，r 是地心到原子钟所在的位置矢量 (也是在大地水准面上地心地固坐标系中原子钟的位置矢量)，U 为在时钟处的地球引力势。对式 (4.24) 积分求得地心惯性 ECI 的坐标时 TCG 与本征时的关系:

$$\mathrm{TCG} = \int_A^B \left(1 + \frac{U}{c^2} + \frac{v^2}{2c^2}\right)\mathrm{d}\tau = \int_A^B \left(1 + \frac{U}{c^2} + \frac{(\omega_E \times r)^2}{2c^2}\right)\mathrm{d}\tau \tag{4.25}$$

重力势 $W(r, \varphi)$ 定义为引力势和旋转势之总和:

$$W(r, \varphi) = U + \frac{1}{2}(\omega_E \times r)^2 = U + \frac{1}{2}\omega_E^2 r^2 \cos^2\varphi$$

引力势取到 J_2 的近似值为

$$W(r, \varphi) \approx \frac{GM}{R_E}\left[1 + \frac{1}{2}J_2\left(\frac{R_E}{r}\right)^2\left(1 - 3\sin^2\varphi\right)\right] + \frac{1}{2}(\omega_E \times r)^2$$

大地水准面是等位面，大地水准面上的重力势 W_0 应处处相等，借用地球赤道面估算常数 W_0 近似值为

$$W_0 \approx \frac{GM}{R_E}\left(1 + \frac{1}{2}J_2\right) + \frac{1}{2}\omega_E^2 R_E^2$$

其中，GM 是地球引力常数，R_E 是地球的赤道半径。根据上面讨论，TCG 与在大地水准面上静止的原子钟本征时间 $\Delta\tau_0$ 关系应为

$$\mathrm{TCG} = \left(1 + W_0/c^2\right)\Delta\tau_0 \tag{4.26}$$

定义地球时 TT 为国际原子时的理想时间标准，TT 是 ET 的继续，TT 又是地心惯性 ECI 重新标度的坐标时，可作为在地心惯性 ECI 中运动方程严格的

均匀时间变量，是 IAU 定义用于天文观测和天文历表的现代天文时间标准，TAI 与 TT 定义时间尺度一致 [12]，TAI 是统计导出的时间尺度，二者之间的偏离是由原子时确定误差所致，1977~1990 年，除了固定偏离 32.184 秒之外，起伏大致不超过 ±10 微秒，随着 TAI 测定精度提高，未来这个偏离量的增速会变慢，在大部分情况下，特别是在历书方面应用时，一般情况下这个起伏量可以忽略，因此历书用的时间变量 TT 可认作 TT = TAI + 32.184s。

地球时定义与在大地水准面上静止的原子钟本征时间 $\Delta\tau_0$ (国际原子时) 有相同的速率，因此有

$$\frac{\mathrm{dTT}}{\mathrm{dTCG}} = \frac{1}{1 + W_0/c^2} \approx 1 - \frac{W_0}{c^2} = 1 - L_{\mathrm{G}}$$

其中，$L_{\mathrm{G}} = \dfrac{W_0}{c^2}$，考虑到 TCG 与 TT 起始时刻相同，因此有

$$\mathrm{TCG} - \mathrm{TT} = L_{\mathrm{G}}\mathrm{TCG} = \frac{L_{\mathrm{G}}}{1 - L_{\mathrm{G}}}\mathrm{TT} \tag{4.27}$$

L_{G} 是小量，整理后得

$$\mathrm{TCG} = \mathrm{TT} + \frac{L_{\mathrm{G}}}{1 - L_{\mathrm{G}}} \times (\mathrm{JD}_{\mathrm{TT}} - 2443144.5003725) \times 86400 \tag{4.28}$$

上式是 IERS2010 规范 [13] 提供的公式，也可近似写作 (见 IERS2010 规范)

$$\mathrm{TCG} = \mathrm{TT} + L_{\mathrm{G}} \times (\mathrm{MJD}_{\mathrm{TAI}} - 43144.0) \times 86400$$

根据 IAU (1991) A4 决议 IV，当时的水准面上引力势的估计值 W_0 =62636860 ($\pm$30) m^2/s^2，得到 L_{G} 最佳估计值：$L_{\mathrm{G}} = 6.969291 \times 10^{-10}$ ($\pm3 \times 10^{-16}$)[11]；IAU (2000) 决议 B1.9 重新对地球时 TT 进行定义，根据国际大地测量学会第 3 特别委员会在 1999 年提供的在水准面重力势 U_{G} 最佳最新估计值为 $U_{\mathrm{G}} = 62636856\mathrm{m}^2/\mathrm{s}^2$，计算得 L_{G}= $6.969290134 \times 10^{-10}$，规定这个值为定义常数，不再是估计常数 [2,8,15]。

4.3.2　地心坐标时 TCG 与质心坐标时 TCB 之间的转换

太阳系质心惯性坐标系的原点于整个太阳系的质量中心，其坐标时为质心坐标时 (Barycentric Coordinate Time，TCB)，TCB 为太阳系天体在太阳系质心惯性坐标系内运动方程的独立时间变量。

根据式 (4.24)，坐标时 TCB 与本征时 $\mathrm{d}\tau$ 转换 (度规张量取到 $1/c^2$ 量级) 关系为

$$\mathrm{TCB} = \int_{\tau_0}^{\tau} \left(1 + \frac{U(\boldsymbol{X})}{c^2} + \frac{V(\boldsymbol{X})^2}{2c^2}\right) \mathrm{d}\tau \tag{4.29}$$

IAU(2000) 决议 B1.3 推荐，质心坐标时的参考系应为质心惯性参考系，因此，$\boldsymbol{X}$ 及 $V(\boldsymbol{X})$ 是时钟的质心位置矢量和质心速度矢量；$U(\boldsymbol{X})$ 应是时钟在质心位置 $\boldsymbol{X}$ 处太阳系所有天体 (包括地球) 产生的引力势。方程直接从原始方程导出，导出的时间变量 TCB 应是太阳系天体运动方程的时间变量，适用于太阳系内所有的自然天体 (如行星、小行星)、太阳系空间航天器等运动方程。

$\boldsymbol{X}$ 或 $V(\boldsymbol{X})$ 是矢量，可由两个矢量合成：时钟相对于地心的位置矢量 $\boldsymbol{R}$ 和地心相对于太阳系质心的位置矢量 $\boldsymbol{X}_E$ 合成为位置矢量 $\boldsymbol{X}$，时钟相对于地心速度矢量 $\dot{\boldsymbol{R}}$ 及地心相对于太阳系质心速度矢量 $V(\boldsymbol{X}_E)_E$ 合成为速度矢量 $V(\boldsymbol{X})$，上述讨论的矢量合成可用数学公式表示：

$$\begin{cases} \boldsymbol{X} = \boldsymbol{X}_E + \boldsymbol{R} \\ V(\boldsymbol{X}) = V(\boldsymbol{X}_E)_E + \dot{\boldsymbol{R}} \end{cases} \tag{4.30}$$

利用上式，得

$$V(\boldsymbol{X})^2 = \left(V(\boldsymbol{X}_E)_E + \dot{\boldsymbol{R}} \right) \cdot \left(V(\boldsymbol{X}_E)_E + \dot{\boldsymbol{R}} \right) = V(\boldsymbol{X}_E)_E^2 + \dot{\boldsymbol{R}}^2 + 2V(\boldsymbol{X}_E)_E \cdot \dot{\boldsymbol{R}} \tag{4.31}$$

在时钟处 (地球周边空间) 的总的引力势 $U(\boldsymbol{X})$ 可以分为地球引起的引力势 (主项) $U_E(\boldsymbol{R})$ 和地球之外其他天体 (月亮、太阳、大行星、其他天体) 引起的引力势 $U_{\text{ext}}(\boldsymbol{X})$ (称外部引力势，不包括地球引力势) 之总和：

$$U(\boldsymbol{X}) = U_E(\boldsymbol{X}) + U_{\text{ext}}(\boldsymbol{X}) = U_E(\boldsymbol{R}) + U_{\text{ext}}(\boldsymbol{X}) \tag{4.32}$$

外部引力势 (小量) 由远距离天体引起的，可近似为

$$U_{\text{ext}}(\boldsymbol{X}) \approx U_{\text{ext}}(\boldsymbol{X}_E) + \nabla U_{\text{ext}}(\boldsymbol{X}_E) \cdot \boldsymbol{R} \tag{4.33}$$

另外，根据微分关系有

$$V(\boldsymbol{X}_E)_E \cdot \dot{\boldsymbol{R}} = \frac{\mathrm{d}}{\mathrm{d}t}(V(\boldsymbol{X}_E)_E \cdot \boldsymbol{R}) - \boldsymbol{a}_E \cdot \boldsymbol{R} \tag{4.34}$$

上式中的 $\boldsymbol{a}_E$ 是 $V(\boldsymbol{X}_E)_E$ 的时间导数，是地球质心的质心加速度。根据运动方程，在质心坐标系中应有

$$\boldsymbol{a}_E = \frac{\mathrm{d}V(\boldsymbol{X}_E)_E}{\mathrm{d}t} = \nabla U_{\text{ext}}(\boldsymbol{X}_E) \tag{4.35}$$

考虑到式 (4.29) ∼ 式 (4.35)，式 (4.29) 可近似为

$$\text{TCB} = \int_{\tau_0}^{\tau} \left(1 + \frac{U_E(\boldsymbol{R})}{c^2} + \frac{\dot{\boldsymbol{R}}^2}{2c^2} \right) \mathrm{d}\tau$$

$$+ \frac{1}{c^2} \int_{\tau_0}^{\tau} \left(U_{\text{ext}} \left(\boldsymbol{X}_E \right) + \frac{V \left(\boldsymbol{X}_E \right)_E^2}{2} \right) \mathrm{d}\tau + \frac{1}{c^2} V \left(\boldsymbol{X}_E \right)_E \cdot \boldsymbol{R} \left(\tau \right) |_{\tau_0}^{\tau} \quad (4.36)$$

上式对所有地球周边空间的天体都成立，适用于人造卫星星载原子钟或大地水准面上的原子钟。

现研究大地水准面上的原子钟：式 (4.36) 右边部分第一项与式 (4.25) 比较，时钟在大地水准面上，根据定义，这一项等于 TCG，右边第二项和第三项可以略去 $\mathrm{d}\tau$ 与 $\mathrm{d}t(t{=}\text{TCB})$ 之间差别 (近似到 $1/c^2$ 量级，上述影响为 $1/c^4$ 量级)，第三项积分下界是特定的常数，τ_0 为坐标时的起算点 (零点)，即为国际原子时 1977 年 1 月 1 日 00 时 00 分 00 秒时刻，根据 TCB、TCG 起始时刻的定义，实际上可取为 0，因此，式 (4.36) 可为

$$\text{TCB} = \text{TCG} + \frac{1}{c^2} \int_{t_0}^{t} \left(U_{\text{ext}} \left(\boldsymbol{X}_E \right) + \frac{V \left(\boldsymbol{X}_E \right)_E^2}{2} \right) \mathrm{d}t + \frac{1}{c^2} V \left(\boldsymbol{X}_E \right)_E \cdot \boldsymbol{R} \left(t \right) \quad (4.37)$$

上式是 IAU (1991)A4 决议 III 中坐标时 TCB 与 TCG 之间转换 (度规张量取到 $1/c^2$ 量级) 的关系式。

分析式 (4.37)，公式右边第三项是周日项 (R 随地球自转变化)，公式右边第二项中 $U_{\text{ext}} \left(\boldsymbol{X}_E \right)$ 可认作常数项加上周期约为周年 (地球轨道偏心率的影响) 的小项；地球绕太阳几乎做圆周运动，$\dfrac{V \left(\boldsymbol{X}_E \right)_E^2}{2}$ 可认作常数项加上周期为周年的小项，上式在离地球质心 50000 千米范围之内精度达 10^{-16}，公式右边第二项总体可认作常数加上周期项，因此式 (4.37) 可近似为

$$\text{TCB} = \text{TCG} + L_{\text{C}} \text{TCB} + P + \frac{1}{c^2} V \left(\boldsymbol{X}_E \right)_E \cdot \boldsymbol{R}$$

显然，L_{C} 包含积分中地球质量中心的质心速度和所有天体 (地球除外) 在地心处引力势的平均贡献，其中主项为太阳影响，即 $L_{\text{C}} = 3GM/(2c^2a) + \varepsilon$，其中 GM 为太阳引力常数；a 为地球轨道的半长径；ε 是小量 (10^{-12} 量级) 为所有行星对地球引力的平均贡献，与平均值之差的剩余部分的积分归结到周期项 P。IAU (1991) A4 决议 III 用平均概念给出定义常数 L_{C}，即 $\left\langle \dfrac{\text{TCG}}{\text{TCB}} \right\rangle = 1 - L_{\text{C}}$，给出 TCB 与 TCG 之间坐标时转换的近似公式：

$$\text{TCB} = \text{TCG} + L_{\text{C}} \times (\text{JD} - 2443144.5) \times 86400 + \frac{\boldsymbol{V}_{\text{e}} \cdot (\boldsymbol{X} - \boldsymbol{X}_{\text{e}})}{c^2} + P \quad (4.38)$$

目前 L_{C} 的最佳估计值 (Irwin and Fukushima，1999[24]) 为

$$L_{\text{C}} = 1.48082686741 \times 10^{-8} \pm 2 \times 10^{-17} \quad (4.39)$$

L_C 精度优于 10^{-16} (Fukushima 1986 年 [25] 提供 L_C 估计值为 1.480813×10^{-8} ($\pm1\times10^{-14}$)),一天的影响为 1.28 毫秒。$\dfrac{\boldsymbol{V}_\mathrm{e}\cdot(\boldsymbol{X}-\boldsymbol{X}_\mathrm{e})}{c^2}$ 项为周日项,并与地面观测者的地理坐标有关 [16],但最大幅度不会超过 2.1 微秒。P 为周期项,由分析公式 [19] 估计,上面是基于 IAU(1991)A4 决议,称 IAU(1991) 相对论框架,其不确定度为 10^{-16}。应用相对论的近似关系应满足下面两个条件:① 相对论理论计算的不确定度应优于原子钟的精度和时间传递技术的精度;② 应满足 IAU (1991)B1.3 决议和 IAU(2000) B1.4 决议。满足 IAU(2000) 决议称 IAU(2000) 延伸的相对论框架。随着原子钟进展,要求时间坐标和时间传递在速率上不确定度优于 10^{-18},准周期项幅度不大于 5×10^{-18},相位影响换算成时间量的误差不超过 0.2 皮秒,质心坐标系应在离太阳几个太阳半径内有效,地心坐标系应在离地面 50000 千米有效。

IAU (1991) A4 决议选取的度规张量到 $1/c^2$,IAU (2000) 决议选取的度规张量到 $1/c^4$,因此 TCB 与 TCG 关系式精度达 $1/c^4$,具体公式见 IERS2003 规范。

4.3.3 质心力学时 TDB 与质心坐标时 TCB 之间的转换

质心力学时时间尺度用于太阳系天体历表,对应的时间尺度显然是在相对论框架下太阳系天体运动理论的时间变量,因此可以认作质心坐标时的实现 [17,18]。质心力学时与历书时连续,并与 TAI 关联。1976 年 IAU 4、8 和 31 委员会决议 V 引入质心历书的均匀时间尺度和地心历书的均匀时间尺度取代历书时,1979 年 IAU 4、8 和 31 委员会决议 V 命名这些时间尺度为质心力学时 (TDB) 和地球力学时 (TDT),TDB 与 TDT 仅允许周期项 (P) 的差别,它们之间的数学关系为

$$\mathrm{TDB} = \mathrm{TDT} + P \tag{4.40}$$

IAU (1991) 决议把 TDT 改名为地球时 (TT),选择与在水准面上 SI 秒一致。IAU (1991) 决议 A4 推荐 Ⅲ 和 V 引入质心坐标时 (TCB) 接续 TDB,质心力学时 TDB 和质心坐标时 TCB 差别仅为速率不同,零点完全一致 (相同的时间起点:国际原子时 1977 年 1 月 1 日 00 时 00 分 00 秒),即

$$\mathrm{TDB} = \mathrm{TCB} - L_\mathrm{B} \times (\mathrm{JD} - 2443144.5) \times 86400$$

L_B 估计值为 $1.550505 \times 10^{-8}(\pm 1 \times 10^{-14})$。

第 26 届 IAU(2006) 决议 B3 重新定义质心力学时 (TDB),对质心力学时重新进行了标度,在一定时间跨度内要求在地心处 TDB 与坐标时时间尺度 TT 差很小; 定义 TDB 与 TCB 为线性关系 [19,20]:

$$\mathrm{TDB} = \mathrm{TCB} - L_\mathrm{B} \times (\mathrm{JD}_\mathrm{TCB} - T_0) \times 86400 + \mathrm{TDB}_0 \tag{4.41}$$

其中，$T_0 = 2443144.5003725$，对应于 TAI 1977 年 1 月 1 日 00 时 00 分 00 秒；$L_{\mathrm{B}} = 1.550519768 \times 10^{-8}$ (定义常数)；$\mathrm{TDB}_0 = -6.55 \times 10^{-5}\mathrm{s}$ (定义常数)，是在 T_0 时刻 TDB 与 TCB 时刻差值；$\mathrm{JD_{TCB}}$ 是 TCB 的儒略日期。

重新定义质心力学时 (TDB) 更精确，与坐标时自洽。

根据式 (4.41)，TDB 与 TCB 的速率关系为

$$\frac{\mathrm{dTDB}}{\mathrm{dTCB}} = 1 - L_{\mathrm{B}} \tag{4.42}$$

TDB 和 TT 时间尺度的关系式为

$$\frac{\mathrm{dTDB}}{\mathrm{dTT}} = \frac{\mathrm{dTDB}}{\mathrm{dTCB}} \cdot \frac{\mathrm{dTCB}}{\mathrm{dTCG}} \cdot \frac{\mathrm{dTCG}}{\mathrm{dTT}} = 1$$

因此有

$$1 - L_{\mathrm{B}} \equiv (1 - L_{\mathrm{C}}) \cdot (1 - L_{\mathrm{G}}) \tag{4.43}$$

或

$$L_{\mathrm{B}} \equiv L_{\mathrm{C}} + L_{\mathrm{G}} - L_{\mathrm{C}} \cdot L_{\mathrm{G}} \tag{4.44}$$

下面给出上面几个常数的最新结果：

$$\begin{cases} L_{\mathrm{B}} = 1.550519768 \times 10^{-8} \ (定义常数) \\ L_{\mathrm{C}} = 1.48082686741 \times 10^{-8} \pm 2 \times 10^{-17} \\ L_{\mathrm{G}} = 6.969290134 \times 10^{-10} \ (定义常数) \end{cases}$$

上面常数满足式 (4.44) 的关系。

坐标时之间关系见图 4.1。国际原子时 TAI 是地球时 TT 的实现，或是说 TT 是 TAI 的理想形式，目前 TT 与 TAI 微小差异是 TAI 的测量误差引起的，随着 TAI 测定精度的提升，差异会更小。

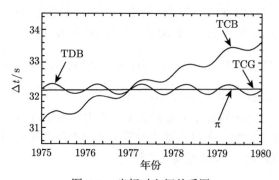

图 4.1   坐标时之间关系图

地心坐标时 TCG 与地球时 TT 的速率之差为常数 (见 IERS2010 规范)，可写为

$$TCG - TT = L_G \times (MJD_{TAI} - 43144.0) \times 86400$$

根据国际大地测量学会第 3 特别委员会 1999 年提供的在水准面重力势 U_G 最佳最新估计值为 $U_G = 62636856 m^2/s^2$，计算得 $L_G = 6.969290134 \times 10^{-10}$，规定这个值为定义常数，一年的 TCG - TT 的变化约 22 毫秒。

地心坐标时 TCG 与质心坐标时 TCB 的速率之差为

$$TCB = TCG + L_C \times (JD - 2443144.5) \times 86400 + \frac{V_e \cdot (X - X_e)}{c^2} + P$$

其中，$L_C = 1.48082686741 \times 10^{-8}$，是 TCG 与 TCB 的速率之差系统性变化，一年的 TCB - TCG 的系统性变化约 467 毫秒。

质心坐标时 TDB 与地球时 TT 相差仅为周期项，图 4.1 示意坐标时之间周期变化关系。

4.3.4 ECI 坐标系中的无线电测距相对论改正

式 (4.9) 是广义相对论框架下电磁波信号传播的最基本的公式，在 ECI 坐标系内电磁波信号传播的时间变量是对应坐标时 TCG。在考虑 ECI 坐标系中的无线电测距相对论改正时可简化张量：近似地认为时与空间坐标的相关张量元素 $g_{0j} = 0$，这样，电磁波信号传播的基本式 (4.9) 可以简化为

$$\Delta t \approx \frac{1}{c} \frac{1}{\sqrt{-g_{00}}} \int_A^B \sqrt{g_{ij} dx^i dx^j} \tag{4.45}$$

上述公式的右边是以时间为单位的距离 ρ/c，ρ 是在 ECI 坐标系中电磁波信号传播的欧几里得路径长度，设信号发射时刻发射机位置矢量 r_T、接收机的位置 r_R 和接收机的速度矢量 v_R 所确定。以卫星导航系统为例：r_T 是卫星发射信号时刻卫星天线相位中心在 ECI 坐标系中的位置矢量，r_R、v_R 是用户接收机天线相位中心在 ECI 坐标系中的位置矢量和速度矢量；对于转发式测定轨系统，在卫星转发信号时刻 t_T，卫星相位中心在 ECI 坐标系中的位置矢量是 r_T，接收天线在 ECI 坐标系中的位置矢量是 r_R，接收机的速度矢量是 v_R；对于激光观测，在卫星激光反射器反射激光信号时刻 t_T，卫星激光反射器在 ECI 坐标系中的位置矢量是 r_T，激光望远镜旋转中心在 ECI 坐标系中的位置矢量是 r_R，其速度矢量是 v_R，在 ECI 坐标系中天线相位中心或激光望远镜的旋转中心与地球一起运动，r_T 和 r_R 是不一样的。

现研究度规张量中引力势对测距的影响。根据 IAU (1991)A4 决议 I 及式 (4.14)，式 (4.45) 中度规张量的近似式为

$$\begin{cases} g_{00} = -\left(1 - \dfrac{2U}{c^2}\right) \\ g_{0j} = 0 \\ g_{ij} = \delta_{ij}\left(1 + \dfrac{2U}{c^2}\right) \end{cases} \tag{4.46}$$

式 (4.45) 可改写为

$$\Delta t \approx \frac{1}{c}\int_A^B \frac{1}{\sqrt{-g_{00}}}\sqrt{g_{ij}\mathrm{d}x^i\mathrm{d}x^j} = \frac{1}{c}\int_A^B\left(1+\frac{U}{c^2}\right)\sqrt{\left(1+\frac{2U}{c^2}\right)\mathrm{d}x^i\mathrm{d}x^i} \tag{4.47}$$

$\dfrac{U}{c^2}$ 为小量，泰勒展开取到 $1/c^2$，得

$$\Delta t \approx \frac{1}{c}\int_A^B\left(1+\frac{2U}{c^2}\right)\sqrt{\mathrm{d}x^i\mathrm{d}x^i} = \frac{\rho}{c} + \frac{2}{c^3}\int_A^B U\sqrt{\mathrm{d}x^i\mathrm{d}x^i} \tag{4.48}$$

显然，上式右边的最后一项是地球引力势的相对论影响引起的额外时延 $\Delta t_{\mathrm{delay}}$：

$$\Delta t_{\mathrm{delay}} = \frac{2}{c^3}\int_A^B U\sqrt{\mathrm{d}x^i\mathrm{d}x^i} \tag{4.49}$$

其中，U 是电波所在位置由地球本体 (讨论限于近地空间，略去其他天体的影响) 引起的牛顿势，地球引力势 U 与电波所在位置到地心距离 r 成反比：$U = GM/r$。图 4.2 图示了 ρ 与 r 关系：设某时刻电波位置于 S，接收机接收到信号时刻于 A 位置，地心于 O 位置，OA 为 A 处天顶方向，电波传递方向位置相对于接收机 A 点高度角为 θ，A 到 S 距离为 ρ (发射电波时刻的 S 到 A 距离为 ρ_S)，O 到 S 为地心至传递信号位置的径向距离 r (发射电波时刻传递信号位置的径向距离为 r_s)，地球半径为 R，则有关系式：

$$r^2 = \rho^2 + R^2 + 2R\cdot\rho\cdot\sin\theta \tag{4.50}$$

式 (4.49) 可写为

$$\Delta t_{\mathrm{delay}} = \frac{2GM}{c^3}\int_0^{\rho_S}\frac{\mathrm{d}\rho}{\sqrt{\rho^2+R^2+2R\cdot\rho\cdot\sin\theta}} = \frac{2GM}{c^3}\ln\left[\frac{r_S+\rho_S+R\sin\theta}{R(1+\sin\theta)}\right] \tag{4.51}$$

顾及式 (4.50)，消去 θ 有关项，式 (4.51) 为

$$\Delta t_{\mathrm{delay}} = \frac{2GM}{c^3}\ln\left(\frac{R+r_S+\rho_S}{R+r_S-\rho_S}\right) \tag{4.52}$$

上面表达式为 TCG 时间系统, 在地面测量的时间是 TT (与 TAI 时间尺度一致), 因此用 TT (或 TAI) 时间系统表示的时延 $\Delta t'$ 为

$$\Delta t' = (1 - L_{\mathrm{G}})\,\Delta t = \frac{\rho}{c} - L_{\mathrm{G}}\frac{\rho}{c} + \frac{2GM}{c^3}\ln\left(\frac{R + r_S + \rho_S}{R + r_S - \rho_S}\right) \tag{4.53}$$

上述公式右边第二项是由时间系统转换引起的[12], $L_{\mathrm{G}} = 6.969290134 \times 10^{-10}$, 如果观测 GEO 卫星, $\frac{\rho}{c}$ 约为 0.12 秒, 右边第二项的影响约为 0.084 纳秒, 换算成距离约为 2.51 厘米, 如果观测月球飞行器, 这项的影响约为 30 厘米。上述公式右边第二项和第三项符号相反, 抵消了部分影响, 公式右边第二项和第三项总影响: 对 GEO 卫星的时延约为 −27 皮秒, 换算成距离约为 8 毫米, 对高度角为 40° 的 GPS 卫星的时延为 −3 皮秒, 总的影响要小得多。

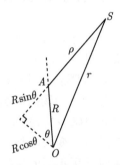

图 4.2 无线电波测距相对论改正原理图

4.4 卫星导航系统中的相对论改正

卫星导航系统的定位和授时是最直观的几何原理, 卫星导航系统中所有导航卫星的星上时间要求严格同步, 同步于与国际原子时有严格关系的卫星导航系统时间。假定在 t 时刻 (接收机时间) 位置矢量为 $\boldsymbol{r}$ 的 GNSS 接收机接收到 j 卫星在 t_j 时刻发射的时间信号, 在 t_j 时刻 j 卫星的位置矢量为 $\boldsymbol{r}_j(t_j)$, 假定接收机时间相对于卫星导航系统时间的钟差为 Δt, 根据光速不变原理 ($c = 299792458\mathrm{m/s}$), 接收机与 j 导航卫星间距离可表示为

$$c[(t - t_j) + \Delta t] = |\boldsymbol{r} - \boldsymbol{r}_j(t_j)| \tag{4.54}$$

上式是在惯性参考系下 (光速不变原理) 描述的原理。j 卫星发射信号时刻 t_j 与接收机接收到信号时刻 t 之差值称为伪距, 伪距不仅包括星地间路径的几何时延, 还包括星地间时钟同步误差的影响。当接收机同时接收到 4 颗或 4 颗以上有效卫

星信号时, 有 4 个或 4 个以上如式 (4.54) 的关系式, 原则上就能确定接收机的位置 (3 个未知量) 和接收机相对于卫星导航系统时间的钟差 (1 个未知量), 实现卫星导航系统的定位和授时 (确定接收机钟差) 功能。

GPS 系统时间 GPST 定义 UTC 1980 年 1 月 6 日 0 时为起点 (此时 UTC 与 TAI 之差为 19 整秒), GPST 时间尺度与 TAI 一致, 是连续的时间系统, 因此与 TAI 之差为固定值 (19 秒), 通过与地面时钟的不断同步实现和维持 GPST。中国北斗卫星导航系统的系统时间定义 UTC 2006 年 1 月 1 日 0 时为起点 (此时 UTC 与 TAI 之差为 33 秒), 时间尺度与 TAI 一致, 也是连续的时间系统, 与 GPST 相差 14 整秒。

高精度的时间和时间同步是卫星导航系统的基础。卫星导航系统卫星装有高精度和稳定的原子钟, 依靠时间同步技术提供精确 GNSS 系统时间, 实现 GNSS 定位与授时功能, 因此卫星导航系统林林总总, 涉及参考系、时间系统、时间同步、时间的相对论效应等问题。

导航系统中的相对论改正是卫星导航系统研究的重要命题。卫星导航系统的相对论效应为狭义相对论与广义相对论的总体 [21], 涉及光速不变原理、相对性原理、引力场影响、Sagnac 效应、时间膨胀、引力频移、时间同步的相对性等相对论的基本问题 [9]。星载原子钟受地球引力场的影响, 卫星相对于地心惯性系和地面有相对运动, 必须考虑原子钟和电磁波传递的相对论效应。

在特定的坐标系中物体运动的时间变量应是坐标时, 理想化的坐标时在该坐标系中处处相等。研究不同对象时采用不同的坐标系, 研究人造地球卫星时, 我们建立地心惯性 ECI 坐标系, 它的坐标时为地心坐标时 TCG。

研究卫星导航系统拟采用地心惯性坐标系 ECI, 坐标原点在地心, IAU (1991) A4 决议 I[12] 定义在广义相对论框架下的时空坐标系的度规张量, 近似表达式 (取到 $1/c^2$ 项) 为

$$
\begin{cases}
g_{00} = -\left(1 - \dfrac{2U}{c^2}\right) \\[2mm]
g_{ij} = \delta_{ij}\left(1 + \dfrac{2U}{c^2}\right) \\[2mm]
g_{0j} = 0
\end{cases}
$$

时空间隔 $\mathrm{d}s$ 近似为

$$
\mathrm{d}s^2 = -c^2\mathrm{d}\tau^2 = -\left(1 - \frac{2U}{c^2}\right)c^2\mathrm{d}t^2 + \left(1 + \frac{2U}{c^2}\right)\mathrm{d}x^i\mathrm{d}x^i
$$

其中, τ 为本征时间, t 为地心坐标时 TCG, 当时钟的运动速度 v 不大时, 上式

可近似为

$$d\tau^2 = \left(1 - \frac{2U}{c^2} - \frac{v^2}{c^2}\right) dt^2$$

U 可近似地认为是整个系统的质心引力势，上述简化的度规张量近似式可作为研究许多问题的依据。上式没有指定具体的运动属性，因此该公式对地心惯性 ECI 坐标系中任何运动物体均适用，如果研究静止于大地水准面上的铯原子钟，τ 对应于坐标时 TT，如果时钟静止于卫星，τ 即为 GNSS 卫星的本征时。

4.4.1 本征时、TT 与重力势间的关系

上面引入本征时、TT 与重力势间的基本公式，在速度不大时可近似写成

$$d\tau = \sqrt{\left(1 - \frac{2U}{c^2} - \frac{v^2}{c^2}\right)}dt \approx \left(1 - \frac{U}{c^2} - \frac{v^2}{2c^2}\right) dt$$

把 TCG 转换为 TT 时间变量，则为

$$\frac{d\tau}{dTT} \approx \left(1 - \frac{U}{c^2} - \frac{v^2}{2c^2}\right) \frac{dt}{dTT} = \left(1 - \frac{U}{c^2} - \frac{v^2}{2c^2}\right) \frac{1}{1 - L_G}$$

L_G 是小量，上式可近似为

$$\frac{d\tau}{dTT} = 1 - \frac{U}{c^2} - \frac{v^2}{2c^2} + L_G \tag{4.55}$$

上式表明：卫星本征时时间尺度相对于地球时变化的相对论效应是由地球质心引力势和卫星运动速度引起的。

在讨论本征时与 TT 关系时，离地心为 r、纬度为 φ 的时钟地球质心引力势 U 取到偶极矩 J_2 可得到满意的精度，因此地球质心引力势近似为

$$U(r, \varphi) \approx \frac{GM_E}{r} \left[1 + \frac{1}{2} J_2 \left(\frac{R_E}{r}\right)^2 \left(1 - 3\sin^2 \varphi\right)\right]$$

其中，M_E 是地球质量，R_E 是地球赤道的半径。

重力势应为地球质心引力势和旋转势之和，近似为

$$W(r, \varphi) \approx U(r, \varphi) + \frac{1}{2} (\omega_E \times r)^2$$

L_G 与大地水准面上重力势 W_0 关系为 $L_G = \dfrac{W_0}{c^2}$ (见本章 4.3.1 节)，地球是略扁的旋转椭球体，它的平均赤道半径比极向半径长约 21476 米。大地水准面定义为接近

于海平面的重力势等位面, 在这等位面上重力势处处相等, 可用参量化的旋转椭球面表征, 利用大地水准面上的重力势 W_0 处处相等的特点, 可用地球赤道面上的值估算 W_0 常数值: 取牛顿引力常数与地球质量之积 $GM_E = 3.986004418 \times 10^{14} \mathrm{m^3/s^2}$, $J_2 = 1.0826300 \times 10^{-3}$, 地球半径 $R_E = 6378137.0 \mathrm{m}$, $\omega_E = 7.2921151467 \times 10^{-5} \mathrm{rad/s}$, IAU(2000) 决议 B1.9 采用的定义值 L_G 为

$$L_\mathrm{G} = \frac{W_0}{c^2} \approx \frac{GM_E}{R_E c^2}\left(1 + \frac{1}{2}J_2\right) + \frac{1}{2c^2}\omega_E^2 R_E^2 = 6.969290134 \times 10^{-10}$$

各项对 L_G 的贡献为

$$\begin{cases} \dfrac{GM_E}{R_E c^2} = 6.95348 \times 10^{-10} \\[3mm] \dfrac{GM_E J_2}{2R_E c^2} = 3.764 \times 10^{-13} \\[3mm] \dfrac{1}{2c^2}\omega_E^2 R_E^2 = 1.203 \times 10^{-12} \end{cases} \tag{4.56}$$

影响卫星本征时的主项是地心引力势。

4.4.2　地球质心引力势 (广义相对论) 引起的相对论影响

卫星所处位置的地球质心引力势相对于大地水准上引力势之差 [22] 为

$$\frac{\dfrac{GM_E}{R_E}\left[\dfrac{R_E}{r} + \dfrac{1}{2}J_2\left(\dfrac{R_E}{r}\right)^3\left(1 - 3\sin^2\varphi\right)\right]}{c^2} - \frac{W_0}{c^2}$$

式 (4.56) 给出了地球偶极矩引力势系数 $\dfrac{GM_E J_2}{2R_E c^2}$ 的估计值, 其值约为 10^{-13}, 偶极矩的相对论影响是周期函数 (φ 的函数), 目前全球导航卫星的地心距一般超过 20000 千米, 其 $\left(\dfrac{R_E}{r}\right)^3$ 因子小于 0.033, 地球偶极矩引力势对卫星相对频偏影响大约为 10^{-14} 或更小, 相当于振幅不超过 1 纳秒, 在卫星导航系统中讨论地球质心引力势的相对论影响时可以忽略偶极矩的影响, 因此, 在讨论地球质心引力势时可近似为

$$\left(\frac{U}{c^2} - L_\mathrm{G}\right) = \frac{GM_E}{c^2 r} - \frac{W_0}{c^2} \tag{4.57}$$

广义相对论影响与 $1/r$ 成正比, 对于地球人造卫星 $\dfrac{GM_E}{c^2 r} - \dfrac{W_0}{c^2}$ 永远是负值, 全球导航卫星的偏心率很小, 几乎是圆形轨道, 这项基本上可认为是常数, 即近似地认为全球导航卫星的广义相对论影响仅引起时钟的相对频偏。

4.4.3 卫星导航系统的相对论影响

上面讨论地球质心引力势的相对论效应[23]，式 (4.55) 表明卫星本征时时间尺度与卫星运动速度有关。图 4.3 表示卫星运动的几何原理，为了便于阐明原理，在卫星轨道面上建立极坐标，原点在地球的质心，根据极坐标特征，卫星运动的极坐标方程为

$$\boldsymbol{r} = r\boldsymbol{l}$$

卫星速度为

$$\boldsymbol{v} = \dot{\boldsymbol{r}} = \dot{r}\boldsymbol{l} + r\dot{f}\boldsymbol{j}$$

卫星速度与矢径的点乘为

$$\boldsymbol{r} \cdot \boldsymbol{v} = r\dot{r}$$

其中，$\boldsymbol{l}$ 和 $\boldsymbol{j}$ 为极坐标的径向和横向的单位矢量。根据图 4.3 卫星运动轨迹原理图及天体二体问题的描述：

$$\begin{cases} r = a\left(1 - e\cos E\right) \\ E - e\sin E = \sqrt{\dfrac{GM_E}{a^3}}\left(t - t_p\right) \end{cases} \tag{4.58}$$

其中，f 为真近点角；r 为卫星与地球质心间距离；e 为卫星轨道偏心率；E 为偏近点角；a 为卫星轨道半长径；t_p 为卫星通过近地点的时刻。

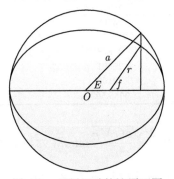

图 4.3   卫星运动轨迹原理图

牛顿力学二体问题卫星动力学关系为

$$\frac{1}{2}v^2 = GM_E\left(\frac{1}{r} - \frac{1}{2a}\right)$$

上面关系式代入式 (4.55)：

$$\frac{\mathrm{d}\tau}{\mathrm{dTT}} = 1 + \frac{W_0}{c^2} - \frac{3GM_E}{2c^2a} + \frac{2GM_E}{c^2}\left(\frac{1}{a} - \frac{1}{r}\right) \tag{4.59}$$

利用式 (4.58)，并积分式 (4.59)，得到卫星本征时间与 TT 的关系

$$\int \mathrm{d}\tau = \left(1 + \frac{W_0}{c^2} - \frac{3GM_E}{2ac^2}\right)\mathrm{TT} + \frac{2e\sqrt{aGM_E}}{c^2}(\sin E_0 - \sin E) \tag{4.60}$$

式 (4.60) 右边第一项为相对论引起的相对频偏因子 $\frac{\Delta f}{f}$，其值为 $\frac{3GM_E}{2ac^2} - \frac{W_0}{c^2}$，当 $a = 9545502\mathrm{m}$ 时，该因子为 0，即卫星离地面 3167 千米时，频偏因子为 0，以远为负数，靠近地面为正，如空间实验室该频偏因子为正。目前四大卫星导航系统卫星半长径约为 20000~30000 千米，其频偏因子见表 4.1，负值的频偏因子表示在卫星上的钟走得快，这叫频率蓝移，如在大地水准面上观测到 GPS 卫星发射的伪码频率为 10.23 兆赫兹，由于卫星频率蓝移的原因，在卫星发射升空之前，调整卫星发射伪码频率为 $10.23\mathrm{MHz} \times (1 - 4.4647 \times 10^{-10}) = 10.22999999543\mathrm{MHz}$。卫星钟的相对频偏因子与轨道半径有关，对卫星钟预置频偏初步实现相对论效应的频率改正，最终通过星地间精确时间同步精确地实现由相对论效应引起的频偏改正。

表 4.1 导航卫星相对频偏因子

卫星导航系统	卫星半长径/km	相对频偏因子/($\times 10^{-10}$)
GLONASS	25508	−4.3616
GPS	26559.7	−4.4647
BDS	27878	−4.5830
Galileo	29601	−4.7219
GEO	42165	−5.3916
0 的卫星	9545.502	0

式 (4.60) 右边第二项中 $\frac{2e\sqrt{aGM_E}}{c^2}\sin E_0$ 为与卫星轨道有关的改正，对某一卫星是常数，通过与地面时钟同步进行改正。式 (4.60) 右边第二项中 $-\frac{2e\sqrt{aGM_E}}{c^2}\cdot\sin E$ 是随卫星偏近点角 E (时间) 的改正项，即通常在 GNSS 中提及的相对论效应改正项。

根据式 (4.58)，得

$$\boldsymbol{r} \cdot \boldsymbol{v} = r\dot{r} = a(1 - e\cos E)a \cdot e \cdot \sin E\dot{E} = \sqrt{aGM_E}\sin E$$

因此相对论改正项 Δt_r 为

$$\Delta t_r = \frac{2\boldsymbol{r} \cdot \boldsymbol{v}}{c^2} \tag{4.61}$$

上述 $\boldsymbol{r}$ 及 $\boldsymbol{v}$ 分别是信号发射时刻卫星矢径和卫星速度矢量。GPS 卫星的运行轨道并非完美的圆形，有的时候离地心近，有的时候离地心远，GPS 定位时必须根据相对论进行改正，由于卫星偏心率相对论改正项 Δt_r 与观测位置无关，仅与卫星位置有关，GLONASS 在卫星发布的电文中已经包含了这一改正量，接收机不必计算这项相对论效应改正。

上述讨论考虑相对论总的效应，狭义相对论认为人造卫星高速移动的物体比静止于大地水准面上观测者的时间流逝要慢，以 GPS 卫星为例，从公式推导中可得到狭义相对论引起频偏为 $\frac{GM_E}{2ac^2} = 0.88349 \times 10^{-10}$，星载时钟每天要慢 7.6 微秒；广义相对论引起频偏 $\frac{GM_E}{ac^2} - \frac{W_0}{c^2} = -5.2995 \times 10^{-10}$，星载时钟每天要快 45.7 微秒；两者综合的结果是星载时钟每天大约比地面钟要快 38.1 微秒。相对论效应会与地面时钟产生时间差，最终影响到 GPS 的定位效果，因此 GNSS 卫星定位系统必须统一到坐标时 TT。由于 GNSS 卫星是不完美的圆形轨道，是略有偏心的卫星轨道，接收机要改正偏心卫星轨道额外相对论影响。如果 $e = 0.01$，那么 $\frac{2e\sqrt{aGM_E}}{c^2}$ =23ns，约为以 23 纳秒为振幅的周期函数。

参 考 文 献

[1] Winkier G M R. Synchronization and relativity. Proceedings of the IEEE, 1991, 79(7): 1029-1039.

[2] McCarthy D D, Seidelmann P K. Time–From Earth Rotation to Atomic Physics. Wiley-Vch, 2009.

[3] 林金，李志刚，费景高, 等. 爱因斯坦光速不变假设的判决性实验检验. 宇航学报，2009, 30(1): 25-32.

[4] Nelson R A. Relativistic time transfer in the vicinity of the Earth and in the solar system. Metrologia, 2011, 48: 171-180.

[5] Ashby N, Bertotti B. Relativistic effects in local inertial frames. Phys. Rev. D, 1986, 34(8): 2246-2259.

[6] Petit G. Report of the BIPM/IAU Joint Committee on relativity for space-time reference systems and metrology. Proc. of IAU Colloquium, 2000, 80: 275-282.

[7] Capitaine N, Gambis D, McCarthy D D, et al. IERS Technical Note 29. Proceedings of the IERS Workshop on the Implementation of the New IAU Resolutions IERS Conventions, 2002.

[8] Ashby N. Relativity in the Global Positioning System. Living Rev. Relativity, 2003, 6: 1.

[9] 迈克尔·索菲，韩文标. 相对论天体力学和天体测量学. 北京：科学出版社，2015.

[10] Fairhead L, Bretagnon P. An analytical formula for the time transformation TB-TT. Astron. Astrophys., 1990, 229: 240-247.

[11] Dennis D, McCarthy D D. IERS Technical Note 13, IERS Standards 1992. Central Bureau of IERS - Observatoire de Paris, 1992.

[12] Brumberg V A, Kopejkin S M. Relativistic reference systems and motion of test bodies in the vicinity of the Earth. Nuovo Cimento B, 1989, 103(1): 63-98.

[13] Petit G, Luzum B. IERS Conventions (2010), IERS Technical Note No. 36. Verlag des Bundesamts für Kartographie und Geodäsie, Frankfurt, 2010.

[14] McCarthy D D, Petit G. IERS Conventions (2003), IERS Technical Note No. 32. Verlag des Bundesamts für Kartographie und Geodäsie, Frankfurt, 2004.

[15] Pavlis N K, Weiss M A. The relativistic redshift with 3×10^{-17} uncertainty at NIST, Boulder, Colorado. USA. Metrologia, 2003, 40 (2): 66-73.

[16] Hellings R W. Relativistic effects in astronomical timing measurement. Astron. J., 1986, 91(3): 650-659.

[17] Kaplan G H. The IAU resolutions on astronomical constants, time scale and the fundamental reference frame. U. S. Naval Observatory Circular., 1981: 163.

[18] Soffel M, Klioner S, Petit G, et al. The IAU2000 resolutions for astrometry, celestial mechanics and metrology in the relativistic framework: explanatory supplement. Astron. J., 2003, 126(6): 2687-2706.

[19] Hirayama T, Kinoshita H, Fujimoto M, et al. Analytical expression of TDB-TDT. Twentieth Symposium on Celestial Mechanics, 1987: 75-78.

[20] Klioner S A. The problem of clock synchronization: a relativistic approach. Celest. Mech. Dyn. Astron., 1992, 53: 81-109.

[21] Kouba J. Improved relativistic transformations in GPS. GPS Solutions, 2004, 8(3): 170-180.

[22] Wolf P, Petit G. Relativistic theory for clock syntonization and the realization of geocentric coordinate times. Astron. Astrophys., 1995, 304: 653.

[23] Michael S, Langhans R. Space-Time Reference Systems. Berlin, Heidelgerg: Springer-Verlag, 2013.

[24] Irwin A W, Fukushima T. A numerical time ephemeris of the Earth. Astronomy and Astrophysics, 1999, 348: 642-652.

[25] Fukushima T, Fujumota M K, Kunoshita H, et al. A system of astronomical constants in the relativistic framework. Celest. Mech., 1986, 38: 215-230.

第 5 章 时 间 传 递

时间服务是国家基础的技术支撑，国际上大国都有自己独立的时间系统。时间工作始于天文，以天文方法定义时间，诸如用地球自转定义的世界时或是用天文动力学方法定义的历书时称为天文时，观测天体中天时刻 (地球自转定义的时间) 校准时钟，天文时间是天体测量的重要组成部分，称为 "时间科学"。几个世纪之前，天文学家曾用最直观的 "落球报时" 技术发布本地标准时间，为航海导航和特别用户提供标准时间，中国习惯用的 "打更" 也是一种时间服务的雏形，与 "落球报时" 具有异曲同工的功能。

随着对时间与频率精度需求的不断增长，19 世纪末、20 世纪初借助于无线电技术的进展，开始用无线电加载时间信号进行授时，标志近代授时的开始。1905 年美国用短波无线电授时，依靠电离层反射实现短波 (天波) 时间信号传递，解决了全球大范围内时间比对的难题，使授时精度和覆盖范围有了飞跃式的进展，但日、夜电离层高度变化的不确定性，造成短波信号传递路径的时延不稳定，因此短波授时精度不高，仅为毫秒级水平，但无线电短波授时技术具有覆盖广、使用简便等优势，持续应用短波无线电授时手段长达一个多世纪，如今仍被广泛应用。1979 年世界无线电行政大会 (WARC) 认定 2.5 兆赫兹 ±5 千赫兹，5 兆赫兹 ±5 千赫兹，10 兆赫兹 ±5 千赫兹，15 兆赫兹 ±10 千赫兹，20 兆赫兹 ±10 千赫兹和 25 兆赫兹 ±10 千赫兹为标准时间和标准频率信号服务的专用保护频率。与此同时时钟的进展：从天文摆钟发展成石英钟、氨分子钟、铯原子钟、氢原子钟，现在已有不确定度为 10^{-18} 的光钟，钟的性能有几个数量级的提高，官方时间从天文时变换成原子时，显然，短波授时的性能不能满足时钟发展和对高精度时间与频率的需求，催生高精度时间传递技术的发展。1958 年，依赖于地波传播时间信号的罗兰-C 长波导航系统开始工作，信号传递时延要比短波稳定得多，长波时间信号传递精度能优于微秒级水平，比短波授时精度提高了 3 个多数量级，目前长波授时系统有：罗兰-C 及罗兰长波导航系统。国内长波授时系统有中国科学院国家授时中心的长波授时台 (BPL 和 BPC)、中国 "长河二号" 长波导航系统等。长、短波授时适用于广大低精度用户，地基无线电 (长、短波) 授时技术由于服务稳定、覆盖区域广、功率大、抗干扰能力强、接收设备简单、实时性好，仍有较为广泛的应用市场，直至今日对一般用户仍有很大的吸引力，有广泛的应用前景，仍为目前授时的基本手段。国际电信同盟 ITU-R 为全球用户编制用户手册，向全球用户提供长、短波授时发射台站详细信息。中国科学院国家授时中心是我国唯一授时责任单位，负责我国标准时间和标准频率的发播，用长 (BPL，BPC)、短 (BPM) 波授时技术及其他高精度的授时技术播发我国国家标准时间和标准频率。

　　长波传递时间信号的时延与传播路径上的大地电导率有关，大地电导率受地面环境和天气影响，长波授时精度的提高受到传播技术本身的制约，长波授时精度与原子钟性能有一定差距，另外长波罗兰-C 系统覆盖范围有限，科学研究和航天发展需要更高精度的时间传递技术。目前高精度的时间传递技术有卫星时间传递技术、卫星双向时间与频率传递技术、光纤双向时间和频率传递技术等。

5.1　卫星时间传递技术

　　人造卫星的出现，特别是全球卫星导航系统 (GNSS) 的出现，使得卫星授时已成为高精度时间传递的一种新的、不可或缺的授时手段。高精度的卫星授时技术推动了卫星导航的快速发展，同时卫星导航又反过来促进了高精度卫星时间传递技术的进展。目前高精度卫星时频传递的方法与技术已渗透到国民经济建设、国防建设、航天事业以及日常生活的各个领域。下面介绍的卫星时间传递技术有：卫星共视 (Common View，CV) 时间传递方法、卫星全视 (All in View，AV) 时间传递方法、载波相位 (Carrier Phase，CP) 测量技术、精密单点定位 (Precise Point Positioning，PPP) 时间传递方法、卫星双向时间与频率传递技术 (Two Way Satellite Time and Frequecy Transfer，TWSTFT)。

　　GNSS 卫星授时误差源自卫星空间部分、地面接收部分和信号传递路径等部分。空间部分误差源自卫星时钟相对于卫星系统时间的钟差 (包括系统部分和起伏) 及卫星星历误差；地面接收部分源于接收机噪声、接收机系统误差和多路径影响；信号传递路径误差源是电离层影响和对流层影响。对于 GNSS 卫星授时误差源，提出了各种卫星时间传递方法有效地消除或部分抵消其误差的影响：为了抵消卫星钟差或减弱卫星星历误差及电离层影响，提出 CV 时间传递方法 [1]；随着卫星钟差和卫星星历精度的不断提高，避免了 CV 方法的局限性，卫星全视 AV 时间传递方法提供了可能 [2]，AV 时间传递方法比 CV 方法在观测精度和稳定性能方面均有明显的提高，特别适用于远距离台站间的时间传递；为了改善观测测量精度，提出 CP 观测技术 [3]；利用 IGS 高精度卫星星历、卫星钟差以及双频载波相位观测技术的进展，提出了 PPP 方法 [4,5]，各种技术和方法的发展进程与相应的条件相适应，大大地提高了观测精度，不难发现，PPP 技术是基于 AV 和 CP 技术的联合，是 AV 和 CP 技术的延拓 [6]。

　　TWSTFT 的优势是基于信号传递路径的对称性 [7]，卫星仅仅是中介过程，对称性观测使信号传递路径上的影响可以大部分抵消，如对流层的影响能完全抵消，另外，TWSTFT 使用 Ku 波段，使电离层影响比 L 波段减弱 2 个数量级，因此 TWSTFT 技术有很高的准确度和稳定度。

卫星共视时间传递方法

1980 年 Allan 和 Weiss 提出 GPS 共视时间传递方法 [1]，共视时间传递技术成为高精度时间传递的最基本手段，1985 年 GPS 共视时间传递方法正式用于国际原子时比对，在很长时间内共视时间传递方法几乎是构建国际原子时 TAI 计算的唯一选用的时间传递方法 [6]。

共视时间传递方法的特点是两个时间传递台站同时观测同一颗导航卫星，利用码观测量确定本地时钟相对于同一颗卫星时钟 (导航卫星系统时间) 的钟差，卫星时钟钟差为中介，可构建成一个站相对于另一个站的钟差 (站间时间同步)，显然卫星钟的钟差误差不会影响最终两个时间传递台站间时间同步 (相对钟差) 结果；另外，卫星轨道误差对观测伪距影响相当于卫星轨道误差矢量在这两个时间传递台站观测方向 (视向) 上的投影之差，导航卫星离地面较远，卫星轨道误差本身较小，因此对近距台站间时间同步影响不大，或可忽略其影响。例如，卫星轨道位置误差不超过 4 米，两个台站间距离在 500 千米之内，两个台站间伪距误差之差最大不会超过 0.1 米，对近距台站间时间同步影响仅为 0.3 纳秒。同样，两个近距离台站的电离层也有相关性，原则上 CV 消除了或大大地降低了两个观测站间的共有误差 [7]；卫星时钟的误差影响可全部消除，卫星轨道位置误差、对流层和电离层影响也有部分抵消，显然 CV 并不需要额外的信息，从方法上抵消部分误差的影响，因此 CV 在时间传递方面长期占有独特的地位。BIPM 协调和规范 CV 全球时间传递观测工作，把全球分为几个区，每区设有中心站 (节点)，编制专用的 CV 卫星跟踪表，保障被观测卫星在该区域内有足够的共视时间 (13 分钟) 和合理的卫星高度角。显然 CV 时间传递方法特别适用于近距台站间的时间传递，其优势是降低了对卫星轨道和卫星钟差精度的要求。

CV 技术要求两站同时观测同一颗导航卫星，因此 CV 方法有一定的局限性。随着两个台站长度的增加，误差相关性明显减弱，对于远距离链路这个要求很难满足或是不得不观测高度角很低的卫星，往往采用中间台站进行桥接的技术，增加了传递误差，致使 CV 时间传递方法对远距离台站间的时间传递精度明显下降。

卫星全视时间传递方法

随着 GPS 技术的进展，1993 年 IAG 组建 "国际 GPS 服务组织"(缩略为 IGS)，从 1994 年 1 月 1 日起提供正式服务，同时 GPS 导航系统的进展：① 1995 年 4 月 27 日公告 GPS 具有完全服务能力；② 2000 年美国总统克林顿宣布关闭选择可用性 (SA) 策略；③ 导航卫星的卫星轨道与时钟参数的实时控制精度与前期相比有相当大的提升。2000 年之前 (采用 SA 策略)GPST 的频率稳定度大约

为 10^{-13} 天 $^{-1}$，关闭 SA 策略后的 IGST 时间尺度稳定度达到 10^{-15} 天 $^{-1}$。继 GPS 之后，俄罗斯全球卫星导航系统出现，1999 年 "国际 GPS 服务组织" 改称为 "国际 GNSS 服务组织"(缩略仍为 IGS)。2000 年 IGS 提供轨道和钟差的精密产品 [8]，基于 GNSS 系统的进展，以及 IGS 提供的精密轨道和钟差的贡献，所有导航卫星的空间部分误差的影响几乎可忽略，2004 年 BIPM 的 Jiang 与 Petit 提出 AV 时间传递方法 [6,9]，AV 方法的优势是可观测所有可观测的导航卫星，大大地增加了可观测星数，IGS 提供导航卫星精密星历表和精密卫星钟差，原则上可消除空间部分误差影响，具有 CV 相似的优势。AV 的特点是观测导航卫星的数量多且卫星高度角高，可实现远距离台站间的时间同步。AV 依靠 IGS 提供导航卫星精密星历表和精密卫星钟差产品，消除卫星轨道、钟差和电离层误差的影响，显然，对于近距离台站间的时间传递，AV 与 CV 应该有相同的精度，对于远距离台站，AV 比 CV 有更高的精度和稳定性能。2005 年 Weiss (CV 法的提出者之一) 对 AV 的评论 [10]:"AV 法增加了具有高仰角的大量数据，相比 CV 法更具有优势。" 2006 年 9 月起 CCTF 决定 AV 技术用于构建 TAI 的比对。大量的数据分析证明，在短基线情况下这两种方法是等价的，但 AV 测量数据更多 [11]，在较短的平均时间内时间传递更稳定 [6]，从统计意义上 AV 法在长时间内更接近 TWSTFT 技术和 PPP 的比对结果。

载波相位测量

导航卫星载波为 L 波段，波长约为 20 厘米，接收机相位估计精度一般优于 1/100 波长，因此载波测量精度可达毫米级水平，显然载波相位测量精度比伪码测量精度高出两个数量级 [3,4,12]，一般测地型 GNSS 接收机均有载波相位测量和伪码测量的功能。益于 GNSS 载波相位测量的多径效应影响限于一个波长之内，因此载波相位观测多径效应影响很小，2006 年 9 月，第 17 届 CCTF 会议上通过了 "关于在 TAI 中使用 GNSS 载波相位接收机进行时间与频率传递" 的建议，并在 BIPM 的 T 公报发布其观测结果。

精密单点定位法

PPP 是 CP 延续 [6]，借助于 IGS 提供导航卫星的精确轨道参数与时钟偏差，用双频载波相位观测与伪距观测量确定本地时钟与参考时间尺度的差值 [13](IGS 提供的资料，其参考时间尺度自然就是 IGS 的系统时间 IGST) 和测站的精确位置 [14]；PPP 技术在地学方面得以广泛应用，并取得相当满意的结果。当 PPP 方法处理多系统观测时，必须考虑把所有的卫星观测量归化到同一个参考系，包括时间尺度和坐标参考系，多系统优势是有更多的卫星可以观测 [15]，被观测的卫星有更好的空间分布，提升了 PPP 多系统观测系统的稳健性。IGS 和 BIPM 于 1997 年 12 月联合研究 PPP 全球时间传递方法，2008 年分析了 PTB 与 USNO

之间的 PPP 技术时间传递 [6,16]，实验与预期结果完全一致，之后 PPP 技术正式用于 TAI 比对，通过简单的差分，可精确地实现任何两个站间的时间传递 [17]。PPP 是 AV 方法 (仅用码测量) 的自然继承，精确的载波相位与伪码观测量的联合，有更好的短期稳定性能 [6,18]。加拿大自然资源中心开发的 GPS PPP (2007年 5 月) 软件与 IGS 产品直接接轨 [6,19,20]，单次运行允许连续处理任意天数的数据。实际应用表明：与 TW 链路相比，PPP 在短期稳定特性上有明显的优势 [6,20,21]。但受 GPS 接收机校准的不确定度影响，对于长期稳定性能，TW 链路可能具有更大优势。兼顾 PPP 技术的中短期稳定度与 TW 方法的长期稳定度性能，也许 PPP 与 TW 融合技术会是更合理的方式。

5.2 卫星双向时间与频率传递技术

高精度时间传递 (或称时间同步) 是时间服务的重要环节。BIPM 根据全世界时间实验室原子钟的平均结果给出国际自由原子时 EAL，经基准钟 (归化到大地水准面上的频率) 的驾驭最终确定国际原子时 TAI，因此 TAI 的稳定度依附于全球时间实验室的大量守时原子钟的平均，TAI 的准确度依附于基准钟。上述描述不难理解 TAI 是统计意义上的时间系统，是定义在大地水准面上的坐标时或坐标时的实现 [22]，认为是地球时 TT 的实现。TAI 是可测量的时间系统，其定义具有本征时的特征。要建立国际原子时或地方原子时，首要问题是建立远距离台站间原子钟组之间的联系，这就是高精度时间与频率传递，显然，时间传递技术的理想精度要求不影响原子钟本身的性能。随着原子钟性能的改善，统计分析表明：原子钟性能基本上 7 年提高一个数量级 [23]，这就要求不断地提高时间传递的精度以适应原子钟的快速发展。

人造地球卫星覆盖区域广，当第一颗人造卫星上天时人们就开始探讨用卫星进行时间传递的可能性。1960 年 8 月，美国海军天文台 (USNO) 用回声 1 号 (ECHO1) 进行卫星单向时间传递，由于单向传递路径时延计算的不确定性，时间传递结果不理想。但是，这是利用卫星进行时间传递的初次尝试。1962 年 USNO 与 NPL 联合，用 TELSTAR 卫星 (第一颗主动式通信卫星) 做横跨大西洋的卫星双向时间传递 TWSTFT 实验。1965 年美国海军天文台 USNO 与日本电波综合研究所 RRL(日本国家信息与通信研究所 NICT 的前身) 用 RELAYⅡ 卫星实现横跨太平洋的卫星双向时间传递实验。早期的卫星双向时间传递的信号传递方法和信号测量方法还是比较粗略的，用模拟秒脉冲调制载波进行时间信号传输，信号测量技术也比较粗略，用示波器、波拉罗伊德照相机或用其他粗略的测量方法进行测量。上述测量虽然用了卫星双向时间传递技术，但信号传输、信号测量技术比较简陋，真实的时间传递准确度在 0.1~1.0 微秒之间 [23]，几乎与长波授时精度相当。

卫星双向时间与频率传递精度的提高得益于扩频伪随机码技术以及 VSAT 的应用，奠定了目前卫星双向时间与频率传递的基础。采用扩频技术进行远距离台站原子钟间的卫星双向时间与频率传递实验，比对精度达到 1 纳秒，准确度达到 10 纳秒。显然，新技术的精度或是准确度均有数量级的提高，卫星双向时间与频率传递技术达到相当高的精度，但是卫星双向时间与频率传递技术的昂贵的仪器设备和大天线不得不使大部分时间台站望而却步。甚小口径天线终端 (Very Small Aperture Terminal，VSAT) 的应用，使卫星双向时间与频率传递手段得以推广。1993 年间 8 个时间实验室：USNO (美国海军天文台)、NIST (美国国家标准与技术研究所)、TUG (奥地利格拉斯大学)、NPL (英国国家物理实验室)、荷兰计量院 (van Swinden Laboratory，VSL)、德国电信 (Deutsche Telekom AG，DTAG)、PTB (德国联邦物理技术研究院)、OCA (法国蓝色海岸天文台) 进行每周 3 次观测，1999 年经国际电信联盟推荐卫星双向法比对结果正式参与 TAI 计算，首批 4 条卫星比对链路参加 TAI 系统，卫星双向时间与频率传递技术成为 TAI 计算的重要时间与频率传递技术 [6]。

国家授时中心有关卫星双向时间与频率传递工作起步比较早，1978 年和 1984 年分别与联邦德国和意大利进行卫星双向法比对实验；1998 年与日本 NICT(日本综合通信研究所) 合作，建立了卫星双向比对系统 [24]，并进入每星期两次比对的常规运行，比对精度为 0.2~0.3 纳秒，准确度为 1 纳秒，资料送 BIPM 并正式参加 TAI 计算。同时推动亚洲卫星双向时间与频率传递链路的组网，该网台站包括 NICT、CSAO (陕西天文台，国家授时中心前身)、TL (中国台湾通信实验室)、PSB (新加坡产品标准局)、NRIM (日本计量院) 以及 KRISS (韩国标准和科学研究所)，2001 年第 9 届 CCTF 卫星双向时间与频率工作组会议在中国西安国家授时中心召开 (见图 5.1)，在国际卫星双向时间比对讨论会上，中国科学院国家授

图 5.1　第 9 届 CCTF 卫星双向时间与频率工作组会议 (2001 年 10 月于中国西安召开)

时中心利用卫星双向时间传递技术的积累，提出了转发式卫星测轨观测方法与技术，提升了卫星测距精度，使卫星测距精度达厘米级，之后，国家授时中心又与欧洲建立了卫星双向链，为卫星双向时间频率传递技术用于 TAI 做出了贡献。

5.3 卫星双向时间与频率传递原理

对称性观测是卫星双向时间与频率传递方法的特点，许多系统误差由方法本身的优势可以全部或部分抵消，因此卫星双向时间与频率传递方法有很高的测量精度和稳定性能 [25,26,27]。

卫星双向时间与频率传递方法的原理见图 5.2，每一个时间台站的 TWSTFT 由发射和接收两个部分构成。

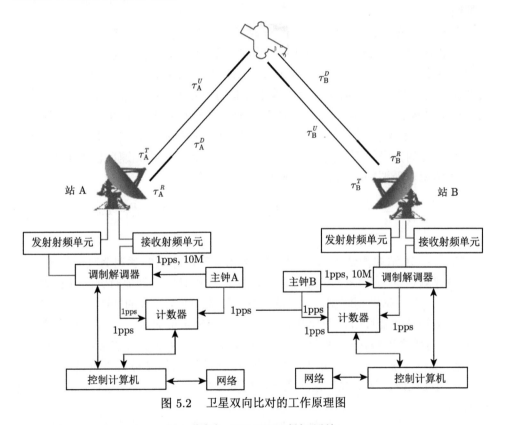

图 5.2 卫星双向比对的工作原理图

1pps-秒脉冲；10M-10M C 频率正弦波

发射部分有：时间系统与发射时间信号生成部分、发射系统的射频部分和天线部分。时间系统与发射时间信号生成部分组成单元为：台站时间系统的原子钟、由原子钟时间信号调制产生伪随机码的调制器 (调制器一般输出 70M 中频时间调制信号) 和测定原子钟与调制器内部时钟同步误差的计数器。发射射频部分的单元为：上变频器 (70M 中频变频为上行载波频率) 和功率放大器；天线部分的组成单元为：极化器、馈源等天线系统，为了减少电离层影响，一般采用 Ku 或 X 频段天线，为使发射与接收信号隔离，与选用的通信卫星的转发器相匹配，天线极化一般选用线极化，如发射为水平极化则接收为垂直极化，或是发射为垂直极化则接收为水平极化，天线及整个系统有自动控制部分。

接收部分有：接收信号的射频部分、信号解调及控制部分组成。接收信号的射频的组成单元为：低噪声放大器和下变频 (信号放大、并使下行的载频变为 70M 中频信号)；信号解调部分由信号解调器实现。一般信号解调器与调制器共用内部时钟，合成为调制解调器；整个系统的功能、协调和数据采集均由计算机系统统一控制。

有的台站还配备用于测定台站仪器时延的仪器误差校准系统。

卫星双向时间与频率传递的台站 A 和 B 配备仪器设备完全一样，处于同等地位，显然不应有主站 (master station) 与副站 (slave station) 之分。设 A 站在其调制解调器的时钟 T 时刻发射本地主钟时间信号的调制信号、功放后发送给卫星，经卫星转发至 B 站，A 站与 B 站的时钟假定相对于标准时间 UTC 的时刻偏离为 Δt_A 及 Δt_B，图 5.3 表示 A 站时间信号在传递路径上的时间关系，从图得到 A 站时间信号经卫星到达 B 站的时延 (本章公式均用光速单位表示距离) 以及与 B 站相对于调制解调器时钟测量值 TI_B 的关系为

$$\text{TI}_B = \Delta t_B + \tau_A^T + \tau_A^U (t_A) + \tau_S^{AB} + \tau_B^D (t_A) + \tau_B^R - \Delta t_A \tag{5.1}$$

其中：

TI_B——B 站观测到的 A 站时间信号相对于 B 站调制解调器时钟的时刻差，即 B 站观测到 A 站时间信号经传递后相对于 B 站调制解调器时钟的时延读数。

Δt_A—— A 站调制解调器时钟的钟差 (标准时间 =A 钟的钟面值 $-\Delta t_A$)，经配备的 A 站计数器读数可归化其到 A 站原子钟的钟面时刻。开机后原子钟与调制解调器时钟之差应保持为固定差，但各次机器启动后该固定差会在某一范围之内滑动。Δt_A 与原子钟有系统差，在一组观测时段内 (如 5 分钟观测设定为一组) Δt_A 常用线性或二次曲线的模型表示，模型常数与 Δt_A 初始值用最小二乘法同时解算。

τ_A^T—— A 站发射系统的仪器发射时延。定义为时间信号从 A 站调制解调器到达 A 站天线口面的时延 (这样定义便于仪器系统误差的测量和归算)。

t_A——定义为 A 站时间信号到达卫星天线相位中心的时刻。由于卫星转发器时延约为 200~300 纳秒，在这一时间间隔内卫星实际移动量不超过 1 毫米，因此

作为时标可以忽略信号到达卫星时刻与卫星转发信号时刻之间的差别。

$\tau_A^U(t_A)$—— A 站上行路径的信号传递时延。$\tau_A^U(t_A)$ 为传递路径 (时间信号于天线口面时刻到卫星天线相位中心的路径) 引起的时延 (以光速为单位),包括几何路径以及上行信号传递路径上电离层 $I_A^U(t_A)$ 和中性大气 $d_A^U(t_A)$ 引起的额外时延等三部分。上面提及的 "路径" 是惯性参考系下的几何距离,由于信号上行传递需要一定时间,上面提及的卫星天线相位中心位置和天线口面中心位置是在不同时刻的位置,用非惯性参考系描述不同时刻两点之间的距离应考虑坐标系引起的牵连运动。用地固坐标系描述,信号上行路径几何时延应为时刻 t_A 卫星天线相位中心位置到天线口面中心的几何距离 $\rho_A^S(t_A)$ 加上地球自转对测站位置的影响 $S_A^U(t_A)$(A 站信号上行的 Sagnac 效应)。

τ_S^{AB}——卫星转发信号从 A 站至 B 站的卫星转发器时延。

$\tau_B^D(t_A)$——卫星转发 A 站信号下行路径的传递时延。$\tau_B^D(t_A)$ 由 t_A 时刻从卫星天线相位中心位置至接收天线口面中心位置的几何路径引起的时延,以及下行信号传递路径的电离层时延 $I_B^D(t_A)$ 和中性大气引起的额外时延 $d_B^D(t_A)$ 等三部分组成。在地固坐标系描述 "几何路径" 要考虑地球自转的影响,为时延 $\rho_S^B(t_A)$ 加上地球自转对测站位置的影响 $S_B^D(t_A)$ (B 站下行信号的 Sagnac 效应),因此 $\tau_B^D(t_A)$ 应包括:几何时延 $\rho_S^B(t_A)$、下行信号至 B 站的 Sagnac 效应 $S_B^D(t_A)$、$I_B^D(t_A)$ (B 站下行电离层) 和 $d_B^D(t_A)$ (B 站下行对流层) 影响。

τ_B^R—— B 站接收系统的仪器接收时延。时间信号从 B 站天线口面到达 B 站调制解调器时钟的时延。

Δt_B——表征 B 站调制解调器时钟的钟差 (标准时间 =B 钟的钟面值–钟差)。经专门配备的 B 站计数器读数可归化到 B 站原子钟的时刻。Δt_B 是时间的函数,在一组观测时段内 (如 5 分钟观测为一组) 常用线性或二次曲线的模型表示,卫星双向测定的是两地原子钟之间的同步误差,因此 Δt_B 与 Δt_A 之差初始时刻值可用模型直接解算。

同样,B 站与 A 站同时发射本地主钟时间信号,调制后发送给卫星,经卫星转发至 A 站,图 5.4 表示 B 站时间信号传递到 A 站路径上的时间关系,因此,B 站时间信号经卫星到达 A 站的时延可表示为

$$\mathrm{TI}_A = \Delta t_A + \tau_B^T + \tau_B^U(t_B) + \tau_S^{BA} + \tau_A^D(t_B) + \tau_A^R - \Delta t_B \tag{5.2}$$

上述参量详细描述可参照式 (5.1) 的参量说明,下面仅对部分参量作简略描述:

TI_A—— A 站观测到 B 站时间信号传递时延的计数器读数,或接收到 B 站伪码时间信号与对应本地码 (A 站) 相关结果的时延数值。

τ_B^T—— B 站发射系统的仪器发射时延。

t_B——定义为 B 站时间信号到达卫星天线相位中心的时刻。

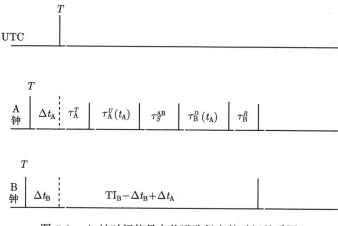

图 5.3   A 站时间信号在传递路径上的时间关系图

$\tau_B^U(t_B)$—— B 站上行路径 (信号从 B 站天线口面到卫星天线相位中心) 的信号传递时延, 包括: 几何时延 $\rho_B^S(t_B)$、B 站上行信号的 Sagnac 效应 $S_B^U(t_B)$、$I_B^U(t_B)$ (B 站上行电离层) 和 $d_B^U(t_B)$ (B 站上行对流层) 影响。

τ_S^{BA}——卫星转发 B 站信号至 A 站的卫星转发器时延。

$\tau_A^D(t_B)$——卫星转发的 B 站信号从卫星天线相位中心到 A 站天线口面中心的下行信号路径时延。$\tau_A^D(t_B)$ 应包括: 几何时延 $\rho_S^A(t_B)$、B 站信号下行至 A 站的 Sagnac 效应 $S_A^D(t_B)$、下行信号至 A 站电离层 $I_A^D(t_B)$ 和对流层 $d_A^D(t_B)$ 影响。

τ_A^R—— A 站接收系统的仪器接收时延。时间信号从 A 站天线口面到达 A 站调制解调器时钟的时延。

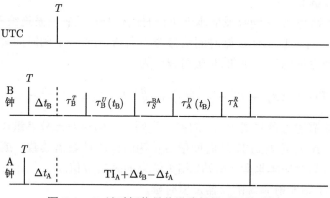

图 5.4   B 站时间信号传递路径的时间关系图

根据上述说明，可延伸出两组公式：

$$\tau_A^U(t_A) = \rho_A^S(t_A) + S_A^U(t_A) + I_A^U(t_A) + d_A^U(t_A) \tag{5.3}$$

$$\tau_B^D(t_A) = \rho_S^B(t_A) + S_B^D(t_A) + I_B^D(t_A) + d_B^D(t_A) \tag{5.4}$$

及

$$\tau_B^U(t_B) = \rho_B^S(t_B) + S_B^U(t_B) + I_B^U(t_B) + d_B^U(t_B) \tag{5.5}$$

$$\tau_A^D(t_B) = \rho_S^A(t_B) + S_A^D(t_B) + I_A^D(t_B) + d_A^D(t_B) \tag{5.6}$$

根据式 (5.1) 和式 (5.2)，两地原子钟同步的公式为

$$\Delta t_B - \Delta t_A = 0.5(\text{TI}_B - \text{TI}_A)$$
$$+ 0.5\left[(\tau_B^T - \tau_B^R) - (\tau_A^T - \tau_A^R)\right]$$
$$+ 0.5\left(\tau_S^{\text{BA}} - \tau_S^{\text{AB}}\right)$$
$$+ 0.5\left[\tau_B^U(t_B) - \tau_B^D(t_A) - (\tau_A^U(t_A) - \tau_A^D(t_B))\right] \tag{5.7}$$

顾及式 (5.4) ~ 式 (5.6)，式 (5.7) 可写为[28−30]

$$\Delta t_B - \Delta t_A = 0.5(\text{TI}_B - \text{TI}_A)$$
$$+ 0.5\left[(\tau_B^T - \tau_B^R) - (\tau_A^T - \tau_A^R)\right]$$
$$+ 0.5\left(\tau_S^{\text{BA}} - \tau_S^{\text{AB}}\right)$$
$$+ 0.5\left[\rho_B^S(t_B) - \rho_S^B(t_A) - \left(\rho_A^S(t_A) - \rho_S^A(t_B)\right)\right]$$
$$+ 0.5\left[S_B^U(t_B) - S_B^D(t_A) - \left(S_A^U(t_A) - S_A^D(t_B)\right)\right]$$
$$+ 0.5\left[\left(I_B^U(t_B) - I_B^D(t_A)\right) - \left(I_A^U(t_A) - I_A^D(t_B)\right)\right]$$
$$+ 0.5\left[\left(d_B^U(t_B) - d_B^D(t_A)\right) - \left(d_A^U(t_A) - d_A^D(t_B)\right)\right] \tag{5.8}$$

上面公式均以光速为单位。式 (5.8) 是卫星双向时间与频率传递的最基本的公式。公式右边第 1 项是 B 站与 A 站两地时间信号传递时延的解调器读数值之差 (观测量)；公式右边第 2 项是 B 站和 A 站仪器设备系统误差的影响，即 B 站仪器设备系统误差总的影响 (发射误差 − 接收误差) 与 A 站仪器设备系统误差总的影响 (发射误差 − 接收误差) 之差；公式右边第 3 项是 B 站与 A 站两地时间信号传递的转发器时延之差，一般卫星双向时间与频率传递共用同一个卫星及同一个转发器，因此这一项一般应为 0，对于洲际卫星双向时间与频率传递用同一

个卫星，但由于卫星信号覆盖问题，有时不得不用不同的波束，此时这一项需要考虑其改正；公式右边第 4 项可归结为卫星相对于地面运动引起的影响，即 B 站与 A 站两地时间信号传递几何路径上行和下行之差的影响，如果 A、B 两站上行信号同时刻到达卫星，这一项应为 0，当两站的上行信号不同时刻到达卫星，卫星相对于地面的运动引起上行和下行几何路径有很小差异，这一项影响与两站时间信号到达卫星的时刻差有关，有时为了减少这一效应的影响，事先调偏某站的钟差使得两站时间信号到达卫星的时刻几乎接近，把这一效应的影响压缩到最小；公式右边第 5 项是 B、A 两站上、下行由地球自转引起的 Sagnac 效应影响，在非惯性坐标系中为相对论效应 (参见第 4 章)，在惯性坐标系中是台站位置随地球自转造成的影响，信号上行和下行传递方向相反，因此上行和下行的 Sagnac 效应影响正好相反，上行和下行 Sagnac 效应相减等于 2 倍的上行 Sagnac 效应；公式右边第 6 项是 B、A 两站上、下行电离层效应不同引起的影响，由于上、下行频率不同 (如中日比对的日本卫星上行频率为 14.056 吉赫兹，下行频率为 12.308吉赫兹)，电离层的影响与频率有关，对于 Ku 波段，这项总的影响不会超过 0.1纳秒；公式右边第 7 项是 B、A 两站上、下行对流层影响，对于工作频率低于 20吉赫兹认为对流层时延与频率无关，这项影响应为 0，即使工作频率大于 20 吉赫兹这项影响也相当小。

根据上面讨论，由于传播路径的对称性，卫星双向时间与频率传递在传播路径上的大部分时延几乎都可以抵消[31]，一般情况下系统误差的改正量非常小，所以，卫星双向时间与频率传递技术有很高精度和稳定度[32,33,34]，是目前最高精度的时间与频率传递方法。

5.4　卫星双向时间与频率传递的系统误差

式 (5.8) 指出卫星双向时间与频率传递主要的系统误差有[28]：卫星相对于地面运动的影响、地球自转的影响、电离层的影响和仪器设备时延的影响。

TWSTFT 一般用 GEO 卫星，GEO 卫星相对于地面运动很小，原则上 GEO卫星上、下行信号传递路径对称，上行和下行信号传递路径基本上可相互抵消，因此大部分 TWSTFT 链路一般不考虑卫星相对于地面运动的影响，显然这是用GEO 卫星进行 TWSTFT 的优势，但是，对于要求更高精度的时间与频率传递，或是研究 TWSTFT 中的周日效应，有必要对卫星相对于地面运动的影响作深入研究。

地球自转对信号传递的影响在第 4 章作为相对论的应用已经进行了原理性的讨论，这项影响有严格的公式可直接计算，对于 GEO 卫星，这一影响是常量，往往在最终结果中作为系统误差进行订正。

　　电离层的影响源于信号上、下行频率的不一致，电离层引起的额外时延与频率的平方成反比，Ku 频段的工作载波频率高，因此上、下行频率不一致引起电离层信号传递的额外时延很小。

　　仪器设备时延是一个复杂问题，它与工作环境和信号强弱及频率均有关系，本章将介绍在实际工作环境情况下实时测定仪器设备时延的途径。

5.4.1　卫星相对于地面运动的影响

　　式 (5.8) 右边第 4 项为卫星相对于地面运动引起的 TWSTFT 系统误差。图 5.5 图示 A、B 站信号上、下行信号传递几何路径不对称的成因及其影响，其影响 τ^S 为 [28]

$$\tau^S = 0.5 \left[\rho_B^S(t_B) - \rho_S^B(t_A) - \left(\rho_A^S(t_A) - \rho_S^A(t_B) \right) \right] \tag{5.9}$$

一般情况下由于卫星到 A、B 站间距离不等，A、B 站上行信号到达卫星的时刻 t_A 和 t_B 是不相等的，虽然 GEO 卫星相对于地面运动很小，t_B 和 t_A 时刻不相等致使上、下行传递几何路径不会严格相等，卫星运动引起 TWSTFT 的系统误差。

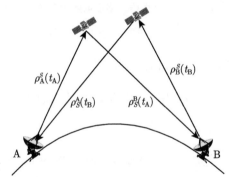

图 5.5　在地固坐标系下描述上、下行信号传递几何路径不对称的影响

　　式 (5.8) 把惯性系下的信号传递的路径时延分解成在地心地固坐标系下信号几何路径传递 + 地球自转 (坐标系牵连运动) 时延的影响，图 5.5 描述在地心地固坐标系下信号上、下行传递路径不对称原因的原理图，B 站信号上、下行传递路径之差 $\rho_B^S(t_B) - \rho_S^B(t_A)$ 表示为在时标 t_B 及 t_A 时刻测站卫星的几何距离之差。由于卫星相对于地面运动，在 t_B 及 t_A 时刻测站到卫星的几何距离的变化可用 B 站与卫星的视向速度 V_r^B(相对于地心地固坐标系) 表示：

$$\rho_B^S(t_B) - \rho_S^B(t_A) = V_r^B \cdot (t_B - t_A) \tag{5.10}$$

t_B 及 t_A 是相对于理想时间尺度 (UTC) 的时标，V_r^B 是在地心地固坐标系下 B 站到卫星的视向速度，在经典卫星双向观测量 (对方站信号到达时刻 TOA) 中并不能导出这些量。如果 B 站增加接收自己台站时间信号的观测量 (对于双通道的调制解调器并不需要增加任何硬件, 称为自发自收观测模式), 参见图 5.6, B 站增加的新辅助观测量 $\mathrm{TI}_{\mathrm{B}}^{\mathrm{B}}$ 可写为

$$\mathrm{TI}_{\mathrm{B}}^{\mathrm{B}}(t_{\mathrm{B}}) = \tau_{\mathrm{B}}^{T} + \tau_{\mathrm{B}}^{U}(t_{\mathrm{B}}) + \tau_{S}^{\mathrm{BB}} + \tau_{\mathrm{B}}^{D}(t_{\mathrm{B}}) + \tau_{\mathrm{B}}^{R} \tag{5.11}$$

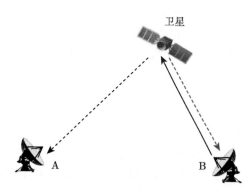

卫星

A   B

图 5.6   B 站信号传递路径辅助观测量原理图

实线表示发射的上行信号, 虚线为卫星转发的下行信号

把式 (5.3) ∼ 式 (5.6) 代入式 (5.11), 得

$$\mathrm{TI}_{\mathrm{B}}^{\mathrm{B}}(t_{\mathrm{B}}) = \rho_{\mathrm{B}}^{S}(t_{\mathrm{B}}) + \rho_{S}^{\mathrm{B}}(t_{\mathrm{B}}) + I_{\mathrm{B}}^{U}(t_{\mathrm{B}}) + I_{\mathrm{B}}^{D}(t_{\mathrm{B}}) + d_{\mathrm{B}}^{U}(t_{\mathrm{B}}) + d_{\mathrm{B}}^{D}(t_{\mathrm{B}})$$
$$+ \tau_{\mathrm{B}}^{T} + \tau_{S}^{\mathrm{BB}} + \tau_{\mathrm{B}}^{R} \tag{5.12}$$

考虑到电离层、对流层、仪器误差及卫星转发器时延是稳定的, 对式 (5.12) 微分得

$$V_{r}^{\mathrm{B}}(t_{\mathrm{B}}) \approx \frac{1}{2}\Delta\mathrm{TI}_{\mathrm{B}}^{\mathrm{B}}(t_{\mathrm{B}})/\Delta t \tag{5.13}$$

$\Delta\mathrm{TI}_{\mathrm{B}}^{\mathrm{B}}(t_{\mathrm{B}})$ 为 Δt 时间间隔内自发自收观测量的变化, 式 (5.13) 表示视向速度 $V_{r}^{\mathrm{B}}(t_{\mathrm{B}})$ 可由辅助的自发自收观测模式的观测量中导出。

一般情况下, 时间台站的原子钟进行初同步, 与标准时间 UTC 很接近 (误差在 100 纳秒之内), GEO 卫星在惯性参考系的运动速度约为 3 千米, 如果时标误差高达 1 微秒, 引起卫星轨道误差为 3 毫米, 因此, 在双向实验中, 时间台站原子钟的时间用于时标时可近似认作标准时间。根据式 (5.12), 略去小量对时标的影响 (时标精度要求微秒级水平), 时标 t_{B}(相对于整秒发射信号的改正) 可近似为

$$t_{\mathrm{B}} \approx \frac{1}{2}\mathrm{TI}_{\mathrm{B}}^{\mathrm{B}}(t_{\mathrm{B}}) \tag{5.14}$$

A 站工作过程与 B 站一样, A 站信号传递路径辅助观测量原理图参见图 5.7, 相应可得到 A 站的有用结果:

$$\rho_{\mathrm{A}}^{S}(t_{\mathrm{A}}) - \rho_{S}^{\mathrm{A}}(t_{\mathrm{B}}) = V_{r}^{\mathrm{A}}(t_{\mathrm{A}}) \cdot (t_{\mathrm{A}} - t_{\mathrm{B}}) \tag{5.15}$$

及

$$V_{r}^{\mathrm{A}} = \frac{1}{2}\Delta \mathrm{TI}_{\mathrm{A}}^{\mathrm{A}}(t_{\mathrm{A}})/\Delta t \tag{5.16}$$

$$t_{\mathrm{A}} = \frac{1}{2}\mathrm{TI}_{\mathrm{A}}^{\mathrm{A}}(t_{\mathrm{A}}) \tag{5.17}$$

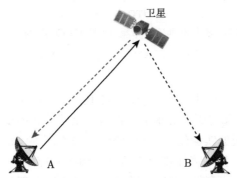

卫星

A   B

图 5.7　A 站信号传递路径辅助观测量原理图

实线表示发射的上行信号, 虚线为卫星转发的下行信号

根据式 (5.10) ~ 式 (5.17), 最终得 TWSTFT 中卫星相对于地面运动的影响 τ^{S} 为

$$\tau^{S} = 0.5\left[\left(V_{r}^{\mathrm{B}}(t_{\mathrm{B}}) + V_{r}^{\mathrm{A}}(t_{\mathrm{A}})\right) \cdot (t_{\mathrm{B}} - t_{\mathrm{A}})\right] \tag{5.18}$$

卫星运动引起的影响 τ^{S} 可由式 (5.18) 直接计算, 改正量可由信号传递路径的辅助观测求得。式 (5.18) 在推导过程中并不限于 GEO 卫星, 对所有的卫星均适用。

GEO 卫星的视向速度有一个恒星日的周期, 因此卫星相对于地面运动的影响也许会出现 TWSTFT 的周日效应。作为一例, 可以估计卫星运动引起的影响, 图 5.8 给出刚变轨后喀什和西安对中星 10 号 (GEO 卫星) 视向速度的实测值, 由于 GEO 卫星离地面很高 (3.6 万公里), 喀什到 GEO 卫星和西安到 GEO 卫星间的夹角是小角, 图 5.8 是卫星变轨后的视向速度, 不难看出喀什和西安相对于中星 10 号视向速度差异不大, 基本相同, 其振幅仅为 1.5 米/秒, 如果两站信号到达卫星时刻差为 0.01 秒, τ^{S} 约为 50 皮秒, 这样大小的量很难从结果中分离出卫星运动引起的影响。一般情况下 GEO 卫星由卫星运动引起的影响 τ^{S} 约为 0.1~0.2 纳秒。

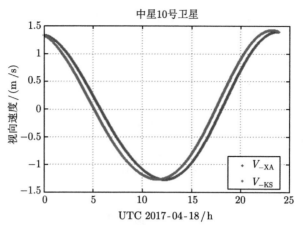

图 5.8   喀什和西安对中星 10 号 GEO 卫星视向速度

$V_{-\mathrm{XA}}$ 表示西安站，$V_{-\mathrm{KS}}$ 表示喀什站

为扩大 TWSTFT 应用范围，有学者将 IGSO 卫星用于 TWSTFT[35,36]，对于 IGSO 卫星运动引起的影响会很大，图 5.9 是喀什和西安对 IGSO 卫星 (星下点 95°) 视向速度某天的实测结果，视向速度的振幅约为 360 米/秒，对于信号到达卫星时刻差为 0.01 秒，喀什和西安站 τ^S 影响的振幅为 12 纳秒，这个不可忽视的系统误差，依据上面的观测量，通过式 (5.18) 可精确地进行修正。

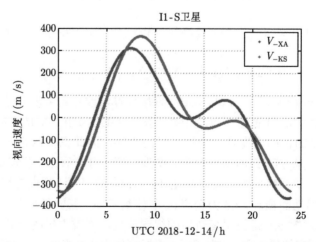

图 5.9   喀什和西安对 IGSO 卫星 (星下点 95°) 的视向速度

$V_{-\mathrm{XA}}$ 表示西安站，$V_{-\mathrm{KS}}$ 表示喀什站

5.4.2 地球自转的影响——Sagnac 效应

TWSTFT 式 (5.8) 右边第 5 项是地球自转的 Sagnac 效应影响 τ_{Sac} [37]，用光速为单位表示的 τ_{Sac} 为

$$\tau_{\mathrm{Sac}} = 0.5 \left[\left(S_{\mathrm{B}}^{U}(t_{\mathrm{B}}) - S_{\mathrm{B}}^{D}(t_{\mathrm{A}}) \right) - \left(S_{\mathrm{A}}^{U}(t_{\mathrm{A}}) - S_{\mathrm{A}}^{D}(t_{\mathrm{B}}) \right) \right] \tag{5.19}$$

作为相对论的范例，在第 4 章专门研究了 Sagnac 效应的影响，Sagnac 效应是非惯性坐标系本身旋转引起的影响，属狭义相对论效应。如果在惯性坐标系内研究，地球自转影响 (非惯性系的 Sagnac 效应)：地面发射时间信号时刻与卫星接收到地面站时间信号时刻不同，在此时间间隔内地球自转引起地面站位置变化，因此信号传递路径并非等于信号在卫星时刻星地间的距离。Sagnac 效应实际是电磁波在传递过程中由地球自转致使测站位置变化引起的影响。

图 5.10 所示为上行信号的 Sagnac 效应的原理图。在 $t1$ 时刻 A 站向卫星发射时间信号，在惯性系描述：A 站位于 $A1$，卫星位于 $S1$ (注：凡是后缀为 1 与 $t1$ 时刻有关，后缀为 2 与 $t2$ 时刻有关)，A 站上行的时间信号于 $t2$ 时刻到达卫星，此时卫星位于 $S2$，由于地球自转，对应的 A 站位于 $A2$。这样，信号实际传播时延是从 $t1$ 时刻 A 站位置 $A1$ 到达在 $t2$ 时刻的卫星位置 $S2$ 的传递路径 $\tau2$ (见图 5.10)，$\tau2$ 不等于 $t2$ 时刻地面站与卫星之间的几何矢量 $\boldsymbol{R2}$，其距离关系可用矢量表示：

$$\boldsymbol{\tau2} = \boldsymbol{R2} + \Delta\boldsymbol{r} \tag{5.20}$$

其中：

$\boldsymbol{\tau2}$——模为 $\tau2$，$t1$ 时刻 A 站位置 $A1$ 指向 $t2$ 时刻卫星位置 $S2$；

$\boldsymbol{R2}$——模为 $R2$，在 $t2$ 时刻 (信号到达卫星时刻) 地星间的几何位置矢量，上行方向由地面站位置指向卫星 (下行方向与上行方向相反)，亦即 $A2$ 至 $S2$；

$\Delta\boldsymbol{r}$——$t1$ 时刻 A 站位置 $A1$ (地心矢量 $\boldsymbol{r1}$) 到 $t2$ 时刻 A 站位置 $A2$ (地心矢量 $\boldsymbol{r2}$) 的位移矢量：$\Delta\boldsymbol{r} = \boldsymbol{r2} - \boldsymbol{r1}$。

根据式 (5.20)，不难得到 $\tau2$ 值为

$$\tau2 = \sqrt{\boldsymbol{\tau2} \cdot \boldsymbol{\tau2}} = R2\sqrt{\left(1 + \frac{2\boldsymbol{R2} \cdot \Delta\boldsymbol{r} + \Delta\boldsymbol{r} \cdot \Delta\boldsymbol{r}}{(R2)^2}\right)}$$

上式 $\dfrac{2\boldsymbol{R2} \cdot \Delta\boldsymbol{r} + \Delta\boldsymbol{r} \cdot \Delta\boldsymbol{r}}{(R2)^2}$ 是小量，取到一级近似，可写为

$$\tau2 \approx R2 + \frac{\boldsymbol{R2}}{R2} \cdot \Delta\boldsymbol{r} + \frac{\Delta\boldsymbol{r} \cdot \Delta\boldsymbol{r}}{2 \cdot R2} \tag{5.21}$$

式 (5.21) 右边第 1 项为 $t2$ 时刻星地间的距离；第 2 项为 Sagnac 效应；第 3 项为 Sagnac 效应的二阶项，对于深空观测，如激光测月应考虑 Sagnac 效应二阶项。对于 GEO(所有的人造地球卫星均适用) 卫星，Sagnac 效应的二阶项不会超过 0.5 毫米，在目前精度范围内可不考虑其影响。

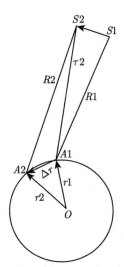

图 5.10   上行信号的 Sagnac 效应原理图

从式 (5.21) 可见，Sagnac 效应实际上是 Δr 在信号传递方向上的投影，因此 Sagnac 效应完全由在信号传递过程中地球自转引起的测站位移量 Δr 所造成，Δr 与地球自转矢量 $\boldsymbol{\omega}_E$ 的关系为

$$\Delta \boldsymbol{r} = \int \left(\boldsymbol{\omega}_E \times \boldsymbol{r}\left(t\right) \right) \mathrm{d}t \approx \left(\boldsymbol{\omega}_E \times \boldsymbol{r}2 \right) \times \frac{R2}{c}$$

式中 $\boldsymbol{\omega}_E \times \boldsymbol{r}2$ 实际上是地球自转引起的测站牵连速度，$R2/c$ 是信号从地面到卫星的传递时间 (原则上应该用 $\tau2$，这里用 $R2$ 作为近似值)，根据式 (5.21)，测站信号传递上行的 Sagnac 效应影响 $\tau_{\mathrm{Sac},i}$ (用时间为距离单位，应乘因子 $1/c$) 为

$$\tau_{\mathrm{Sac},i} = \frac{1}{c^2} \left(\boldsymbol{\omega}_E \times \boldsymbol{r}2 \right) \cdot \boldsymbol{R}2 = \frac{1}{c^2} \boldsymbol{\omega}_E \cdot \left(\boldsymbol{r}2 \times \boldsymbol{R}2 \right) \tag{5.22}$$

式中 $\left(\boldsymbol{r}2 \times \boldsymbol{R}2 \right)$ 矢量积的模等于以地心、$A2$ 和 $S2$ 组成三角形面积的二倍，矢量的方向是这三角形的法线方向，$\boldsymbol{\omega}_E$ 是地球自转轴的方向，与赤道面垂直，因此数量积 $\boldsymbol{\omega}_E \cdot \left(\boldsymbol{r}2 \times \boldsymbol{R}2 \right)$ 代表上述三角形面积在赤道面的投影与地球自转速率 ω_E 乘积的 2 倍，式 (5.22) 与第 4 章相对论框架下的式 (4.25) 相比较结果完全一致。

图 5.11 为卫星下行信号的 Sagnac 效应原理图。$t2$ 时刻卫星向 A 站发射信号，用惯性坐标系描述：在 $t2$ 时刻卫星位置于 $S2$，A 站位置于 $A2$，在 $t3$ 时刻卫星下行信号到达 A 站，此时 A 站在惯性坐标系位于 $A3$，信号实际传播时延是从 $t2$ 时刻卫星位置 $S2$ 到 $t3$ 时刻的 A 站位置 $A3$ 的路径 $\tau3$，$A2$ 至 $A3$ 是在卫星下行信号传播过程中由地球自转引起的 A 站位置的变化 (见图 5.11)，$\tau3$ 不等于 $t2$ 时刻地面站与卫星之间的几何矢量 $\boldsymbol{R}2$，应为

$$\boldsymbol{\tau3} = \boldsymbol{R}2 + \Delta\boldsymbol{r}$$

其中：

$\boldsymbol{\tau3}$——模为 $\tau3$，矢量方向从 $t2$ 时刻卫星位置 $S2$ 指向 $t3$ 时刻 A 站位置 $A3$；

$\boldsymbol{R}2$——模为 $R2$，在 $t2$ 时刻 (信号到达卫星时刻) 星地间的几何矢量，下行方向由卫星指向地面站位置；

$$\Delta\boldsymbol{r} = \boldsymbol{r}_3 - \boldsymbol{r}_2$$

同样距离 $\tau3$ 可写作

$$\tau3 \approx R2 + \frac{\boldsymbol{R}2}{R2} \cdot \Delta\boldsymbol{r} + \frac{\Delta\boldsymbol{r} \cdot \Delta\boldsymbol{r}}{2 \cdot R2} \tag{5.23}$$

式 (5.23) 为下行信号的 Sagnac 效应，与上行信号的 Sagnac 效应的表达式的形式完全一样，Sagnac 效应是 $\Delta\boldsymbol{r}$ 在 $\boldsymbol{R}2$ 上的投影。$\Delta\boldsymbol{r}$ 是地球自转引起测站

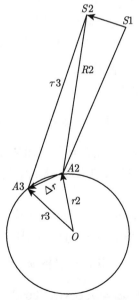

图 5.11 下行信号的 Sagnac 效应原理图

位置矢量的增量，因地球自转方向自西向东，因此 Δr 总是指向东；$R2$ 矢量的模为信号在卫星时刻的星地间距离，但是，该矢量的方向以信号传递方向为正，根据信号传递方向的定义，下行信号的 $R2$ 与上行信号的 $R2$ 的正向正好相反，根据式 (5.21) 和式 (5.23)，Sagnac 效应的符号由信号传递方向与地球自转引起测站位置矢量增量方向的关系决定，因此上行与下行 Sagnac 效应影响大小相等、符号相反。可导出下面 Sagnac 效应符号的有关结论：

(1) 上行和下行信号传递的方向相反，因此，上行和下行的 Sagnac 效应影响大小相等、符号相反；

(2) 位于卫星之东的测站上行 Sagnac 效应影响为负 (下行 Sagnac 效应影响为正)；

(3) 位于卫星之西的测站上行 Sagnac 效应影响为正 (下行 Sagnac 效应影响为负)。

基于上述的讨论，TWSTFT 的 Sagnac 效应的式 (5.19) 可用信号上行 (略去时标的影响) 表示：

$$\tau_{\text{Sac}} = S_B^U(t_B) - S_A^U(t_A) \tag{5.24}$$

现在讨论上行 Sagnac 效应 (下行仅与上行 Sagnac 效应的符号相反)。根据式 (5.22)，矢量 ω_E、$r2$、$R2$ 用地心地固直角坐标 (Z 轴选为地球自转轴) 表示为 (上行和下行的区别是 $R2$ 的符号)

$$\begin{cases} \boldsymbol{\omega}_E = & 0 & 0 & \omega_E \\ \boldsymbol{r}2 = & x_i & y_i & z_i \\ \boldsymbol{R}2 = & x_s - x_i & y_s - y_i & z_s - z_i \end{cases}$$

其中脚注：i 可为 A 或 B，s 代表卫星。

式 (5.24) 用直角坐标表示为

$$\tau_{\text{Sac}} = \frac{\omega_E}{c^2}\left[(x_B y_s - x_s y_B) - (x_A y_s - x_s y_A)\right] \tag{5.25}$$

测站位置一般用球面坐标表示，直角坐标与球面坐标的关系为

设：i 站 (A 站或 B 站) 的大地坐标 $(\lambda_i, \varphi_i, h_i)$，则地心直角坐标 x_i 及 y_i 分量为

$$\begin{cases} x_i = (a\cos\left[\arctan\{(1-f)\tan\varphi_i\}\right] + h_i\cos\varphi_i)\cos\lambda_i \\ y_i = (a\cos\left[\arctan\{(1-f)\tan\varphi_i\}\right] + h_i\cos\varphi_i)\sin\lambda_i \end{cases} \tag{5.26}$$

卫星的地心球坐标 $(R, \lambda_s, \varphi_s)$，则其直角坐标 x_s 及 y_s 分量为

$$\begin{cases} x_s = R\cos\varphi_s \cdot \cos\lambda_s \\ y_s = R\cos\varphi_s \cdot \sin\lambda_s \end{cases} \tag{5.27}$$

其中, f 为地球椭球体扁率, 其值为 1/298.257222; a 为地球赤道半径, 其值为 6378137 米; R 为卫星轨道半长径, GEO 卫星轨道半径为 42164000 米; φ_i 为 i 测站大地纬度 (弧度); λ_i 为 i 测站大地经度 (弧度); h_i 为双向比对 i 时间台站的海拔 (米); φ_s 为卫星地心纬度 (弧度); λ_s 为卫星地心经度 (弧度)。

将式 (5.26)、式 (5.27) 代入式 (5.25) 得到用大地经度、纬度表示的 Sagnac 效应公式。

举例: 计算荷兰 NMi Van Swinden 实验室 VSL 站 (大地纬度 51°59′8″ N, 经度 4°23′17″ E, 海拔 76.8 米,) 通过 GEO 卫星 (星下点 43° W) 与美国海军天文台 USNO (大地纬度 38°55′14″ N, 经度 77°4′0″ W, 海拔 46.9 米) 的 TWSTFT 的 Sagnac 效应改正:

(1) 计算 VSL 站上行的 Sagnac 效应, 根据上面讨论, 信号传递方向与地球自转方向不一致, 因此 VSL 站上行的 Sagnac 效应的值为 −99.10 纳米;

(2) 计算美国海军天文台上行的 Sagnac 效应的值应为 +95.22 纳米。

在最终 TWSTFT 结果中 Sagnac 效应的值为 194.32 纳米, 符号取决于上面讨论的原则。

5.4.3 电离层影响的改正

TWSTFT 式 (5.8) 右边第 5 项为上、下行信号载波频率不同引起上、下传播路径的电离层影响, 根据式 (5.8), 不能完全抵消的电离层影响引起 TWSTFT 的系统误差 τ_I 为

$$\tau_I = 0.5 \left[I_B^U (t_B) - I_B^D (t_A) - \left(I_A^U (t_A) - I_A^D (t_B) \right) \right] \tag{5.28}$$

电离层是色散介质, 其折射率与空间电子密度分布有关, 因此折射率 $n(r,f)$ 与位置 r 和频率有关, 信号相位在传递路径上的时延 (光速为单位) 为

$$\frac{1}{c} \int n(r,f)\mathrm{d}l = \frac{1}{c} \int [n(r,f) - 1]\mathrm{d}l + \frac{1}{c} \int \mathrm{d}l$$

上式为沿信号传递路径的积分, 右边第 2 项为几何路径 (真空) 时延, 右边第 1 项为电离层引起的额外时延。

折射率 $n(r,f)$ 可近似为

$$n(r,f) - 1 = \frac{40.3}{f^2} N_e(r)$$

$N_e(r)$ 为空间电子密度; f 为载频频率, 电离层的影响与载频的平方成反比。在传递路径上电离层引起的额外时延 [28,38,39] 为

$$\int [n(r,f) - 1]\mathrm{d}l = \frac{40.3}{cf^2} \int N_e(r)\,\mathrm{d}l = \frac{40.3}{cf^2}\mathrm{TEC} \tag{5.29}$$

上式空间电子密度沿传递路径积分称为传递路径的电子总含量 (Total Electron Conlent，TEC)。

为了避免发射信号对接收信号的干扰，采用不同的上行频率 f_u 和下行频率 f_d，导致了上、下行电离层引起的额外时延不能完全抵消掉。根据式 (5.28)，TWSTFT 电离层引起时延为

$$\tau_I = \frac{40.3}{2c}\left(\frac{1}{f_u^2} - \frac{1}{f_d^2}\right)\left[\text{TEC}\,(B) - \text{TEC}\,(A)\right] \tag{5.30}$$

例如：$\text{TEC} = 1 \times 10^{18}$ 电子$/\text{m}^2$ (在柱体内积分值)，$f_u = 14.5\text{GHz}$，$f_d = 12.5\text{GHz}$，某一地面站的上、下行电离层时延分别为 0.639 纳秒与 0.859 纳秒，其未能抵消部分为 0.859ns−0.639ns = 0.220ns，TWSTFT 总影响是两个站电离层影响之差，因此根据式 (5.30)，TWSTFT 电离层影响通常小于 −0.11 纳秒。对于 C 波段，这一影响会超过 0.5 纳秒，为了减少电离层影响，TWSTFT 一般选用 Ku 波段。

5.4.4 仪器系统误差的校准

TWSTFT 最基本式 (5.8) 右边第 2 项为测站仪器误差引起的影响，其影响 τ_{ins} 为

$$\tau_{\text{ins}} = 0.5\left[\left(\tau_B^T - \tau_B^R\right) - \left(\tau_A^T - \tau_A^R\right)\right] \tag{5.31}$$

有关 TWSTFT 仪器误差的成因讨论颇多，似乎研究结果因设备和测站工作环境不同而不同，成果不具有普适性，这是因为 TWSTFT 的仪器误差与仪器的工作状况 (发射功率、信号增益和频带宽度、调制解调器的状况、工作频率) 和工作环境 (室外温度、湿度、大气压强) 均有关，TWSTFT 测站室外部分的仪器工作环境不可控，诸多因素的影响很难用模型描述，这是研究 TWSTFT 仪器误差的困难所在。式 (5.31) 表明 TWSTFT 仪器误差的影响显然源自于两个测站的单站综合时延 (发射时延与接收时延) 之差，测定 TWSTFT 整个链路仪器误差变成对测站的单站综合时延的测定，这一优势使得 TWSTFT 链路的仪器误差测定具有可操作性。

目前 TWSTFT 仪器误差的校准方法可归纳为 3 类：第一类是用零基线直接标定两个测站间的仪器误差之差；第二类是用移动站标定测站的相对综合时延 (与移动站比较，相对校准)；第三类是用模拟器实时测定测站各部分实际工作情况的时延 (绝对校准)。

用零基线测定测站的仪器误差，TWSTFT 整个链路仪器误差作为整体进行测定，并认定仪器误差是稳定的，显然这是一种最直接测定测站仪器误差的方法。零基线测定测站的仪器误差采用并址方法，亦即同一站址、共用同一原子钟，从式 (5.8) 可见，影响 TWSTFT 系统误差的因素，如对流层、电离层、卫星相对

于地面运动、地球自转影响均可完全抵消,两个测站计数器读数之差就是两个测站间单站综合时延之差。该方法简易,结果可靠,中国科学院国家授时中心转发式测定轨系统曾用该方法对整个系统全部测站的观测设备进行标定,相对标定各站之间的仪器系统误差。该方法需要搬运地面站,实际操作有一定的难度,特别是对于正在工作的地面台站。

用移动站标定测站综合时延也是一种相对标定,这种方法是目前 TWSTFT 链路标定较为惯用的方法[40,41]。移动站分别置于 A 站或 B 站同时作为 TWSTFT 新的链路进行同步观测,分别测定移动站与 A 站或 B 站的系统误差相对值,并考虑移动站的系统误差的线性变化,用双测回测定移动站的闭合差确定移动站系统误差的线性变化量,最后标定 A 站与 B 站的单站综合时延之差,实际的标定结果表明这种标定仪器系统误差的精度约为 1 纳秒,欧洲双向链路 (多个台站) 曾多次用移动站进行标定。

用模拟器实时测定测站各部分 (发射部分和接收部分) 的绝对时延是一种实用的方法,模拟器的设计要考虑在标定测量过程中模拟器引入的额外时延可完全抵消 (不能引入额外的时延影响标定结果),下面介绍实用的模拟器设计:LNE-SYRTE (巴黎天台) 模拟器设计[42,43] 和 Gerrit De Jong 设计思想的 SATSIM 模拟器原理[44]。

LNE-SYRTE 模拟器测定仪器误差原理见图 5.12,天线为格里高利型双偏馈天线,图的右边部分为正常 TWSTFT 时间比对设备,包括实际常规观测的发射部分和接收部分,图的左边部分为模拟器的发射部分和接收部分,整个系统共用一个调制解调器,在正常工作条件下测试。

当双向时间比对发射链路发射时间信号 (仪器时延为 τ_A^T),模拟器的接收部分接收其信号 (模拟器仪器接收时延为 τ_M^R),调制解调器的测量结果为 T_{MR}^{AT},则

$$T_{MR}^{AT} = \tau_A^T + \tau_M^R$$

当模拟器链路发射时间信号 (模拟器仪器发射时延为 τ_M^T),经双向时间比对接收部分接收其信号 (仪器时延为 τ_A^R),调制解调器的测量结果为 T_{AR}^{MT},则

$$T_{AR}^{MT} = \tau_A^R + \tau_M^T$$

联合可得到

$$\tau_A^T - \tau_A^R = (T_{MR}^{AT} - T_{AR}^{MT}) + (\tau_M^T - \tau_M^R)$$

上式右边第 1 项为校准测量值,右边第 2 项为模拟器链路量有关值,模拟器整体置于温、湿控制的盒子里,其链路时延相当稳定,其时延可用矢量仪精确地测定,模拟器的时延作为已知值,因此可实时校准单站综合时延之差。

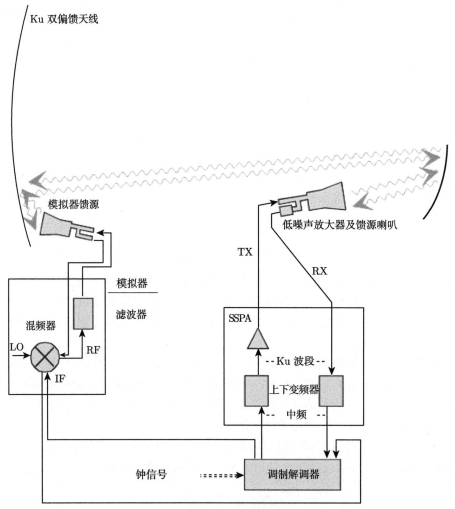

图 5.12　LNE-SYRTE 模拟器测定仪器误差原理图

　　1989 年 Gerrit De Jong 首次提出双向时间与频率传递的卫星地面站的接收时延和发射时延分别标定的方案,基于 Gerrit De Jong 设计思想,德国 Time Tech 公司设计了卫星模拟器 SATSIM (SATellite SIMulator),与卫星测距仪器 SATRE 调制解调器联合,开发相关的控制系统,能自动地实时测定双向站的仪器接收时延和发射时延的系统误差。

　　SATSIM 的接收和发射频率与卫星一样采用不一样的频率,为了频率转换,SATSIM 由本地晶体振荡器和最简单的混频器以及一些电控开关和小天线组成,SATSIM 的本身时延可以抵消,不需要额外标定,整个测量实际上是控制电控开关，由 SATRE 的内嵌程序自动控制完成。LNE-SYRTE 模拟器只进行两次独立测量，必要条件是 LNE-SYRTE 模拟器本身收、发部分的时延事先已知，而 SATSIM 的优势是不需要事先标定模拟器时延。

上面介绍了 TWSTFT 链路时延的标定，前两种方法认定链路时延是稳定的，仅标定系统部分，模拟器标定可以实时标定，也许是比较实用的方法。

参 考 文 献

[1] Allan D W, Weiss M A. Accurate time and frequency transfer during common-view of a GPS satellite. IEEE 34th Annual Symposium on Frequency Control, 1980: 334-346.

[2] Jiang Z, Petit G. Time transfer with GPS satellites all in view. Proc. Atf. Oct., 2004: 236-243.

[3] Ray J, Senior K. Geodetic techniques for time and frequency comparisons using GPS phase and code measurements. Metrologia, 2005, 42(4): 215-232.

[4] Petit G, Jiang Z. Comparison of precise point positioning and two way time transfer techniques for TAI links. CPEM, 2006.

[5] Petit G, Jiang Z. Precise point positioning for TAI computation. IEEE International Frequency Control Symposium, 2007.

[6] 江志恒. GPS 全视法时间传递回顾与展望. 宇航计测技术, 2007, (z1): 53-71.

[7] Cheng X, Li Z G, Yang X H, et al. Chinese Area Positioning System with Wide Area Augmentation. Journal of Navigation, 2012, 65(2): 339-349.

[8] Beutler G, Rothacher M, Schaer S, et al. The International GPS Service (IGS): an interdisciplinary service in support of Earth sciences. Adv. Space Res., 1999, 23(4): 631-635.

[9] https://www.bipm.org/en/time-ftp/link-results.

[10] Weiss M, Petit G, Jiang Z A. Comparison of GPS common-view time transfer to all-in-view. Proc. Joint Mtg. 2005, IEEE Intl. Freq. Cont. Symp. and PTTI Mtg., 2005.

[11] Gotoh T. Improvement GPS time link in Asia with all in view. Frequency Control Symposium and Exposition, 2005.

[12] Jiang Z, Dach R, Petit G, et al. Comparison and combination of TAI time links with continuous GPS carrier phase results. Frequency and Time Forum (EFTF), 2006 20th European. IEEE, 2006.

[13] Kouba J, Héroux P. Precise point positioning using IGS orbit and clock products. GPS Solutions, 2001, 5(2): 12-28.

[14] Senior K, Koppang P, Ray J. Developing an IGS time scale. IEEE Transactions on Ultrasonics, Ferroelectrics and Frequency Control, 2003, (6): 585-593.

[15] Baire Q, Defraigne P, Guyennon N. Time and frequency transfer from PPP using GLONASS and GPS data. Proc. EFTF, 2007.

[16] Jiang Z. One year comparison of USNO-PTB TW Ku and X band time links. TM1 42 of BIPM, Jan, 2006.

[17]　Lewandowski W, Matsakis D, Panfilo G, et al. The evaluation of uncertainties in [UTC-UTC(k)]. Metrologia, 2006, 43(3): 278-286.

[18]　Gendt G, Nischan T. First validation of new IGS products generated with absolute antenna models. IGS Workshop, 2006.

[19]　Jiang Z, Petit G, Defraigne P. Combination of GPS carrier phase data with a calibrated time transfer link. IEEE International Frequency Control Symposium, 2007.

[20]　Lahaye F, Orgiazzi D, Tavella P，et al. Using precise point positioning for clock comparisons. GPS World 17, 2006, 11: 44.

[21]　Petit G, Jiang Z. Using a redundant time link system in TAI computation. Frequency and Time Forum (EFTF), 2006 20th European. IEEE, 2012.

[22]　McCarthy D D, Seidelmann P K. Time: From Earth Rotation to Atomic Physics. Winhein: Wiley-VCH Verlag GmbH & Co.KGaA, 2009.

[23]　李志刚, 乔荣川, 冯初刚. 卫星双向法与卫星测距. 飞行器测控学报, 2006, 25(3): 1-6.

[24]　Imae M, Hosokawa M, Imamura K. Two-way satellite time and frequency transfer networks in Pacific Rim Region. IEEE Transactions on Instrumentation & Measurement, 2001, 50(2): 559-559.

[25]　李焕信, 张虹, 李志刚. 双通道终端进行卫星双向法时间比对的归算方法. 时间频率学报, 2002, 25(2): 81-89.

[26]　Merck P, Achkar J. Typical combined uncertainty evaluation on the Ku band TWSTFT link. Proceedings of the 19th European Frequency and Time Forum (EFTF), 2005.

[27]　Lewandowski W, Azoubib J, Klepczynski W J. GPS: primary tool for time transfer. Proceedings of the IEEE, 1999, 87(1): 163-172.

[28]　ITU-R TF. 1153-3 RECOMMENDATION，The operational use of two-way satellite time and frequency transfer employing pseudorandom noise codes (2010).

[29]　Jiang Z. Towards a TWSTFT network time transfer. Metrologia, 2008, 45(6): S6-S11.

[30]　Li Z G, Li H X, Zhang H. The reduction of two-way satellite time comparison. Chinese Astronomy & Astrophysics, 2003, 27(2): 226-235.

[31]　Parker T E, Zhang V. Sources of instabilities in two-way satellite time transfer// Proceedings of the 2005 IEEE International Frequency Control Symposium and Exposition, 2005. IEEE, 2006: 745-751.

[32]　Imae M, Ai Da M, Takahashi Y, et al. Development of new time transfer modem for TWSTFT. 2001 Asia-Pacific Radio Science Conference AP-RASC '01, 2001.

[33]　Arias F, Jiang Z, Lewandowski W, et al. BIPM comparison of time transfer techniques//Proceedings of the 2005 IEEE International Frequency Control Symposium and Exposition. IEEE, 2005: 312-315.

[34]　Schafer W, Pawlitzki A, and Kuhn T. New trends in two-way time and frequency transfer via satellite. PTTI, California, 1999: 505-514.

[35]　Yang X H, Li Z G, Hua A H. Analysis of two-way satellite time and frequency transfer with C-band//IEEE International Frequency Control Symposium, 2007 Joint with the 21st European Frequency and Time Forum. IEEE, 2007: 901-903.

[36] Yokota S, Takahashi Y, Fujieda M, et al. Accuracy of two-way satellite time and frequency transfer via non-geostationary satellites. Metrologia, 2005, 42(5): 344-350.

[37] Tseng W H, Feng K M, Lin S Y, et al. Sagnac effect and diurnal correction on two-way satellite time transfer. IEEE Transactions on Instrumentation and Measurement, 2011, 60(7): 2298-2303.

[38] Li Z G, Li W C, Cheng Z Y, et al. The direct and indirect methods of ionospheric TEC predictions and their comparison. Chinese Astronomy & Astrophysics, 2008, 32(3): 277-292.

[39] Ai G X, Ma L H, Shi H L, et al. Achieving centimeter ranging accuracy with triple-frequency signals in C-band satellite navigation systems. Navigation, 2011, 58(1): 59-68.

[40] Kirchner D, Ressler H, Hetzel P, et al. Calibration of three European TWSTFT stations using a portable station and comparison of TWSTFT and GPS common-view measurement result. Proceedings of the 30th Annual Precise Time and Time Interval Systems and Applications Meeting, Reston, Virginia, 1998: 365-376.

[41] Piester D, Hlavac R, Achkar J, et al. Calibration of four European TWSTFT Earth stations with a portable station through Intelsat 903. 19th European Frequency and Time Forum—EFTF 2005, 2005.

[42] Achkar J, Merck P. Development of a two way satellite time and frequency transfer station at BNM-SYRTE. IEEE International Frequency Control Symposium & Pda Exhibition Jointly with the European Frequency & Time Forum, 2003.

[43] Achkar J. A new microwave satellite simulator for the determination of delays in a TWSTFT station//38th European Microwave Conference, 2008. EuMC 2008. IEEE, 2008.

[44] De Jong G. Delay stability of the TWSTFT earth station at VSL. Proc. EFTF 98, 1998: 175-181.

第 6 章　卫星测距与测距改正

天文学描述的对象总是大尺度的无限远天体，古代人们无法知道与天体的距离，似乎只能关注天体的方向，因此天文学习惯于用二维球面坐标系描述天体位置。但是，对于有限距离的人造天体，与描述无限远天体不同，必须考虑距离的因素，因此采用三维坐标系，即描述方向的二维球面坐标加入径向距离 ρ 参量的球坐标系，或是三维的直角坐标系。根据卫星运动的动力学约束，距离和方向有约束关系，因此人造卫星的距离测量 (包括其变化速率) 或方向测量均可确定人造卫星的运动轨迹。

确定卫星轨道的观测方式 [1] 可归纳为：

(1) 测角技术。测角技术是天体测量中最为经典的、最成熟的测量技术，在人造卫星上天初期用广角望远镜观测人造卫星，描述人造卫星的运动轨迹，这种观测虽然直观，但精度低，之后发展专门用于观测人造卫星的跟踪经纬仪、装备 CCD 的光电望远镜、人造卫星照相机等相对位置观测设备，这些测角仪器观测人造卫星位置的精度有很大的提高，但是换算成横向距离误差比测距误差要大得多：如观测 GEO 卫星，测角精度为 0.1″，相当于横向测距误差为 20 米，显然单独的测角技术用于 GEO 卫星的精密轨道测定有相当大的难度。测距是对卫星轨道的径向约束，测角观测是对卫星轨道的横向约束，因此卫星测距与测角观测联合定轨会显著改善卫星定轨精度。

(2) 测速技术。利用多普勒原理可以测定卫星与地面测站之间的相对运动速度，即测定卫星的视向速度。DORIS 系统是最典型的测速技术代表，在地面建立全球分布的 DORIS 地面发射站，卫星接收机接收地面信标测定卫星的视向速度，为消除电离层影响，DORIS 系统采用双频信标，对于低轨卫星，视向速度的变化大，使用 DORIS 系统有相当大的优势，系统测速精度可达 0.3 毫米/秒，卫星定轨精度可达厘米量级。

(3) 测距技术。测距技术是目前卫星精密定轨常用技术，按观测模式，卫星测距可分为单向测距 (one way range) 和双向测距 (two way range)。单向测距是测量信号单向传递时延，地面站 (站址已知) 观测有时间标识的卫星导航信号，测定星地间距离，或用星载接收机接收导航卫星信号 (有精确轨道) 测定卫星轨道，一般情况下信号发射时钟和接收时钟不同步，因此单向测距测量结果中不仅包括距离引起的几何时延，还包含发射信号的时钟与接收信号的时钟不同步的影响，这种测量称为伪距测量 [2]；干涉测量技术是确定天体发射的同一波前的信号到达两个观测站间信号传递的时延差 (相关处理结果)，如果两个测站间距离较短，两个测站共享同一台时钟，这种测量称为联线干涉测量；如果两个测站间距离长，每站用独立时钟记录方式称为甚长基线干涉仪 (Very Long Baseline Interferometer, VLBI) 测量，干涉测量的信号不要求像卫星发射的信号一样带有时标和位置信息，所以也称为 "无源" 观测，VLBI 观测属差分单向测距 (Differential One Way Range，DOR)，相干技术观测量是观测目标与两个观测站之间的时延差，本质上是距离差的测量，通过基线矢量 (基线已知) 换算成角度，显然，距离差测量技术应归为单向测距，在相关处理结果中的时延不仅包含两个站与卫星间的几何时延差，还包含两个站间时钟同步的影响。

双向测距与单向测距不同，不受时钟同步的影响。双向测距最典型的技术是激光测距和 USB 测量，其特点是信号发射和信号接收用同一个时钟；转发式 "对观测" 测量技术的优势是两个站间时钟不同步的影响会自动抵消，也应是双向观测技术，有关转发式 "对观测" 技术和 USB 测量在后面的章节会有详细介绍。显然双向测距技术测定的时延描述了真实的距离 (不是伪距) 测量，是一种可靠精确的测距技术。

6.1　卫星覆盖与卫星导航

1945 年克拉克 (Arthur C. Clarke) 在无线电杂志发表了《未来的全球通信》一文，文章论述了在赤道面上用 3 颗与地球自转周期相同的卫星就能实现全球通信。地球赤道上空这一特性的卫星称为地球静止轨道 (GEO) 卫星，GEO 卫星是与地球自转周期相同 (自转周期严格为 1 恒星日，即自转周期约等于 86164 秒)、相应的卫星轨道半长径为 42164 千米 (离地面 35786 千米)、轨道倾角为 0° (与地球有相同旋转轴)、卫星轨道速度为 3.075 千米/秒的地球圆形轨道 ($e = 0$) 卫星。GEO 卫星具有广域覆盖的优势，对全球通信、区域卫星导航系统以及气象卫星具有特别重要的意义。第一颗 GEO 卫星 (Sputnik 1) 于 1962 年发射，1964 年用 Sputnik 2 转播东京奥运会赛事，之后 GEO 卫星成为卫星通信的基础。

为了防止信号相互间干扰，国际上对 GEO 卫星建立规则，规定 GEO 卫星在东西向摆动离核准的轨道位置不超过 ±0.1°。由于 GEO 卫星特定的属性，其卫星的 "轨位" 成为一种国际争夺的紧缺资源，经国际组织审批认定后才能正式应用，目前在赤道上有 300 多颗 GEO 卫星用于通信目的。受到各种扰动力的影响，GEO 卫星并不能真正相对于地面静止不动，会略有摆动，卫星的小倾角使得卫星南北摆动，南北摆动的最大值等于倾角，小的偏心率使卫星东西方向摆动，国际电信联盟 ITU 要求 GEO 卫星相对于卫星的预定轨位在南北方向摆动不超过 1°，在东西方向摆动一般限制在 ±0.1°，超出范围要求调整，俗称为 GEO 卫星变轨。

　　以卫星离地面的距离可划分为：高轨卫星 (HEO)、中轨卫星 (MEO) 和低轨卫星 (LEO)。显然卫星覆盖范围取决于卫星的高度，图 6.1 描述卫星高度与覆盖范围的关系图，h 是卫星离地面的高度，α 是卫星对地球的最大张角，从图 6.1 可得

$$\sin \alpha = R \frac{1}{R+h} \tag{6.1}$$

相应的覆盖球冠高度 H 为

$$H = R - R \times \sin \alpha = R \frac{h}{R+h}$$

覆盖的球冠面积 S 为

$$S = 2\pi \times R \times H = R \frac{2\pi \times R \times h}{R+h} \tag{6.2}$$

卫星对地球的覆盖率 γ 为

$$\gamma = \frac{S}{4\pi R^2} = 0.5 \frac{h}{R+h} \tag{6.3}$$

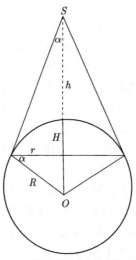

图 6.1　卫星高度与覆盖范围关系图

根据式 (6.1)~ 式 (6.3)，表 6.1 描述不同高度卫星的特性，对于低轨卫星，离地面近，地面接收到的功率高，卫星旋转周期短，与地面相对速度大，但低轨卫星灵活性强，发射费用低，目前低轨卫星居多，不足之处是卫星覆盖范围小、可观测弧段短。高轨卫星的优势是覆盖范围大，特别适用于区域服务：如中国北斗二号区域卫星导航系统用 GEO 卫星和 IGSO 卫星组成空间段提供区域导航服务，北斗三号在重点区域仍用 GEO 卫星和 IGSO 卫星；日本准天顶卫星系统 (QZSS) 用 4 颗 GEO 卫星和 3 颗 IGSO 卫星为日本及周边地域提供独立的卫星导航服务；印度用 3 颗 GEO 卫星和 4 颗 IGSO 卫星在 L 和 S 波段组成印度区域卫星导航系统 (IRNSS)，为印度及周边地域提供独立的卫星导航及定位服务；中国区域卫星定位系统 (Chinese Area Positioning System，CAPS)[2−5] 避开了用星载原子钟的难点 [6]，利用 GEO 与 IGSO 通信功能实现具有广域差分的区域定位系统 [2]。中轨道卫星兼有上述两者的优势，目前全球导航卫星均采用中轨道卫星作为导航星。

表 6.1　不同高度卫星的特性

卫星高度/km	周期/h	覆盖范围/km	覆盖率/%	全球覆盖需卫星数	最长观测时段/min
200	1.5	3154	1.5	67	7
700	1.6	5720	4.9	19	14
1000	1.8	6719	6.8	15	18
1414	1.9	7806	9.1	11	22
10000	5.8	14935	30.5	4	130
20000	11.9	16922	37.9	3	300
35786	24.0	18100	42.6	3	1440

6.2　单 向 测 距

单向测距是通过信号单向传递方式测定信号传递的几何时延，确定从信号发射时刻 (导航系统时间) 航天器的位置传递该信号到接收机 (接收机时间) 之间的时延，典型的单向测距技术：如导航卫星的伪距及载波相位测量 [7,8]、VLBI 技术的距离差测量 [9]，因此研究时间同步是单向测距的重要内容。

VLBI 技术诞生于 20 世纪 60 年代，适用于天文 [10] (天文参考架的建立，射电源的结构和尺度，以及天体物理研究)、大地测量 [11] (地球定向参数测定，板块运动，地球参考架等)、地球物理和相对论方面的研究工作，近年来，VLBI 技术在空间导航、深空探测、月球探测、人造卫星定轨以及大地测量等领域均发挥了重要的作用。2003 年，国际 VLBI 服务机构 (International VLBI Service，IVS) 提出 "VLBI2010" 计划 [12]，目标为在全球尺度上地球参考架的测量精度达 1 毫米，能 24 小时连续观测地球自转参数，测定地球自转的高频特性，这一目标的实现将对地球科学和天文学研究做出突破性的贡献。

下面介绍单向测距中的几项常用技术。

6.2.1　伪距、载波相位测量及其几何时延

随着卫星导航技术的发展，伪距测量及载波相位测量技术已成为目前最基本的测距技术，用于地面精密定位或卫星精密定轨 [13,14]。地面接收机接收具有时间信息的导航卫星伪码或载波信号，测定信号发射时刻 (相对于导航卫星系统时间) 与地面接收机接收时刻 (相对于本地时间) 间的时刻差，根据相对论光速不变原理 [15,16]，信号传递时延表征了信号发射时刻的卫星位置到地面接收机接收到该信号时刻的接收机位置间的距离，但是，接收机实际的测量值是星载时钟的信号发射时刻与接收机时钟接收到该信号时刻之间的时刻差，显然，真实的观测结果等于信号传递时延和卫星导航系统时间与本地时间不同步的影响，这一测量结果通常称为星地间伪距测量 [17]。

图 6.2 是在惯性参考系中描述的单向测距信号传递时延的原理图，即描述地面站观测导航卫星下行信号测定星地间距离的原理图。在地心惯性参考系中，地球质心于 O 点，在 t_r 时刻 (系统时间) 卫星发射信号，卫星位置于 $S(t_r)$，其位置矢量为 $\boldsymbol{R}_s(t_r)$，地面站接收机位置矢量为 $\boldsymbol{R}(t_r)$；在 t 时刻地面站接收机接收到该信号，对应地面站的位置矢量为 $\boldsymbol{R}(t)$，显然，t 时刻 (系统时间) 接收到信号的真实传递路径 $\boldsymbol{\rho}(t)$ 应为

$$\boldsymbol{\rho}(t) = \boldsymbol{R}_s(t_r) - \boldsymbol{R}(t) \tag{6.4}$$

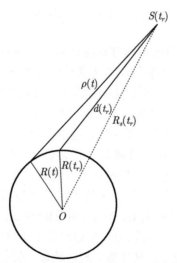

图 6.2　地面站观测导航卫星下行信号单向测距传递时延原理图

根据光速不变原理, 信号传递真实的时延即是星地间信号传递路径, 由于信号发射时钟和接收时钟不同步, 测量结果 $\Delta\tau(t)$ 是在信号发射时刻卫星钟的钟面时刻与接收到信号时刻接收机时钟钟面时刻的差, 应等于星地间信号传递时延及信号发射时刻星载时钟的钟差 $\Delta\tau_t$ (标准时间 = 钟面值 − 钟差 $\Delta\tau_t$) 和信号接收时钟的钟差 $\Delta\tau_r$ (标准时间 = 钟面值 − 钟差 $\Delta\tau_r$) 的时钟不同步影响, 因此测量值 $\Delta\tau(t)$ 为

$$\Delta\tau(t) = \frac{1}{c}|\boldsymbol{\rho}(t)| + (\Delta\tau_r - \Delta\tau_t) = \frac{1}{c}|\boldsymbol{\rho}(t)| + \Delta\tau_{rt} \qquad (6.5)$$

其中, $\Delta\tau_{rt} = \Delta\tau_r - \Delta\tau_t$ 是接收机时钟和卫星钟间的相对钟差 (接收时钟与卫星时钟间时间同步误差), $\Delta\tau_{rt}$ 一般为时间的函数, 可用参数化的数学模型表示。在第 4 章相对论章节中给出在地心地固坐标系描述信号传递路径 $\boldsymbol{\rho}(t)$ 等于在 t_r 时刻星地间距离 + 在信号传递期间地球自转影响 (Sagnac 效应) $\Delta\tau_{\text{Sagnac}}$[18], 即

$$|\boldsymbol{\rho}(t)| = |\boldsymbol{d}(t_r)| + \Delta\tau_{\text{Sagnac}} \qquad (6.6)$$

根据图 6.2, 则

$$|\boldsymbol{\rho}(t)| = |\boldsymbol{R}_s(t_r) - \boldsymbol{R}(t_r)| + \Delta\tau_{\text{Sagnac}} \qquad (6.7)$$

Sagnac 效应是小量。接收机进行过初同步, 作为时标时可以略去接收机钟差的影响, $t_r = t - \frac{1}{c}|\boldsymbol{\rho}(t)|$ 可用初始轨道近似计算, t_r 时标也可用初始值迭代求得。通过式 (6.5)∼ 式 (6.7) 联合, 最终求得 t_r 及在 t_r 时刻星地间距离的精确值。应该提一下, 上面的几何时延的测量值 $\Delta\tau(t)$ 应是指实际测量值扣除介质引起的信号传递路径时延 (电离层和对流层影响) 和仪器时延之后的测量结果。

总结上面的讨论, 改正后的测量结果 $\Delta\tau(t)$ 应为: t_r 时刻星地间距离、在信号传递过程中地球自转引起的 Sagnac 效应以及星地间时钟不同步影响之总和。

6.2.2 卫星距离差的相关测量几何时延

鉴于 VLBI 测量精度高的特性, 1972 年甚长基线干涉测量技术用于人造地球卫星轨道的测量。由于人造地球卫星离地面有限的距离, 卫星发射的信号到达地面为球面波, 与远距离天体到达地面的平面波情况略有不同, 因此, 人造地球卫星 (有限远物体) 的观测与无限远天体的观测的时延模型应略有不同; 人造地球卫星在地球的周边空间, 描述它运动特征的坐标系应为地心惯性坐标系, 相应的时间系统应为地心坐标时 TCG 或地球时 TT[19]。

地球周边空间有限远飞行器的测量原理见图 6.3 (如无特别注明, 本节的讨论均在地心惯性坐标系下描述, 坐标原点于地心 O, 站 1 设为主站)。在 t_r 时刻飞

行器位于 $S(t_r)$ 位置发射信号，其位置矢量为 $\boldsymbol{d}(t_r)$，该信号波前到达观测站 1 的时间为 t_1，对应的观测站 1 位于 $x1(t_1)$，其位置矢量为 $\boldsymbol{r}1(t_1)$ (模为 $r1(t_1)$)，观测站 1 至 $S(t_r)$ 的向量为 $\boldsymbol{R}_1(t_1)$ (模为 $R_1(t_1)$)；该信号在同一波前到达观测站 2 时间为 t_2，对应的观测站 2 的位置为 $x2(t_2)$，其位置矢量为 $\boldsymbol{r}2(t_2)$ (模为 $r2(t_2)$)，至 $S(t_r)$ 的向量为 $\boldsymbol{R}_2(t_2)$ (模 $R_2(t_2)$)。

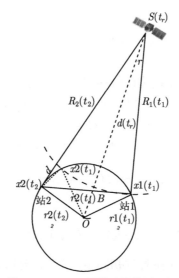

图 6.3　DOR 观测卫星的原理图

d 为该信号从飞行器到达两个观测站之间距离差，即

$$d = R_2(t_2) - R_1(t_1) \tag{6.8}$$

式 (6.8) 为 VLBI 观测卫星的最基本方程，t_1 和 t_2 为该信号同一波前分别到达两个测站的时刻。

下面导出 VLBI 观测人造卫星几何时延的分析表达式。在地心惯性坐标系下 $\boldsymbol{B}$ 矢量 (模为 B) 设为两个观测站位置矢量 $\boldsymbol{r}2(t_2)$ 与 $\boldsymbol{r}1(t_1)$ 之差，即矢量 $\boldsymbol{B} = \boldsymbol{r}2(t_2) - \boldsymbol{r}1(t_1)$ (不同时刻的两个测站的位置矢量之差，与地心地固坐标系描述的基线不同，$\boldsymbol{B}$ 受地球自转影响而变化，暂称为测站观测连线矢量)，γ 为 t_r 时刻飞行器位置 $S(t_r)$ 对 $\boldsymbol{B}$ 矢量的张角，θ 为 t_2 时刻观测站 2 位置和 t_r 时刻飞行器位置连线与 $\boldsymbol{B}$ 矢量间的夹角。

从图 6.3 得

$$d + R_1(t_1) = R_2(t_2) = R_1(t_1) \times \cos\gamma + B \times \cos\theta \tag{6.9}$$

还有关系式：

$$R_1(t_1) \times \sin\gamma = B \times \sin\theta \tag{6.10}$$

根据式 (6.9) 及式 (6.10)，飞行器在 t_r 时刻发射的信号到达两个测站的几何时延 τ_g 可以表示为

$$\tau_g = \frac{d}{c} = \frac{B}{c}\left[\cos\theta - \frac{1-\cos\gamma}{\sin\gamma}\sin\theta\right] \tag{6.11}$$

根据半角公式 $\tan\dfrac{\gamma}{2} = \dfrac{1-\cos\gamma}{\sin\gamma}$，得

$$\tau_g = \frac{d}{c} = \frac{B}{c} \times \frac{\cos\left(\theta + \dfrac{\gamma}{2}\right)}{\cos(\gamma/2)} \tag{6.12}$$

式 (6.12) 是有限远的运动体 DOR 的几何时延理论计算公式，这个公式计算 τ_g 并不方便，τ_g 与 B、γ、θ 有关，为了更明晰几何时延的物理含义，下面试用矢量形式表示上述公式。

图 6.3 可以抽象为图 6.4，图中顶角平分线与 B 交点为参考点：该点指向 $s(t_r)$ 的矢量为 S (其单位矢量为 K)，该点指向 $x1(t_1)$ 的矢量为 $B1$，指向 $x2(t_2)$ 矢量为 $B2$，由图 6.4 得

$$S = B1 + R_1(t_1) = B2 + R_2(t_2) \tag{6.13}$$

及

$$\begin{cases} R_1(t_1) \cdot K = R_1(t_1) \times \cos\left(\dfrac{\gamma}{2}\right) \\ B \cdot K = B \times \cos\left(\theta + \dfrac{\gamma}{2}\right) \end{cases} \tag{6.14}$$

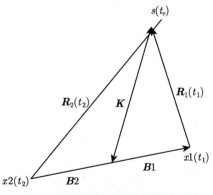

图 6.4 VLBI 观测卫星几何原理图

用矢量表示式 (6.12)，即飞行器在 t_r 时刻发射信号到达两个测站的几何时延 τ_g 为

$$\tau_g = \frac{1}{c} \times \frac{R_1\left(t_1\right)}{\boldsymbol{R}_1\left(t_1\right) \cdot \boldsymbol{K}} \boldsymbol{B} \cdot \boldsymbol{K} \tag{6.15}$$

$\boldsymbol{B}$ 是不同时刻的两个观测站位置矢量 $\boldsymbol{r}2\left(t_2\right)$ 与 $\boldsymbol{r}1\left(t_1\right)$ 之差 (模为 B)，两个观测站的位置矢量 $\boldsymbol{r}2\left(t_2\right)$ 和 $\boldsymbol{r}1\left(t_1\right)$ 与时间有关，$\boldsymbol{B} \cdot \boldsymbol{K}$ 与所观测的卫星位置有关，$\boldsymbol{B}$ 矢量的模显然不是常数。根据前面 $\boldsymbol{B}$ 的定义：

$$\boldsymbol{B} = \boldsymbol{r}2\left(t_2\right) - \boldsymbol{r}1\left(t_1\right) = \left[\boldsymbol{r}2\left(t_2\right) - \boldsymbol{r}2\left(t_1\right)\right] + \left[\boldsymbol{r}2\left(t_1\right) - \boldsymbol{r}1\left(t_1\right)\right]$$

上面等式右边部分的第一项是台站 2 在 d/c 时间间隔内因地球自转引起的位置变化，在 t 时刻台站 2 位置变化的瞬时速度应为 $\boldsymbol{\omega} \times \boldsymbol{r}2(t)$ ($\boldsymbol{\omega}$ 是地球自转角速度矢量)，第二项是两个观测站在同一时刻之间距离矢量，两个地面观测站与地球一起旋转，模的大小 (同一时刻两个观测站间的距离) 不会因坐标系旋转而变化，因此，同一时刻两个台站位置矢量之差称为基线 $\boldsymbol{b}$ (模为 b，为常数)，τ_g 是小量，因此，$\boldsymbol{B}$ 可近似写作

$$\boldsymbol{B} = \boldsymbol{b} + \tau_g \times \left[\boldsymbol{\omega} \times \boldsymbol{r}2\left(t_1\right)\right] \tag{6.16}$$

式 (6.16) 中 τ_g 取到一阶小量，$\boldsymbol{B}$ 矢量的模近似为

$$B = \sqrt{\boldsymbol{B} \cdot \boldsymbol{B}} \approx b + \left(\boldsymbol{\omega} \times \boldsymbol{r}2\left(t_1\right) \cdot \frac{\boldsymbol{b}}{b}\right) \times \tau_g$$

上式表明：$\boldsymbol{B}$ 矢量的模 B 近似为基线 b (常量) 和在 d/c 时间间隔内台站 2 因地球自转引起的位置变化在基线矢量方向上的投影之和，同一时刻的两个台站的位置矢量 $\boldsymbol{b}$ 随坐标一起转动，其模是恒定不变的。

利用上述近似式，式 (6.15) 改写为

$$\tau_g = \frac{1}{c} \times \frac{R_1\left(t_1\right)}{\boldsymbol{R}_1\left(t_1\right) \cdot \boldsymbol{K}} \boldsymbol{K} \cdot \left[\boldsymbol{b} + \boldsymbol{\omega} \times \boldsymbol{r}2\left(t_1\right) \cdot \tau_g\right]$$

整理后得

$$\tau_g = \frac{\dfrac{1}{c} \times \dfrac{R_1\left(t_1\right)}{\boldsymbol{R}_1\left(t_1\right) \cdot \boldsymbol{K}} \boldsymbol{K} \cdot \boldsymbol{b}}{1 - \dfrac{1}{c} \cdot \dfrac{\boldsymbol{R}_1\left(t_1\right) \times \boldsymbol{K} \cdot \left(\boldsymbol{\omega} \times \boldsymbol{r}2\left(t_1\right)\right)}{\boldsymbol{R}_1\left(t_1\right) \cdot \boldsymbol{K}}}$$

ω 是地球自转角速度，是一个小量，上式近似为

$$\tau_g = \frac{1}{c} \cdot \frac{R_1(t_1)}{R_1(t_1) \cdot K} K \cdot b \times \left[1 + \frac{1}{c} \times \frac{R_1(t_1)}{R_1(t_1) \cdot K} (K \cdot \omega \times r2(t_1)) \right] \quad (6.17)$$

式 (6.17) 是计算卫星的几何时延的公式。$\dfrac{R_1(t_1)}{R_1(t_1) \cdot K}$ 这一项是非平面波 ($\gamma \neq 0$, 观测有限远物体) 的影响，观测无穷远天体时 $R_1(t_1) \cdot K = R_1(t_1)$，此时整个 $\dfrac{1}{c} \cdot \dfrac{R_1(t_1)}{R_1(t_1) \cdot K} K \cdot b$ 这项变为 $\dfrac{1}{c} \times b \cdot K$，即为通常观测无穷远天体的因子；右边括号内的最后一项是地球自转的影响，即使观测无限远的运动体，这项影响仍然存在，显然式 (6.17) 的物理意义更明确。

6.2.3 地面 VLBI 观测河外源的几何时延

6.2.2 节讨论了 VLBI 观测卫星 (近地空间) 的几何时延，本节研究 VLBI 观测无限远天体，如类星体的两个观测站间的几何时延特征。

甚长基线干涉测量技术特别适用于观测无限远的暗弱天体，无限远天体发射的信号到达地面的波形可认作平面波处理，相应描述无限远天体运动特征的坐标系应为质心惯性坐标系 (或是说质心天球参考系)，对应四维坐标系的时间坐标应为质心坐标时 TCB，用质心天球参考系表示 VLBI 观测几何时延是最基本的 VLBI 观测关系式。但是，我们在地面观测无限远天体用的时间是观测所在地的本征时，通常观测所在地的本征时与 UTC 精确地进行同步，与 UTC 同步的观测所在地的本征时可简单地认作地球时 TT (或 TAI) 的实现，因此实际采用的时间系统应近似认作为地球时 TT；地面 VLBI 观测用地心参考系，因此质心天球参考系表示 VLBI 观测几何时延应转换成地心天球参考系的几何时延，这一转换实际上是考虑四维坐标中的相对论改正，上述描述的过程和说明是 VLBI 观测无限远天体几何时延的最基本考虑。

在质心天球参考系中 (本节约定：质心天球参考系的时间和坐标均用大写字母表示，地心天球参考系的时间和坐标均用小写字母表示，测站 1 为主站)，无限远天体发射信号到达测站 2 和测站 1 的质心坐标时分别为 T_2 和 T_1，则观测信号到达测站 2 与测站 1 (测站 2 相对于测站 1) 的几何时延差应为 $\Delta T = T_2 - T_1$ (质心坐标时的时刻差)，图 6.5 是 VLBI 观测的几何时延原理图，其中 O 为整个太阳系的质心，信号到达测站 2 和测站 1 时刻，两站的质心坐标位置矢量分别为 $X_2(T_2)$ 及 $X_1(T_1)$，那么 VLBI 观测的几何时延 ΔT 与测站位置矢量和被观测源方向的单位矢量 K 间的关系为

$$\Delta T = T_2 - T_1 = -\frac{\boldsymbol{K}}{c} \cdot [\boldsymbol{X}_2(T_2) - \boldsymbol{X}_1(T_1)] + \Delta T_{\mathrm{grav}} \tag{6.18}$$

其中，c 为光速；$\boldsymbol{K}$ 为在 T_1 时刻太阳系质心至观测源的单位矢量；ΔT_{grav} 为所有引力体产生的引力场对到达两个观测站的电磁波引起广义相对论距离改正的差值 (是小量)。

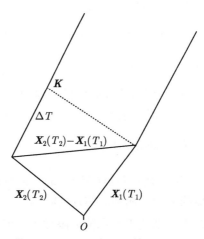

图 6.5　VLBI 观测几何时延原理图

式 (6.18) 表示的不是在同一时刻两个观测站的位置矢量之差，和 6.2.2 节所述的处理方法类同，可写成同一时刻 (T_1) 的两个站间位置矢量之差和在 ΔT 时间间隔内测站 2 位置矢量变化之和，因此，式 (6.18) 可表示为

$$\Delta T = -\frac{\boldsymbol{K}}{c} \cdot \{[\boldsymbol{X}_2(T_2) - \boldsymbol{X}_2(T_1)] + [\boldsymbol{X}_2(T_1) - \boldsymbol{X}_1(T_1)]\} + \Delta T_{\mathrm{grav}} \tag{6.19}$$

VLBI 观测 ΔT 值不会很大，上式中 $\boldsymbol{X}_2(T_2) - \boldsymbol{X}_2(T_1)$ (在 ΔT 时间间隔内台站 2 质心位置矢量的变化量) 可近似地用在 T_1 时刻站 2 在质心坐标系的速度矢量和时间差乘积表示。站 2 的质心坐标速度矢量可由两个部分速度矢量合成：地球公转引起的地球质心的质心速度矢量 $\boldsymbol{V}_E(T_1)$ (模为 $V_E(T_1)$) 和因地球自转引起的站 2 相对于地心的速度矢量 $\boldsymbol{\omega}_2(T_1)$ (模为 $\omega_2(T_1)$)，即

$$\boldsymbol{X}_2(T_2) - \boldsymbol{X}_2(T_1) = (\boldsymbol{V}_E(T_1) + \boldsymbol{\omega}_2(T_1)) \times \Delta T \tag{6.20}$$

在 T_1 时刻站 1 到站 2 的位置矢量之差可记作 $\boldsymbol{B}_0$ (模为 B_0，$\boldsymbol{B}_0$ 是时间 T_1 的函数)，即

$$\boldsymbol{B}_0 = \boldsymbol{X}_2(T_1) - \boldsymbol{X}_1(T_1) \tag{6.21}$$

整理得

$$\boldsymbol{X}_2\left(T_2\right) - \boldsymbol{X}_1\left(T_1\right) = \boldsymbol{B}_0 + \left(\boldsymbol{V}_E\left(T_1\right) + \boldsymbol{\omega}_2\left(T_1\right)\right) \times \Delta T \tag{6.22}$$

根据式 (6.18)，同一个波前到达两个观测站间的几何时延差可写为

$$\Delta T = -\frac{\boldsymbol{K}}{c} \cdot \left[\left(\boldsymbol{V}_E\left(T_1\right) + \boldsymbol{\omega}_2\left(T_1\right)\right) \times \Delta T + \boldsymbol{B}_0\right] + \Delta T_{\mathrm{grav}}$$

整理上式，最终得到在质心坐标系下同一个波前到达两个观测站间的几何时延差 (质心坐标时时间尺度)：

$$\Delta T = \frac{\Delta T_{\mathrm{grav}} - \dfrac{\boldsymbol{K}}{c} \cdot \boldsymbol{B}_0}{1 + \dfrac{\boldsymbol{K}}{c} \cdot \left(\boldsymbol{V}_E\left(T_1\right) + \boldsymbol{\omega}_2\left(T_1\right)\right)} \tag{6.23}$$

式 (6.23) 是在质心天球坐标系下的表达式，所有的量为质心坐标量，对应时延 ΔT 是相对于质心坐标时 TCB 由几何时延引起的时刻差，公式右边部分的分母改正量实际上是在 ΔT 时间内在质心坐标中测站 2 位置变化引起的影响，包括在 ΔT 时间内因公转引起的地球质心位置变化和站 2 因地球自转引起的位置变化的影响。

VLBI 在地面观测，描述事件应用地心天球坐标系，对应的时间系统应是地心坐标时 TCG 或是地球时 TT(如前所述，观测站的本地时间与 UTC 同步，可认为是 TT 的实现)，因此需要对式 (6.23) 作适当的转换：从质心坐标转换成地心坐标，时间从质心坐标时转换成地心坐标时，转换后的公式成为 VLBI 在地面观测实际应用的公式。

根据 IAU2000 决议 [20] 和 IERS2010 规范 [19]，从质心坐标时转换成地心坐标时的关系式 (引力势和速度的相对论影响) 为

$$t = \int \left[1 - \frac{U_{\mathrm{ext}}\left(X_E\right)}{c^2} - \frac{V_E^2}{2c^2}\right] \mathrm{d}T - \frac{\boldsymbol{V}_E \cdot \boldsymbol{X}}{c^2} - O\left(c^4\right) \tag{6.24}$$

其中，$\boldsymbol{V}_E$ 为在质心坐标中地球质心的质心速度矢量，模为 V_E；$U_{\mathrm{ext}}\left(X_E\right)$ 为太阳系所有天体 (除地球之外) 在地球质心处的牛顿引力势；$\boldsymbol{X}$ 为测站相对于地球质心的质心位置矢量，模为 X；$O\left(c^4\right)$ 为小于 c^{-4} 的改正小量之和，IAU2000 决议 B1~B4 提供了相应的计算公式。

在实际应用中式 (6.24) 取到 c^{-3} 能满足大部分情况下的精度需求, 略去 c^{-3} 之后的高阶小量, 地心坐标时时刻差 $\Delta t = t_2 - t_1$ 与质心坐标时时刻差 ΔT (当时间间隔不是很大时) 间的关系可表示为

$$\Delta t = \left[1 - \frac{U_{\text{ext}}\left(X_E\left(t_1\right)\right)}{c^2} - \frac{V_E^2\left(t_1\right)}{2c^2}\right] \times \Delta T - \frac{V_E\left(t_1\right)}{c^2} \cdot \left[B_0 + \omega_2\left(T_1\right) \times \Delta T\right] \quad (6.25)$$

把质心坐标时转换成地心坐标时, 则式 (6.23) 可写为

$$\Delta t = \frac{\Delta T_{\text{grav}} - \dfrac{K}{c} \cdot B_0 \times \left[1 - \dfrac{U_{\text{ext}}\left(x_E\left(t_1\right)\right)}{c^2} - \dfrac{V_E^2\left(t_1\right)}{2c^2} - \dfrac{V_E\left(t_1\right)}{c^2} \cdot \omega_2\left(T_1\right)\right]}{1 + \dfrac{K}{c} \cdot \left(V_E\left(T_1\right) + \omega_2\left(T_1\right)\right)}$$

$$- \frac{V_E\left(t_1\right)}{c^2} \cdot B_0 \qquad\qquad\qquad\qquad (6.26)$$

式 (6.26) 中 B_0 转换为地心坐标。IAU 2000 决议 B1.3 及 B1.4[20] 给出质心坐标 X 转换成地心坐标 x 的关系为

$$x = X + \frac{1}{c^2}\left[U_{\text{ext}}\left(X_E\right) \times X + \frac{1}{2}\left(V_E \cdot X\right) \times V_E + \left(A_E \cdot X\right) \times X - \frac{X^2 \times A_E}{2}\right]$$

$$+ O\left(c^4\right) \qquad\qquad\qquad\qquad (6.27)$$

其中, X 为在质心坐标系中测站相对于地球质心的位置矢量; V_E 为在质心坐标系中地球质心的速度; A_E 为在质心坐标系中地球质心的加速度。

根据式 (6.27), 略去 c^{-3} 之后的高阶小量, B_0 在地心坐标系中可表示为

$$B_0 = X_2\left(T_1\right) - X_1\left(T_1\right) = b_0 - \frac{U_{\text{ext}}\left(x_E\right) \times b_0}{c^2} - V_E \times \frac{b_0 \cdot V_E}{2c^2}$$

其中, b_0 为地心坐标系中 t_1 时刻站 1 坐标位置 $x1\left(t_1\right)$ 到站 2 坐标位置 $x2\left(t_1\right)$ 的基线矢量, $b_0 = x2\left(t_1\right) - x1\left(t_1\right)$。

把上式代入式 (6.26), 略去 c^{-3} 之后的高阶小量, 整理后得

$$\Delta t = \frac{1}{1 + K \cdot \dfrac{V_E\left(T_1\right) + \omega_2\left(T_1\right)}{c}}\left\{\Delta T_{\text{grav}} - \frac{K \cdot b_0}{c}\right.$$

$$\cdot \left[1 - 2\frac{U_{\text{ext}}\left(X_E\right)}{c^2} - \frac{V_E^2\left(t_1\right)}{2c^2} - \frac{V_E\left(T_1\right) \cdot \omega_2\left(T_1\right)}{c^2}\right]$$

$$\left. - \frac{\boldsymbol{V}_E\left(T_1\right) \cdot \boldsymbol{b}_0\left(1 + \boldsymbol{K} \cdot \boldsymbol{V}_E\left(T_1\right)/2c\right)}{c^2} \right\} \tag{6.28}$$

式 (6.28) 是 IERS2010 规范给出的 VLBI 观测真空中几何时延差公式[19]。

VLBI 观测的总时延 (相关处理结果) τ_{obs} 应是在真空中测站的几何时延 τ_g、信号传递路径上额外时延引起的额外时延[21] (电离层时延 τ_{ion}、中性大气时延 τ_{atm}) 及观测仪器本身时延 τ_{ins} 之差值、站间时钟同步误差 τ_{clk} 及其他因素引起时延之差 (如站位置的变化、模型的不精确、相对论影响)τ_{etc} 之和[19]：

$$\tau_{\mathrm{obs}} = \tau_g + \tau_{\mathrm{ion}} + \tau_{\mathrm{atm}} + \tau_{\mathrm{ins}} + \tau_{\mathrm{clk}} + \tau_{\mathrm{etc}} \tag{6.29}$$

接收机相对时延 τ_{ins} 可通过接收机标校方法标定，电离层引起的时延差 τ_{ion} 可以用双频观测进行改正，中性大气时延差 τ_{atm} 可以用模型改正或用水汽辐射计实时测定。如果时钟已经同步，可测定射电源位置或地球定向参数；如果射电源位置或地球定向参数已知，VLBI 技术可用于时间同步，目前 VLBI 技术同步精度可达几十皮秒。

6.3 双向测距及激光测距

双向测距技术的优势是测距结果不受站间时钟不同步的影响，即站间钟差不会影响双向测距结果，真实地描述了测量距离 (不是伪距)，另外，双向测距仪器系统误差易于自校准，双向测距技术的优势为高精度测距提供了保证[22,23]。

双向测距避开了站间时间同步的困境，因此从方法上双向测距会比单向测距结果更为稳定[24]。目前站间时间同步研究以研究站间时间同步稳定性居多，即重于研究 A 类误差，实际影响测距结果的站间时间同步误差应包括 A 类和 B 类误差，B 类误差往往比 A 类误差更难于测量。在单向测距的钟差影响大部分作为未知数求解，虽解算精度高，但是实际解算结果是自洽的采用值，原则上不能说真正解决 B 类误差问题。

激光测距，如激光测卫 (SLR) 是最典型的双向测距技术，信号发射和信号接收共享同一台时钟，目前测距精度优于 1 厘米，是目前公认为用于校验其他测量的可靠技术。

1961/1962 年美国开始研究用激光技术跟踪观测人造地球卫星，当时主要观测低轨卫星，之后激光测卫有很大进展：观测频度从开始阶段每秒 1 个脉冲，现在已发展到几千赫兹脉冲，脉冲宽度达到皮秒级水平，这一进展使激光观测精度有很大提高；观测有效距离也有很大的进展，观测从低轨卫星到高轨卫星，直至月球；新一代激光观测应用单光子接收器件，既使在背景噪声很大的白天也能进

行观测，激光观测发展成可全天观测技术；双波长或多波长激光观测应用于检验
大气延迟模型；另外，观测自动化程度的不断提高，快速切换观测对象，所有这
些进展使激光观测技术在测地和地球物理、极移研究及卫星高精度定轨和导航等
领域发挥了重要的作用。

　　图 6.6 所示惯性参考系中激光观测原理：O 为地球的质心，激光观测站在 t_1
时刻发射光脉冲，此时刻激光观测站于 P_1 位置，对应位置矢量为 $r(t_1)$；在 t_r
时刻光脉冲到达被测卫星，此时卫星位置于 $S(t_r)$，对应卫星位置矢量为 R_r，由
于地球自转原因，对应时刻的激光观测站的位置为 P_r，其位置矢量表示为 $r(t_r)$，
此时刻星地间距离为 $R(t_r)$；光脉冲经后向反射器反射，在 t_2 时刻该光脉冲回到
激光观测站，此时激光观测站的位置于 P_2，对应的位置矢量为 $r(t_2)$，光脉冲传
递真实路径为上行从 P_1 到 $S(t_r)$，其距离为 $R(t_1)$，下行为 $S(t_r)$ 到 P_2，其传递
真实路径为 $R(t_2)$。因此，对该光脉冲时延测量值 $L(t_r)$ 为

$$L(t_r) = R(t_1) + R(t_2) \tag{6.30}$$

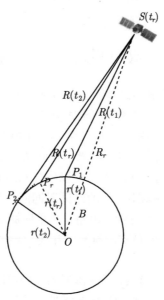

图 6.6　激光观测原理图

　　在第 4 章给出了地球自转影响的 Sagnac 效应，上行和下行信号传递方向相
反，因此上行和下行的 Sagnac 效应影响正好相反，上行和下行 Sagnac 效应相抵
消，根据式 (6.30)，在卫星转发信号时刻星地间距离和测量值关系可写成

$$R(t_r) = \frac{1}{2}L(t_r) \tag{6.31}$$

从图 6.6 得

$$R(t_r) = |\boldsymbol{R}_r - \boldsymbol{r}(t_r)| \tag{6.32}$$

上式表示，在 t_r 时刻星地间距离 $R(t_r)$ 是该时刻卫星位置矢量 $\boldsymbol{R}_r$ 和测站卫星位置矢量 $\boldsymbol{r}(t_r)$ 之差。实际测量结果中观测值不仅包括几何时延部分，还包括其他影响：如测距的大气延迟改正 [25]、卫星质心改正、测站的仪器误差改正 (望远镜偏置修正、仪器时延)、测距的广义相对论效应修正、测站的位置改正 (包括固体潮、海潮、极潮影响的潮汐改正及测站的板块运动改正) 等影响 [26]。现在国际上有 50 多个测站组成 SLR 观测网，大多数测站单次测距精度在几厘米，部分台站可达几毫米。

6.4 基准点定义与观测改正

天线 (或望远镜) 的转动一般通过两个相互垂直的旋转轴完成 [26]，其中在空间指向固定的旋转轴称作主轴，与主轴相垂直的旋转轴称作运动轴，运动轴绕着主轴转动。主轴指向天顶方向的系统称作地平式 (或 AZ、方位俯仰) 装置，主轴指向天极方向的系统称作赤道式装置，主轴指向东西方向的系统称作 XY 装置，这些装置各有其优势和弱点：地平式装置结构稳定，一般大型天线均采用地平式装置，弱点是天顶附近的卫星或天体因方位变化太快而无法跟踪，天顶附近成为观测盲区；赤道式装置主轴指向天极方向，特别适用于跟踪自然天体，跟踪天体周日运动仅需天线绕主轴转动，弱点与地平式装置一样，在主轴指向附近区域，即在天极方向成为观测的盲区；XY 装置避开了地平式装置过天顶方向为观测盲区的弱点，但主轴指向附近区域也是盲区。因此不同的观测目标应平衡其利弊，选用不同的天线装置。

观测设备的基准点必须选择相对于地面固定的点，即不因天线转动而变化的"不动点"，因此观测设备的基准点必定在主轴上。如果主轴与运动轴垂直且有理想的交点，显然，可定义这个交点为"观测设备的基准点"，当观测设备绕两个旋转轴转动时，定义的基准点具有在空间保持不动的特性，不因设备旋转而引起基准点位置的变化。上面定义了理想情况下的"设备基准点"，有些天线设计运动轴与主轴垂直，但不相交，这种设计将观测设备基准点定义为在主轴与包含运动轴、垂直于主轴的平面的交点，这样定义的观测设备基准点在空间也是一个不动点；更一般情况下，当两个转动轴不是严格垂直，且主轴略有摆动时，定义基准点为在主轴上最靠近运动轴的点，这是统计意义上定义的基准点，所有的观测要归算到以基准点为准的最终结果。

6.4.1　地平式装置的系统改正

下面介绍地平式装置的系统改正。地平式装置比较稳定，大型望远镜和天线均采用地平式装置，图 6.7 是典型的天线地平式装置卡塞格林系统的结构原理图 [27,28]，h_s 是主、副反射面间的距离，h_v 是天线系统的焦平面到天线参考点间的距离，h_p 是参考点到水泥基墩的表面间的距离，h_f 是水泥基墩的表面到基础基准点间的距离，ε 是天线指向观测天体时的地平高度角。

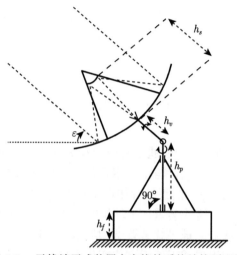

图 6.7　天线地平式装置卡塞格林系统结构原理图

我们定义星地间的距离是卫星质心到天线基准点的距离，因此地平式装置的系统改正分为两部分：相对于天线地平式装置参考点的系统改正和天线参考点相对于天线基准点的系统改正。

天体发射的无线电波经天线到达参考点与电波直接到达参考点的时延要大一些，增加时延为卡塞格林系统天线聚焦部分的额外路径，这部分时延改正值 τ' 应为

$$c \times \tau' = -2 \times h_s$$

接收机接收信号并非在参考点 (焦平面之后的信号时延定义为观测仪器时延)，而是聚焦于焦平面上，观测值相对于无线电波到达参考点的时延改正 τ'' 为

$$c \times \tau'' = h_v$$

上述两项是观测相对于参考点的改正，但天线基准点会随环境变化略有位置变化，观测结果应归算到更为理想的基准点，在参考点正下方定义基准点，观测结果从

参考点到基准点的改正 $\tau^{\triangle}$ 满足

$$c \times \tau^{\triangle} = (h_p + h_f) \sin \varepsilon$$

观测结果归算到参考点的系统改正 τ 应为上述改正总体:

$$c \times \tau = -2 \times h_s + h_v + (h_p + h_f) \sin \varepsilon \tag{6.33}$$

上式是观测结果归算的严格的公式。

但是,受环境温度变化的影响,这些参量随天线温度变化有很小的变化量,近似地认为与天线温度变化的关系为线性关系,而天线温度变化随环境温度 $T(t)$ 变化还有滞后效应,滞后效应的时延为 Δt_a (对于水泥基础为 Δt_f),由于滞后原因,t 时刻的天线温度应等于 $t - \Delta t_a$ 时刻的环境温度 $T(t - \Delta t_a)$。因此,天线系统改正人为地分为两部分:标准条件下的天线系统改正和环境温度相对于标准温度变化引起的改正。IERS (2003 规范)[20] 假定 20 摄氏度为标准温度 T_0,用上面公式计算标准条件下的天线系统改正 (见式 (6.33)),环境温度相对于标准温度变化引起的改正值 $\Delta \tau$ 满足

$$c \times \Delta \tau = \gamma_a \left(T\left(t - \Delta t_a \right) - T_0 \right) \times \left[h_v - 1.8 \times h_s + h_p \times \sin \varepsilon \right]$$
$$+ \gamma_f \left(T\left(t - \Delta t_f \right) - T_0 \right) \times h_f \times \sin \varepsilon \tag{6.34}$$

其中,γ_a 和 γ_f 分别为天线和水泥基础的线膨胀系数,系数 1.8 与副反射面支撑杆角度的余弦 (取 $\cos \theta = 0.9$) 有关。

下面讨论中国科学院国家授时中心转发式测轨系统天线改正,转发式测轨系统天线采用 3.7 米地平式装置,天线结构为卡塞格林系统,其参数为:$h_f = 2000\text{mm}$,$h_p = 1500\text{mm}$,γ_a 和 γ_f 均为 1×10^{-5},如果周年最大温度变化为 60 摄氏度,那么参考点相对于基准点变化幅度为 1 毫米,因此转发式测轨系统定义天线参考点作为基准点,确定两轴交点的精确坐标为天线的基准点,天线改正 $c \times \tau = h_v - 2 \times h_s$ 是常数,在计算卫星轨道时,被卫星转发器时延所吸收,在卫星定轨时作为未知常数统一进行解算。

对于大天线环境影响不能忽略,观测仪器的系统改正和环境温度影响改正应严格按上述公式计算。

6.4.2　赤道式装置的系统改正

赤道式装置的天线系统改正与地平式装置的天线系统改正略有不同。图 6.8 给出了天线赤道式装置卡塞格林系统结构原理图,显然地平式卡塞格林系统部分与赤道式卡塞格林系统部分完全一样,而赤道式比地平式装置多了赤经轴和赤纬

轴间距离 h_d 的影响 $h_d \times \cos \delta$，因此，赤道式装置观测结果归算到参考点的改正 τ 满足

$$c \times \tau = h_v - 2 \times h_s + (h_p + h_f) \times \sin \varepsilon + h_d \times \cos \delta \qquad (6.35)$$

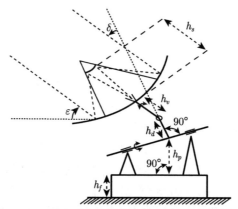

图 6.8　天线赤道式装置卡塞格林系统结构原理图

相应环境温度变化引起的时延改正值 $\Delta \tau$ 满足

$$c \times \Delta \tau = \gamma_a \left(T \left(t - \Delta t_a \right) - T_0 \right) \times \left[h_v - 1.8 \times h_s + h_p \times \sin \varepsilon + h_d \times \cos \delta \right]$$
$$+ \gamma_f \left[T \left(t - \Delta t_f \right) - T_0 \right] \times h_f \times \sin \varepsilon \qquad (6.36)$$

上面讨论了两种装置的观测相对于基准点的改正，τ 为观测仪器的系统改正，$\Delta \tau$ 是环境温度相对于标准情况变化引起的时延改正项。

参 考 文 献

[1]　李济生. 人造卫星精密轨道确定. 北京: 解放军出版社，1995.

[2]　Cheng X, Li Z G, Yang X H, et al. Chinese Area Positioning System with wide area augmentation. Journal of Navigation, 2012, 65(2): 339-349.

[3]　Ai G X, Shi H L, Wu H T, et al. A Positioning system based on communication satellites and the Chinese Area Positioning System (CAPS). Chinese Journal of Astronomy and Astrophysics, 2008, 8(6): 611-630.

[4]　Ai G X, Shi H L, Wu H T, et al. The principle of the positioning system based on communication satellites. Science in China, Series G, 2009, 52(3): 472-488.

[5]　Liu J H, Li Z G, Yang X H, et al. Variation of satellite transponder delay. Chin. Sei. Bull., 2014, 59(21): 2568-2573.

[6]　Li X H, Wu H T, Bian Y J, et al. Satellite virtual atomic clock with pseudorange difference function. Science in China, Series G, 2009, 52(3): 353-359.

[7] Kaplan E D, Hegarty C J. Understanding GPS: Principle and Application. Boston: Artech House, 2006.

[8] 刘基余. GPS 卫星导航定位原理与方法. 北京：科学出版社, 2003.

[9] Border J S, Donivan F F, Finley S G, et al. Determining spacecraft angular position with delta VLBI: the voyager demonstration. AIAA/AAS Astrodynamics Conference, San Diego, CA, 9-11 August, 1982.

[10] Fey A L, Gordon D, Jacobs C S. The second realization of the international celestial reference frame by Very Long Baseline Interferometry, IERS Technical Notes 35. Verlag des Bundesamts für Kartographie und Geodäsie Frankfurt am Main, 2009.

[11] Kopeikin S M. Theory of relativity in observational tadio astronomy. Sov. Astron., 1990, 34(1): 5-10.

[12] Petrachenko B, Niell A, Behrend D, et al. Design Aspects of the VLBI2010 System. Progress Report of the VLBI2010 Committee, 2009.

[13] McCarthy D D, Seidelmann P K. Time: From Earth Rotation to Atomic Physics. Winhein: Wiley-VCH Verlag GmbH&Co. KGaA, 2009.

[14] Guinot B, Seidelmann P K. Time scales—Their history, definition and interpretation. Astronomy & Astrophysics, 1988, 194: 304-308.

[15] 林金, 李志刚, 费景高, 等. 爱因斯坦光速不变假设的判决性实验检验. 宇航学报, 2009, 30(1): 25-32.

[16] Hellings R W. Relativistic effects in astronomical timing measurements. Astronomical Journal, 1986, 91(3): 650-659.

[17] Parkinson W, Spiker J. Spilker Jr. Global Positioning System: Theory and Applications Volume II. Published by American Institute of Aeronautics and Aeronautics, 1996.

[18] Soffel M, Langhans R, Mahooti M. Space-Time Reference Systems. Berlin, Heidelberg: Springer-Verlag, 2013.

[19] Petit G, Luzum B. IERS conventions (2010), IERS Technical Note No. 36. Verlag des Bundesamts für Kartographie und Geodäsie Frankfurt am Main, 2010.

[20] McCarthy D D and Petit G. IERS conventions (2003), IERS Technical Notes 32. Verlag des Bundesamts für Kartographie und Geodäsie Frankfurt am Main, 2004.

[21] Li Z G, Yang X H, Ai G X, et al. A new method for determination of satellite orbits by transfer. Science in China, 2009, 52(3): 384-392.

[22] 李志刚, 乔荣川, 冯初刚. 卫星双向法与卫星测距. 飞行器测控学报, 2006, 25(3): 1-6.

[23] 李焕信, 张虹, 李志刚. 双通道终端进行卫星双向法时间比对的归算方法. 陕西天文台台刊, 2002, 25(2): 81-89.

[24] 李志刚, 艾国祥, 施浒立, 等. 转发器式卫星测轨定轨方法. 中国国防专利: ZL 200310102197.1, 2003-12-30.

[25] Li Z G, Cheng Z Y, Feng C G, et al. A study of prediction models for ionosphere. Chinese J. of Geophysics, 2007, 50(2): 307-319.

[26] Richter B, Dick W R, Schwegmann W. Proceedings of the IERS Workshop on Site Co-location, IERS Technical Note No. 33., 2003.

[27]　Eubanks T M. A consensus model for relativistic effects in geodetic VLBI. Proceedings of the USNO Workshop on Relativistic Models for Use in Space Geodesy, 1991: 60-82.

[28]　Ma C, Arias E F, Eubanks T M, et al. The International Celestial Reference Frame as realized by very long baseline interferometry. The Astronomical Journal, 1998, 116(1): 516-546.

第 7 章　统一载波测控系统

20 世纪 40 年代初出现靶场测控系统，随着航天发展的需要，借助于电子技术的飞速发展，以靶场测控系统为基础发展成为标准化、多功能、大信息量和高度自动化的统一航天测控系统 (Tracking Telemetry and Command System，TTCS)。统一航天测控系统实现地面与航天器大量信息的交换，对航天器飞行轨迹及姿态进行跟踪测量与控制，对航天器整个系统和设备进行检测、监视和控制，确保航天器有效载荷处于正常的工作状态，实现航天器预期的目标与任务 [1]。

根据上述功能，统一航天器测控系统应由通信系统、测量系统、时间系统、数据处理分系统、遥控分系统和指挥监控分系统等部分组成。目前，统一航天测控系统向高功能、综合利用方向发展。统一载波测控系统 (unified carrier measurement and control system) 的发展以及航天器测控部分功能从地面转移至空间 (如跟踪和数据中继卫星系统的应用，导航卫星定位系统用于卫星定轨等)，这些技术的发展大大地提升了统一载波测控系统的性能和功能，同时拓宽了航天测控系统的应用范围 [2]。

7.1　统一载波测控系统简介

统一载波测控系统是指利用公共射频信道，多个副载波调制在一个公共的载波上，借助于频率复用技术实现多路信号传输，将航天器的跟踪、测轨、遥测、遥控和通信等功能一体化的综合无线电测控系统，因此该系统又称为综合测控系统。统一载波测控系统按使用频段可划分为 [3]：统一 S 波段 (Unified S-Band，USB) 测控系统，统一 C 波段 (Unified C-Band，UCB) 测控系统，还有统一 X、Ku 波段测控系统 [2]。

统一载波测控系统的基本功能为：

(1) 测量在轨航天器指向、距离及距离变化率，测定航天器位置及运行轨迹；

(2) 收集在轨航天器的状态以及姿态信息，监视在轨航天器的实时工作状态；

(3) 通过遥控系统控制、保持或调整在轨航天器的运行轨道及姿态；

(4) 监控、协调和保持航天器各分系统和有效载荷正常工作。

统一载波测控系统与分离式测控系统相比有明显的优势：节省了宝贵的卫星功率资源，简化复杂的测控设备，硬件设备更优化，另外，测控系统的地面部分实现标准化、测控系统通用化和规范化，便于国际的调控和合作 [4]。国际电信联

盟 (ITU) 为统一载波测控系统的测控频率专门划定了保护频段，规定为标准空间业务频段；空间数据系统协商委员会 (Consultative Committee for Space Data System，CCSDS) 建议为载波测控系统建立国际标准：规定下行与上行载频比为 221/240，上行频率范围 2025~2120 兆赫兹，下行频率范围 2200~2300 兆赫兹，遥控副载频频带宽度为 8 千赫兹或 16 千赫兹，遥测副载频频带宽度为 20~100 千赫兹。基于国际标准建立的统一载波测控系统的通用优势，特别适于国际合作 [5]，使得统一载波测控系统在国际上获得了广泛的应用与推广。

统一载波测控系统的测轨分系统采用单站测角和测距 (侧音测距) 联合的定轨体制，测角借用天线指向，因此测角分辨率不高，测角误差较大；测距用的工作频带的宽度也不宽，因此测距精度不是很高，显然统一载波测控系统属中等测轨精度，其定轨精度满足航天器测控的需求。

统一载波测控系统采用频率复用多路信号传输方式 [4]，多个副载波调制在同一个载波上，实现航天器测、控的多功能综合。但频分多址技术的抗干扰能力不强，导致统一载波测控系统的传输数据速率不能太高，提高频分多址抗干扰的有效手段是采用时分多址技术传输数据 (遥测、遥控和侧音等) 和有效载荷信息，提高传输速率和传输容量。但是，统一载波测控系统受限于副载波频带宽度，时分多址技术传输数据的速率和容量还是受到很大的限制，发展多载波测控系统是解决这一困境最有效的途径。

7.2　统一载波测控系统的功能

统一载波测控系统集卫星跟踪、测距、测角、遥测信号接收与处理、遥控信号产生与发送等功能，其地面部分由天线及天线控制、射频、基带等分系统组成。天线及天线控制分系统功能：自动跟踪在轨航天器；实现信号同时发射和接收的功能，确保航天器测 (接收航天器发射的信号) 控 (向航天器发射信号) 和测距及通信业务的完成。

地面测控站天线及天线控制分系统由天线、天线控制和馈源三个部分组成。天线控制部分主要由天线、驱动单元及辅助单元等部分组成，测控天线一般采用双反射的卡塞格林系统 (见图 7.1)，天线座结构通常采用稳定的方位–俯仰型机架，其中转台式 (全动型) 方位–俯仰型机架适于全天区观测，立柱式 (限动型) 机架适于观测局部特定天区。由于在轨航天器功率的限制，在轨航天器星载天线输出功率不大，信号经过自由空间的传输损耗和大气吸收，致使航天器发射的信号到达地面时变得很弱，因此地面测控站天线要求有一定的天线增益满足接收信号有足够的信噪比；天线控制部分功能是实现航天器的自动实时跟踪，由天线控制单元 (Antenna Controller Unit，ACU)、功率驱动单元 (Power Drive Unit，PDU)、角度传感器、跟踪接收机等单元组成，馈源具有接收和发射信号聚集的功能，将射频功率形成设计所要求的电磁波波束或赋形波束，使天线具有增益高、旁瓣低、损耗小和方向性好等优良特性，以期实现天线有尽可能高的信号发射和接收性能；跟踪接收机用于天线自动跟踪，角度传感器分辨率和天线主瓣宽度决定测角精度。

射频分系统分为射频发射部分和射频接收部分。射频发射部分功能为完成遥控任务需要，产生适合于卫星通信的控制命令和测距的调制信号，要求到达航天器的信号有足够强的功率；接收射频部分把下行链路信号放大，把带有遥测数据和测距信号的卫星工作频率转换为指定的中频，要求接收信号有足够功率和信噪比，另外，射频部分还有数据通信和标校功能。

图 7.1 卡塞格林式地平装置天线

测控系统的基带分系统将测距、测速、测角、遥测、遥控、通信数据传送等多项功能有机地综合在一起构成的终端设备，称统一基带设备。基带分系统的遥控单元的主要功能是对遥控信息与测距副载波进行脉冲编码调制 (Pulse Code Modulation，PCM)，输出 70 兆赫兹中频信号给上行遥控信道；基带分系统的遥测单元的主要功能是捕获中频接收机输出的 PSK-PCM 遥测信号、提取同步时钟和码同步时钟，完成帧/副帧的同步解调。

基带分系统的测距单元由侧音产生器和侧音跟踪环两个模块组成。侧音产生器通过数字控制振荡器 (Numerically Controlled Oscillator，NCO) 产生相互独立的侧音副载波信号，通过 D/A 转换后调制在 70 兆赫兹中频，并输出至上行信道。星载应答机将测距侧音信息的射频信号处理后转发到地面，地面基带接收设备进行 PM 解调，解调后的信号送侧音处理单元[5]。侧音跟踪环对输入的所有侧音信号进行相位跟踪并测量，获取各个侧音信号的相位时延，信息处理软件对所有侧音相位延迟进行处理，扣除星地设备零值后计算出测站参考点与卫星之间的径向距离。

统一载波测控跟踪测角系统对跟踪观测目标位置进行方向测量。当天线完成对目标的自动跟踪，天线的射频信号始终指向目标，对于方位俯仰座架的天线系统，方位轴和俯仰轴装有轴角编码器，数据代表了在观测时刻观测目标的方位角与俯仰角。

轴角编码装置 (轴角编码器) 的基本功能就是把天线两个轴的转动角度变为数字量输出。根据检测原理不同，角编码器可分为光学式、磁式、感应式和电容式编码器，根据输出形式不同，可分为步增量式、绝对式和混合式三种类型。

跟踪测角系统的测角精度反映测角观测结果与真实方位俯仰角的差异，测角误差根据其特性分为系统误差与随机误差。系统误差是在一定的测量条件下，由于跟踪测角系统未能及时进行系统校准显示出系统性变化的误差，根据具体的实验条件，分析系统误差的特点，找出产生系统误差的原因，建立合适的系统误差模型进行校准，有效地降低其系统误差，常见系统误差产生的原因：仪器的零点不准、仪器未能调整到正确位置 (如两个天线的转动轴相互不垂直，编码器倾斜，转动轴有水平误差)、外界环境 (光线、温度、湿度、重力、电磁场等) 对测量仪器的影响等所产生的误差。应该注意：系统误差总是使测量结果产生系统性的变化，多次测量的平均值并不能消除系统误差的影响。随机误差也称为偶然误差，从统计的观点来看，随机误差一般服从高斯分布的随机量，多次测量的平均值会大大地压缩其影响。

7.3 测控天线跟踪系统

天线跟踪系统的任务是使天线始终实时、精准地指向在轨航天器，使天线的方位和俯仰与航天器的方向完全一致，目前已发展了几种测控天线跟踪模式，根据不同的观测任务可选用相应的跟踪模式。

测控天线跟踪系统的模式有：步进跟踪、圆锥扫描跟踪、单脉冲跟踪等自动跟踪模式。步进跟踪又分为步进搜索式跟踪和步进扫描式跟踪；单脉冲跟踪又可以分为相位单脉冲跟踪和幅度单脉冲跟踪，幅度单脉冲跟踪模式因设备较为简单而被广泛应用。

7.3.1 测控天线步进跟踪模式

由于各种摄动力的影响，地球静止轨道卫星在空间相对于地面仍然有一定的微小摆动，步进跟踪是卫星地面站对静止轨道卫星进行跟踪的一种比较常用、低成本的自动跟踪模式。

步进搜索式跟踪是一种试探性的跟踪模式，在天线伺服单元的控制下，强制天线在方位和俯仰两个方向分别在一定的范围内以适当的步距用试探性扫描方式控制天线摆动，根据所接收的电平大小决定天线的正确位置，实现天线主波束正确无误地对准观测目标。

步进扫描式跟踪是在天线主波束宽度内，天线围绕所处位置做等边长矩形扫描，根据 4 个角顶点的接收信号电平，确定下一次扫描矩形方向，当矩形的 4 个角顶点的接收信号电平相等时认为是观测目标的方向，实现观测目标的角度跟踪与测量。

上述两种步进跟踪方式的优点是所用设备较为简单，价格低廉，便于与计算机连接，两种步进跟踪方式相比，步进搜索式跟踪路径较为烦琐，跟踪效率较低。

7.3.2 天线圆锥扫描跟踪模式

圆锥扫描跟踪模式是借助于天线可动的馈源喇叭主轴方向与天线对称主轴以一个小的夹角做圆周形扫描运动实现跟踪，上述运动相当于天线馈源接收到的波束在空间呈圆锥状旋转，当天线对称主轴精准地对准观测目标时，天线接收到的信标电平是一个恒定不变值；当天线对称主轴偏离馈源观测目标时，天线接收到的信标电平呈现出幅度调制信号，馈源接收波束的旋转频率是接到的信号调制频率，接到的信号调制深度由天线对称主轴偏离卫星的距离决定，调制信号的相位决定天线对称主轴与卫星偏离的方向，因此，根据接到的调制信号的幅度与相位就能检测出天线的指向误差。这种跟踪体制的优点是设备简单，跟踪方式易实现；缺点是馈源要不断地转动，一般情况下馈源与天线对称主轴不易重合，致使天线增益明显下降，因此测控天线很少采用这种跟踪模式。

7.3.3 天线相位单脉冲跟踪模式

天线相位单脉冲跟踪是一种快速的跟踪模式，在一个脉冲周期内就能确定天线主波束偏离卫星位置的信息，能使天线实时、迅速地跟踪上卫星 [6]，其跟踪速度和跟踪精度都要比前述两种跟踪模式有很大的提升，当然天线相位单脉冲跟踪模式的设备要复杂得多，相应的成本也要高。

天线相位单脉冲跟踪模式的天线是由 4 个馈源和反射面构成的 4 个独立单元天线，调整 4 个单元天线的波束成为 4 个平行波束，并与主天线抛物面对称主轴方向一致，比较 4 个单元天线接收信号的幅度或相位，就能直接精确地控制天线对准观测目标。

为了简化相位单脉冲天线跟踪与控制原理，先考虑一对天线组成一维方向情况下的跟踪与控制理论，然后把结果推广至二维的天线跟踪与控制问题。图 7.2 是相位单脉冲天线简化成一维情况下跟踪与控制的原理。设 OO' 为主天线主轴方向 (天线指向或称天线主波束方向)，O 为主天线的焦点，通过 O 点与天线主轴线方向相垂直的平面上、以 O 为对称中心点相距 $D/2$ 安装两个天线方向图完全相同的单元天线 I 和 II，假定单元天线 I 和 II 的焦点也在这平面上 (这一假定

并非必要，纯属讨论方便)，两个单元天线的波束为平行波束，观测目标方向的波
前平面为 PP'，观测目标方向与主天线主轴方向的夹角为 θ，以 O 点接收信号的
相位零点为参考相位，其信号载频的圆频率为 ω (对应的波长为 λ)，因此参考点
的信号可假定为

$$E_O = \sin(\omega t) \tag{7.1}$$

从图 7.2 可知，单元天线 I 和 II 接收信号与参考点的接收信号之间额外附加程差
分别为 $+\dfrac{D}{2}\sin\theta$ 和 $-\dfrac{D}{2}\sin\theta$，相应引起额外附加相位为 $+\dfrac{\pi D}{\lambda}\sin\theta$ 和 $-\dfrac{\pi D}{\lambda}\sin\theta$，
另外，单元天线 I 和 II 接收到的信号幅度受到单元天线的天线方向图的影响，因
此单元天线 I 和 II 接收到的信号 E_I 及 E_II 实际幅度为

$$\begin{cases} E_\mathrm{I} = E_m F(\theta) \sin\left(\omega t + \dfrac{\pi D}{\lambda}\sin\theta\right) \\[2mm] E_\mathrm{II} = E_m F(\theta) \sin\left(\omega t - \dfrac{\pi D}{\lambda}\sin\theta\right) \end{cases} \tag{7.2}$$

式中，E_m 为在主波束方向的接收信号幅度；$F(\theta)$ 为单元天线在 θ 方向的天线方
向因子；λ 为载波信号的波长。

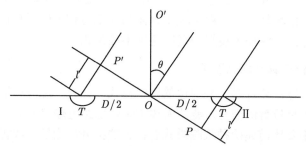

图 7.2　相位单脉冲天线简化成一维情况下跟踪与控制原理图

一般情况下 θ 是小量，因此单元天线 I 与 II 接收到的信号间相位差 $\Delta\varphi$ 可
近似地认作

$$\Delta\varphi = \frac{2\pi D}{\lambda}\sin\theta \approx \frac{2\pi D}{\lambda}\theta \tag{7.3}$$

即单元天线 I 与 II 接收到的信号间的相位差 $\Delta\varphi$ 与主天线主轴和信号源间的偏
角 θ 成正比。检测出单元天线 I 和 II 接收信号间的相位差 $\Delta\varphi$，可直接获得主天
线误差角 θ。

上述解释相位单脉冲天线跟踪与控制的原则，检测相位差 $\Delta\varphi$ 是相位单脉冲
天线跟踪的关键，检测相位的方法有干涉仪法和比相和差器法。前者是通过接收

机直接检测两信号的相位差；后者是将两路信号送入和差器，取得两个和信号和差信号后再进行信号检测。干涉仪法相位检测精度低，比相和差器法能获得较高的相位检测精度，因此遥测系统跟踪通常采用比相和差器法，下面介绍比相和差器法。

根据式 (7.2)，两个单元天线接收到信号 E_I 及 E_II 之和 E_Σ 为

$$E_\Sigma = E_\mathrm{I} + E_\mathrm{II} = 2E_m F\left(\theta\right)\sin\left(\omega t\right)\cdot\cos\left(\frac{\pi D}{\lambda}\sin\theta\right) \tag{7.4}$$

两个单元天线接收到信号 E_I 及 E_II 之间差信号 E_Δ 为

$$E_\Delta = E_\mathrm{I} - E_\mathrm{II} = 2E_m F\left(\theta\right)\cos\left(\omega t\right)\cdot\sin\left(\frac{\pi D}{\lambda}\sin\theta\right) \tag{7.5}$$

由式 (7.5) 可看出，差信号 E_Δ 是时间的调制信号，当误差角 θ 为小量时，E_Δ 的调制幅度正比于 θ，成为幅度检测。

为取得俯仰和方位误差角的信息，另外一组单元天线形成另外一维方向 (要求相互间垂直) 相位单脉冲天线跟踪与控制部分，采用对称分布的 4 个单元天线组成的四元天线阵，其分布如图 7.3 所示。

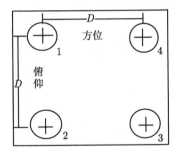 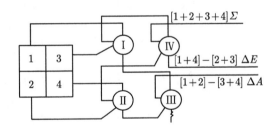

图 7.3　四元天线阵结构示意图

根据图 7.3 和式 (7.2)，4 个单元天线接收信号可分别表示为

$$
\begin{cases}
E_\mathrm{I} = P \times \sin\left(\omega t + \dfrac{\pi D}{\lambda}\sin\left(\Delta E\right) + \dfrac{\pi D}{\lambda}\sin\left(\Delta A\right)\right)\\[2mm]
E_\mathrm{II} = P \times \sin\left(\omega t - \dfrac{\pi D}{\lambda}\sin\left(\Delta E\right) + \dfrac{\pi D}{\lambda}\sin\left(\Delta A\right)\right)\\[2mm]
E_\mathrm{III} = P \times \sin\left(\omega t - \dfrac{\pi D}{\lambda}\sin\left(\Delta E\right) - \dfrac{\pi D}{\lambda}\sin\left(\Delta A\right)\right)\\[2mm]
E_\mathrm{IV} = P \times \sin\left(\omega t + \dfrac{\pi D}{\lambda}\sin\left(\Delta E\right) - \dfrac{\pi D}{\lambda}\sin\left(\Delta A\right)\right)
\end{cases}
$$

式中，$P = E_m \times F(\Delta E) \times F(\Delta A)$；$E_m$ 为在主波束方向的接收信号幅度；ΔA 为天线指向的方位偏差角；ΔE 为天线指向的俯仰偏差角。

4 个单元天线接收信号的部分组合可近似为

$$\begin{cases} E_{\mathrm{I}} + E_{\mathrm{II}} = 2P \times \sin\left(\omega t + \dfrac{\pi D}{\lambda}\Delta A\right) \times \cos\left(\dfrac{\pi D}{\lambda}\Delta E\right) \\[2mm] E_{\mathrm{I}} + E_{\mathrm{IV}} = 2P \times \sin\left(\omega t + \dfrac{\pi D}{\lambda}\Delta E\right) \times \cos\left(\dfrac{\pi D}{\lambda}\Delta A\right) \\[2mm] E_{\mathrm{III}} + E_{\mathrm{II}} = 2P \times \sin\left(\omega t - \dfrac{\pi D}{\lambda}\Delta E\right) \times \cos\left(\dfrac{\pi D}{\lambda}\Delta A\right) \\[2mm] E_{\mathrm{III}} + E_{\mathrm{IV}} = 2P \times \sin\left(\omega t - \dfrac{\pi D}{\lambda}\Delta A\right) \times \cos\left(\dfrac{\pi D}{\lambda}\Delta E\right) \end{cases}$$

根据图 7.3 及上式，4 个单元天线接收到的和信号输出为

$$E_{\Sigma} = E_{\mathrm{I}} + E_{\mathrm{II}} + E_{\mathrm{III}} + E_{\mathrm{IV}}$$
$$= 4P \times \sin(\omega t) \times \cos\left(\frac{\pi D}{\lambda}\Delta A\right) \times \cos\left(\frac{\pi D}{\lambda}\Delta E\right) \tag{7.6}$$

方位差信号 $E_{\Delta A}$、俯仰差信号 $E_{\Delta E}$ 为

$$E_{\Delta A} = E_{\mathrm{I}} + E_{\mathrm{II}} - (E_{\mathrm{III}} + E_{\mathrm{IV}})$$
$$= 4P \times \cos(\omega t) \times \sin\left(\frac{\pi D}{\lambda}\Delta A\right) \times \cos\left(\frac{\pi D}{\lambda}\Delta E\right) \tag{7.7}$$

$$E_{\Delta E} = E_{\mathrm{I}} + E_{\mathrm{IV}} - (E_{\mathrm{II}} + E_{\mathrm{III}})$$
$$= 4P \times \cos(\omega t) \times \cos\left(\frac{\pi D}{\lambda}\Delta A\right) \times \sin\left(\frac{\pi D}{\lambda}\Delta E\right) \tag{7.8}$$

将 E_{Σ} 移相 90°，定义归一化的信号：

$$\begin{cases} E'_{\Delta A} = \dfrac{E_{\Delta A}}{E_{\Sigma}} = \tan\left(\dfrac{\pi D}{\lambda}\Delta A\right) \\[3mm] E'_{\Delta E} = \dfrac{E_{\Delta AE}}{E_{\Sigma}} = \tan\left(\dfrac{\pi D}{\lambda}\Delta E\right) \end{cases} \tag{7.9}$$

当 ΔA、ΔE 是小量时，可得

$$\begin{cases} E'_{\Delta A} = \dfrac{\pi D}{\lambda}\Delta A \\[3mm] E'_{\Delta E} = \dfrac{\pi D}{\lambda}\Delta E \end{cases} \tag{7.10}$$

即信号幅度与误差角成正比。为了提高跟踪精度，显然 D 是提升精度的因子，是提高相位单脉冲跟踪精度的重要参数。

7.3.4 天线幅度单脉冲跟踪系统

幅度单脉冲跟踪系统由 4 个单独接收馈源和公共的抛物反射面组成 (见图 7.4)，4 个接收馈源偏离抛物面主焦点并在焦平面上对称排列，形成 4 个独立的、性能相同的接收波束，每个单独波束的半功率点分别与相邻波束相交，这些波束记为 A、B、C、D 单元。

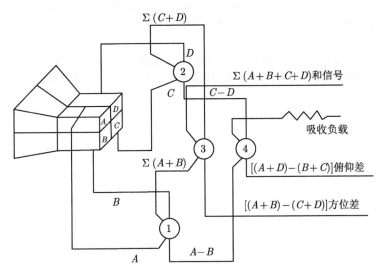

图 7.4 四喇叭单脉冲跟踪原理图

当天线准确瞄准卫星时，由于 4 个单独接收馈源对称排列，每个馈源收到的信号幅度相等，4 个 "和信号" $(A + B + C + D)$ 输出功率不为零，而 "俯仰的差信号"$[(A + D) - (B + C)]$ 和 "方位的差信号" $[(A + B) - (C + D)]$ 输出功率为零；当天线偏离卫星方向时，电路除了输出 "和信号" 外，"俯仰差信号" 和 "方位差信号" 功率输出不为零，这一特性为幅度单脉冲跟踪原理，根据两个差信号的幅度特性实现天线准确无误地对准卫星。

图 7.4 展示了四喇叭 (为上、下两个，右、左两个接收馈源) 幅度单脉冲跟踪原理图。4 个魔 T 或 4 个波导环行桥电路不同组合产生 "和信号" 和两个 (方位与俯仰) "差信号"。给出和信号为 $\Sigma(A + B + C + D)$；给出差信号：俯仰差信号 $[(A + D) - (B + C)]$，方位差信号 $[(A + B) - (C + D)]$。

当天线对准卫星时，4 个波束收到相等幅度的信号，即 $A = B = C = D$，此时只有和信号 $\Sigma(A + B + C + D)$ 有功率输出，而两个差信号 $[(A + B) - (C + D)] = 0$

和 $[(A+D)-(B+C)]=0$ 没有输出。当天线主波束偏离卫星时，4 个波束收到的信号都不相等，跟踪接收机接收信号经混频、放大、解调并对"差"信号和"和"信号鉴相，根据误差信号的极性 (如相位超前和信号为正，相位滞后和信号为负) 驱动天线对准卫星。

参 考 文 献

[1] 石书济, 孙鉴, 刘嘉兴. 飞行器测控系统——看不见的领航员. 北京: 国防工业出版社, 1999.

[2] 罗海银, 刘利生, 李安, 等. 导弹航天测控通信技术词典. 北京: 国防工业出版社, 2001.

[3] 杨会钦, 杨永亮. 月球与深空探测频率规划研究. 飞行器测控学报, 2008, 27(5): 9-14.

[4] 胡建平, 雷厉. 空天地一体化飞行器测控通信网技术探讨. 飞行器测控学报, 2010, 29(5): 1-5.

[5] 刘嘉兴. 载人航天 USB 测控系统及其关键技术. 宇航学报, 2005, 26(6): 743-747.

[6] 中国人民解放军总装备部军事训练教材编辑工作委员会. 无线电跟踪测量. 北京: 国防工业出版社, 2003.

第 8 章 "对观测" 卫星测轨方法与技术

　　1998 年中国科学院国家授时中心李志刚和李焕信等与日本综合通信研究所 (NICT) 合作，在国内建立首条国际卫星双向时间与频率比对 (two way satillite eime and frequency transfer, TWSTFT) 链路 [1−3]，并进入常规运行，每星期比对 2 次，比对内部精度为 0.2∼0.3 纳秒，准确度为 1 纳秒，资料送 BIPM 参与 TAI 计算，同时，国家授时中心参与卫星双向时间与频率传递亚洲区域网的建设 [4]。基于 TWSTFT 技术的知识积累及组网技术的实践经验，2001 年 10 月在 BIPM 组织的第 9 届卫星双向时间传递工作组年会 (CCTF WG TWSTT) 上提出了 "转发式卫星测轨观测方法与技术" 的卫星测轨原理性学术报告，首次提出 "对观测" 概念进行卫星测距的新颖方法，之后对 "对观测" 原理与方法进行实验性观测验证，实验证实该方法用于卫星测距的可行性，显现该方法高精度的测量优势和稳定的观测系统，2003 年正式申请国家发明专利 [5]。

　　随着我国卫星导航和深空探测的进展，对卫星定轨精度提出了很高的要求，特别是具有特色的中国区域卫星定位系统 (CAPS)。CAPS 采用商用的地球静止轨道 (GEO) 卫星和倾斜地球同步轨道 (IGSO) 卫星，导航信号在地面生成，卫星的功能仅转发地面发射的导航信号，因此卫星载荷并不需要高精度的原子钟，商用通信卫星可构建成 CAPS 的空间部分，这种新颖的思想使 CAPS 成为低成本、高精度的卫星导航系统 [6−8]，在该任务驱动下，迫切需要发展高精度的卫星测定轨方法与技术。

　　CAPS 租用 GEO 和 IGSO 高轨卫星，卫星离地面约为 36000 公里 (地心距约为 42000 公里)，对整个地球的张角只有十几度，CAPS 测轨观测站受条件限制限于国内布站，因此各观测站与卫星间的方向相差不大；另外，GEO 卫星运行周期与地球自转周期相同，卫星相对于地面的运动很小，所有这些特殊情况致使高精度地确定 GEO 卫星轨道有很大的难度；显然，用惯用的测轨方法很难满足 CAPS 对高精度卫星轨道的需求，寻求新的卫星测轨技术成为建设 CAPS 导航系统的关键之一 [8]。"对观测" 卫星测轨观测方法具有双向测距优点，可全天候观测，测站钟差不影响卫星测距结果，仪器系统误差稳定并能实时测定；高速率的伪码 (观测 GEO 卫星用 20 兆赫兹码速率，比 GPS 的精码还要高得多) 应用，扩频增益大大地提升了卫星测距精度和抗干扰能力 [9,10]。经有关专家多次研讨与论证，比较不同类型的卫星测轨观测技术优劣，一致认定 "对观测" 方法为 CAPS

的高精度卫星定轨的支撑技术。"对观测"方法首次成功地用于 CAPS 精密定轨的常规观测，获得了很大的成功。

表 8.1 是 CAPS 测轨系统验收结果：2005 年 6 月 6～13 日连续观测鑫诺一号卫星定轨残差统计表，"对观测"卫星测距精度优于 1 厘米 (1 秒积分观测时间)，卫星定轨残差的平均值优于 9 厘米 [11]，轨道重叠法评估卫星轨道的三维误差优于 1.7 米。之后"对观测"方法在观测精度及稳定性能上均有很大的提升，曾组织全国 7 个测轨单位进行独立轨道计算，高精度的测量值和稳定的系统误差确保结果相互间高度吻合。

表 8.1 2005 年 6 月 6～13 日观测鑫诺一号卫星定轨残差统计

日期	上海站		长春站		西安站		昆明站		喀什站		平均
	观测数	残差/m	观测数	残差/m	观测数	残差/m	观测数	残差/m	观测数	残差/m	残差/m
06/06	66707	0.066	63589	0.104	66708	0.070	66769	0.121	65131	0.084	0.091
06/07	72662	0.037	69373	0.112	72726	0.062	72685	0.123	71159	0.078	0.088
06/08	72774	0.070	69232	0.107	72747	0.089	72812	0.163	71181	0.097	0.110
06/09	72790	0.076	68964	0.121	72217	0.088	72801	0.132	71493	0.087	0.103
06/10	72816	0.074	69420	0.086	72672	0.080	72794	0.122	71200	0.075	0.089
06/11	72720	0.096	66986	0.097	48293	0.100	66721	0.126	71314	0.095	0.103
06/12	72831	0.070	68472	0.083	72725	0.062	72822	0.068	71351	0.087	0.075
06/13	72794	0.072	68702	0.080	72800	0.048	72769	0.074	71337	0.053	0.067
平均		0.070		0.099		0.075		0.116		0.082	0.088

注：这里的平均值是考虑观测次数的加权平均。

"对观测"测量方法具有很好的应用前景，该卫星测轨技术不但成功地用于 CAPS，也成功地用于其他卫星导航定位系统及有关卫星精密定轨的科研项目，受到卫星测轨同行的青睐，卫星测控专家李济生院士称该技术为"有我国自主独立知识产权的测轨技术"。

8.1 双向测距特征的"对观测"测距原理

第 5 章描述卫星双向时间与频率传递技术 (TWSTFT)：参与卫星双向时间与频率传递的两个台站 A 站和 B 站的信号传递路径几乎完全对称，通过 A 站与 B 站的观测结果相减得到两个站间的相对钟差 $\Delta t_B - \Delta t_A$，对称性的优势使传递路径上的许多影响相互抵消，因此 TWSTFT 在方法上有更高的测量精度和长期稳定性能，被公认为目前最精确的时间传递方法，成为支撑构建国际原子时 TAI 的时间传递技术 [12-15]。

A 站与 B 站共有两个独立观测量 TI_A 和 TI_B (见第 5 章)，原则上可得到两组独立的组合观测量，TWSTFT 仅用了一个组合观测量的关系式。应存在与上面用于 TWSTFT 关系式相独立的另外一组独立的组合观测量关系式，这个关系式应与两个站间钟差无关, 仅与两个站到卫星间距离有关, 显然这个关系式适用于卫星测距, 基于这个思考引申出卫星测距新方法——"对观测" 测距方法。中国科学院国家授时中心学者李志刚、杨旭海等提出了 "对观测" 卫星测轨方法, 并发展相应的卫星测轨观测技术 [5,10,16]。"对观测" 的特点: 卫星测距和钟差既自洽但又互不相关 (同宗同源观测, 不同的组合使其相互独立), 该方法定轨的精度衰减因子 (Dilution of Precision, DOP) 小 (无需确定各站钟差参数), 适用于高精度测定各类卫星的轨道, 特别适用于导航卫星的高精度轨道测定 [8,17]。

根据第 5 章的式 (5.1) 和式 (5.2), 对上述两个观测关系式求和, 我们得到一组新的、独立的组合, 形成 "对观测" 的最基本的观测关系式:

$$\mathrm{TI}_A + \mathrm{TI}_B = \left[\tau_A^U(t_A) + \tau_A^D(t_A) \right] + \left[\tau_B^U(t_B) + \tau_A^D(t_B) \right] + 2 \cdot \tau_S^{\mathrm{BA}}$$
$$+ \left[\tau_A^T + \tau_A^R \right] + \left[\tau_B^T + \tau_B^R \right] \tag{8.1}$$

t_A 和 t_B 分别是 A 站和 B 站发射的信号到达卫星的时刻。式 (8.1) 右边第一项 $\tau_A^U(t_A) + \tau_B^D(t_A)$ 是 A 站发射的信号经卫星到达 B 站的信号传递路径时延, 右边第二项 $\tau_B^U(t_B) + \tau_A^D(t_B)$ 是 B 站发射的信号经卫星到达 A 站的信号传递路径时延, 右边第三项 τ_S^{BA} 是卫星转发器引起的时延, 右边第四项 $\tau_A^T + \tau_A^R$ 是 A 站发射和接收总的仪器时延 (本章将具体讨论 "对观测" 的仪器时延及测定方法), 右边第五项 $\tau_B^T + \tau_B^R$ 是 B 站发射和接收总的仪器时延。式 (8.1) 表明: 两个测站到卫星传递路径时延之和 (卫星测距) 与两个站时钟的钟差无关, 避免单向测距与钟差 (发射钟差和接收机钟差) 相关, 不能严格分离的困境。

在广义相对论框架下于地心地固坐标系讨论式 (8.1), 讨论关键是 A 站发射的信号经卫星到达 B 站的信号传递路径时延, 或是 B 站发射的信号经卫星到达 A 站的信号传递路径时延与星地间距离的关系。地心地固坐标系是非惯性坐标系, 信号传递路径时延要考虑相对论 (狭义相对论和广义相对论) 效应, 因此上述信号传递路径时延可以分解为 [17]:

(1) 卫星接收到 A 站信号时刻 t_A, A 站与卫星间几何距离 $\rho_A^S(t_A)$ (用光速为单位表示星地间几何距离, 以下同) 及卫星与 B 站间几何距离 $\rho_B^S(t_A)$; 或卫星接收到 B 站信号时刻 t_B, B 站与卫星间几何距离 $\rho_B^S(t_B)$ 及卫星与 A 站间几何距离 $\rho_S^A(t_B)$。

(2) 地球自转引起的狭义相对论效应。地心地固坐标系是非惯性系, 描述卫星运动时要考虑地球自转引起的狭义相对论效应, 对应的额外信号传递路径时延称为 Sagnac 效应 (见第 4 章), Sagnac 效应对信号上行和下行的影响大小一样, 由于信号传递方向相反, "对观测" 测量的上行和下行的 Sagnac 效应影响恰好相互抵消。

(3) 广义相对论效应引起的测距时延, 即引力时延, 称为 Shapiro 效应或 Shapiro 时延 (详情参阅第 4 章), 按相关公式进行改正。

(4) 传递路径上介质引起的额外时延 [8,18,19]，即电离层影响引起的额外时延 $I_A^U(t_A) + I_B^D(t_A) + I_B^U(t_B) + I_A^D(t_B)$ 和对流层影响引起的额外时延 $d_A^U(t_A) + d_B^D(t_A) + d_B^U(t_B) + d_A^D(t_B)$。

(5) 地球物理效应引起的测站坐标变化。

为了便于讨论几何路径信号传递时延，TI_A 和 TI_B 经广义相对论效应、地球物理效应改正及仪器时延改正后的值写作为 $\mathrm{TI}_A' + \mathrm{TI}_B'$，则式 (8.1) 测距方程可改写为

$$
\begin{aligned}
\rho_A^S(t_A) + \rho_S^B(t_A) + \rho_B^S(t_B) + \rho_S^A(t_B) = {} & \mathrm{TI}_A' + \mathrm{TI}_B' - 2 \cdot \tau_S^{BA} - [I_A^U(t_A) + I_B^D(t_A) \\
& + I_B^U(t_B) + I_A^D(t_B)] - [d_A^U(t_A) + d_B^D(t_A) \\
& + d_B^U(t_B) + d_A^D(t_B)]
\end{aligned}
$$

TI_A' 和 TI_B' 经电离层影响和对流层影响改正后的值分别写为 TI_A'' 和 TI_B''，最终组合观测的观测方程为

$$
\rho_A^S(t_A) + \rho_S^B(t_A) + \rho_B^S(t_B) + \rho_S^A(t_B) = \mathrm{TI}_A'' + \mathrm{TI}_B'' - 2 \cdot \tau_S^{BA} \tag{8.2}
$$

式 (8.2) 是卫星接收到测站信号时刻星地间距离与经各种改正后的观测量之间关系式。

在正式观测之前一般要求观测站的时钟与 UTC 进行时间粗同步，观测站时钟的钟面时间相当接近于 UTC，可近似地认为观测站时钟的钟面时间 (用于时标) 就是 UTC(粗同步精度要求优于 1 微秒，GEO 卫星的平均速度约 3.1 千米/秒，1 微秒时间不同步引起卫星位置误差约为 3 毫米)，近似地认为：两个观测站信号到达卫星的时刻 t_B 及 t_A 之间差异是 B、A 站到卫星间距离不等引起的，时刻 t_B 及 t_A 之间差异是相当小的，可近似地认为由卫星相对于地面运动引起的卫星与地面间的距离变化是时间的线性函数，因此上面信号传递几何时延观测方程可近似为

$$
\begin{cases}
\rho_A^S(t) + \rho_B^S(t) = \dfrac{1}{2}\left(\mathrm{TI}_A'' + \mathrm{TI}_B''\right) - \tau_S^{BA} \\
t = \dfrac{t_A + t_B}{2} \\
t_A = \rho_A^S(t) + t_r \\
t_B = \rho_B^S(t) + t_r
\end{cases} \tag{8.3}
$$

其中 t_r 是信号发射时刻。

作为特例，A 站接收自己台站的信号或是 B 站接收自己台站的信号 (参见图 8.1)，这种模式称为自发自收模式，根据式 (8.3)，对 i 站 (A 或 B 站) 自发自

收模式的观测方程可写成

$$
\begin{cases}
2 \cdot \rho_i^S(t) = \mathrm{TI}_i'' - \tau_S^{ii} \\
t = \dfrac{\mathrm{TI}_i}{2} + t_r
\end{cases}
\tag{8.4}
$$

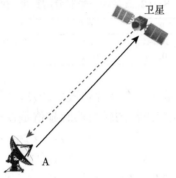

卫星

A

图 8.1 "对观测"自发自收模式

式 (8.3) 和式 (8.4) 是不同模式下"对观测"几何时延的基本观测方程, 称为基本单元观测方程, 可直接用于动力学定轨 [20-23], 卫星转发器时延作为未知参数和卫星轨道参数一起求解。

基本单元的不同组合可组成不同的观测模式: 自发自收模式、主从组合模式和全视模式, 根据地面站的配置及精度要求可灵活选用相应的模式。

8.2 转发器时延

直接测定上天后卫星转发器时延有一定的难度, 尽管卫星发射之前在地面精确地测定卫星转发器时延, 但是, 卫星工作环境与地面测试环境有很大的不同, 相应的卫星转发器时延会有变化, 也许在地面测定的卫星转发器时延值只能作为参考值, 因此, 研究卫星工作环境情况下转发器时延不是一件易事。在卫星定轨计算中, 有些研究者假定卫星转发器时延是常量 (或是说在观测弧段内认定卫星转发器时延值是常数), 在动力学定轨时卫星转发器时延值作为一个未知数与卫星轨道参数一起求解; 对于足够长弧段的观测系列一般采用分段定轨, 每一观测弧段的转发器时延认为是常数, 这样可弱化卫星转发器时延的变化影响, 求得各观测时段的转发器时延平均值的时间序列, 用以评判转发器时延稳定性能的判据; 有些研究者假定卫星转发器时延为常量加以每天的周日项 (3 个未知参数), 与卫星轨道参数一起求解模型参数。显然转发器时延模型与真实之间的差异会影响卫星轨道确定的精度。基于转发器时延有很好的稳定性能, 有条件研究卫星转发器时延的稳定性。表 8.2 给出了动力学定轨的转发器时延系列 (因 GEO 卫星变轨, 仅有 5 天连续观测), 每 24 小时为一个处理弧段, 用非差方法解算卫星轨道, 可得到长系列的卫星转发器时延序列, 转发器时延平均值为 52.817 纳秒 (15.845 米), 其起伏 (RMS) 为 0.337 纳秒 (0.101 米), 显然转发器时延有相当好的长期稳定性能。

表 8.2 2005 年 6 月 8∼12 日鑫诺一号非差解算反演的转发器时延 (单位：m)

日期	8 日	9 日	10 日	11 日	12 日	平均
转发器时延	15.960	15.942	15.865	15.750	15.707	15.845
残差	0.115	0.097	0.020	−0.095	−0.138	0.101(RMS)

上述结果的先验条件是在一个处理弧段内转发器时延值为常数, 转发器时延值与轨道参数一起求解, 显然求得的转发器时延值是在观测弧段内的平均结果, 与轨道参数是自洽的, 转发器时延变化会影响定轨结果, 对于高精度的 GEO 卫星定轨, 必须考虑空间环境变化对转发器时延的影响。

我们采用单差定轨方法对 GEO 卫星进行定轨, 单差定轨方法用两个站观测结果差值解算卫星轨道, 原则上该方法完全消除转发器时延及其变化对卫星定轨的影响 [24]。以单差定轨确定精密轨道为准, 反演每时每刻的卫星转发器时延, 得到真实的转发器时延变化曲线, 图 8.2 与表 8.2 观测时段相同, 反演出转发器时延的变化曲线, 由图可见, 卫星的转发器时延有周日变化的周期, 变化的幅度达 4 米左右, 显然转发器时延不能用 1 个参数表征, 用 3 个参数: 常数项、一天为周期的振幅及相位或用常数项及一天为周期的正弦项和余弦项表征更为合理。

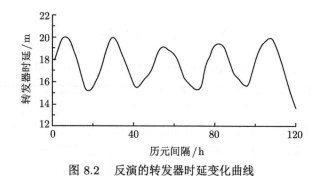

图 8.2   反演的转发器时延变化曲线

8.3   高速伪码在 "对观测" 技术中的应用

伪码扩频技术用于 "对观测" 技术, 所用的伪码码速率高达 20 兆赫兹, 比通常卫星导航定位系统精码的码速率 (10.23 兆赫兹) 还要高得多, 高速率伪码的应用使"对观测"观测技术有很高的测量精度。伪码是已知形式的、具有随机特性的信号且具有白噪声统计特性，因此伪码观测误差 σ_{DLL} 可表示为

$$\sigma_{\mathrm{DLL}} = \Delta\sqrt{\frac{\mathrm{BW}}{2 \cdot T \cdot C/N_0}} \tag{8.5}$$

其中，Δ 为伪码波长，等于光速 c 与码频 f 的比值，即 c/f；BW 为数字锁相环 (Digital Phase-Locked Loop, DPLL) 的带宽；T 为观测的积分时间；C/N_0 为接收信号的载噪比。

"对观测"采用专用的调制解调器，对于观测 GEO 卫星，数字锁相环的带宽 BW 为 1 赫兹，表 8.3 根据式 (8.5) 列出积分时间为 1 秒，不同的码频、载噪比与测量精度之间的关系。"对观测"采用 20 兆赫兹码频观测，3.7 米定向抛物面天线，发射功率为 1 瓦，接收信号的载噪比可达到 60dBHz 或更好的水平，实际的观测精度与理论预期相当符合，"对观测"观测精度优于 1 厘米，几乎接近于载波观测精度，且没有载波测量模糊度的问题。

表 8.3　码频、载噪比与测量精度的关系

载噪比	码频				
(C/N_0)/dBHz	20M/cm	10M/cm	5M/cm	2.5M/cm	1M/cm
40	5.3	10.6	21.2	42.4	106.1
42	4.2	8.4	16.9	33.7	84.3
44	3.3	6.7	13.4	26.8	66.9
46	2.7	5.3	10.6	21.3	53.2
48	2.1	4.2	8.4	16.9	42.2
50	1.7	3.4	6.7	13.4	33.5
60	0.5	1.1	2.1	4.2	10.6
70	0.2	0.3	0.7	1.3	3.4

为了便于讨论扩频的优势，把伪码波长 Δ 等于光速 c 与码频 f 的比值代入式 (8.5)，得

$$\sigma_{\mathrm{DLL}} = c\sqrt{\frac{\mathrm{BW}}{2 \cdot T \cdot f \cdot \mathrm{SNR}}} \tag{8.6}$$

其中，$\dfrac{f}{\mathrm{BW}}$ 通常称为处理增益 (或扩频增益)，所用码频越高，扩频增益越大；接收机延迟锁定环带宽越窄 (与接收机的本身性能有关)，处理增益越大。显然，宽带优势在于提高测量精度和抗干扰能力；SNR (或 S/N, Signal Noise Ratio) 为接收信号的信噪比。

式 (8.6) 揭示伪码观测误差与处理增益 (与接收机性能和伪码码频有关) 及接收信号的信噪比的根号成反比。

8.4 "对观测" 测量模式的组合

8.3 节描述 "对观测" 的基本单元测距原理, 式 (8.3) 和式 (8.4) 给出观测量与星地间距离的关系, 一个真实的卫星测轨系统应由多个 "对观测" 基本单元组成, 依据卫星定轨精度要求及观测站布局可构建合理的 "对观测" 模式[17]。下面介绍 "对观测" 的几个基本模式: 自发自收模式、主从模式和全视模式。

"对观测" 的自发自收观测模式是最简单的组合观测模式, 它与激光测距方式相似, 但所用的信号是无线电波, 其优势是可以全天候观测, 特别适用于卫星定轨常规观测[11]。图 8.3 表示 "对观测" 自发自收基本单元组合的测距原理。测轨网由 n 个台站组成, 利用码分多址技术, 各个观测站发射指定的、有本地时间标记的伪码信号送向卫星, 卫星转发器转发所有台站的伪码信号至地面, 接收机产生的本台站的伪码信号与接收到的信号相关, 获得信号从站到卫星再回到该站的信号路径传递时延。对于 n 个测站组成的观测网有 n 个式 (8.4) 观测方程式, 显然其他台站发射的伪码信号与本站伪码信号不相关, 却变成了本地接收噪声, 因此过多的台站组网会影响接收信号的信噪比, 测距精度会有所下降。

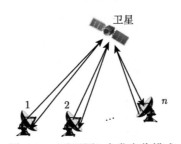

图 8.3   "对观测" 自发自收模式

"对观测" 主从观测模式的原理见图 8.4。由 n 个台站组成的测轨观测网, 其中有 1 个站定义为主站 (图中 n 站为主站), 其他 $n-1$ 个站认定为副站 (slave station), 每个站 (包括主站) 发射具有时间标记的、指定的伪码信号, 经卫星转发器转发所有站的伪码信号传至地面, 主站接收所有台站的信号 (包括自己台站的信号), 副站接收主站信号及自己台站的信号, 主站与每一个副站间组成 "对观测" 单元, 整个观测网构建成 $n-1$ 个 "对观测" 主从模式单元和 n 个自发自收模式单元, 因此 "对观测" 主从观测模式共有 $2n-1$ 个组合观测量, 几乎比自发自收观测模式的观测单元数有成倍的增加。这种组合观测模式比自发自收模式有更好的精度衰减因子, 因此确定的卫星轨道更为稳定。

"对观测" 全视模式观测原理见图 8.5, 是一种最佳的 "对观测" 组合观测模式。由 n 个台站组成的全视观测模式测轨网, 所有台站处于等同的地位, 每个站发射具

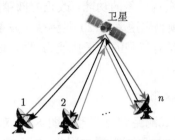

图 8.4　"对观测"主从组合模式

有时间标记的各自的伪码信号送向卫星，所有台站接收所有台站发射的信号 (包括自发自收)，每两个组成观测单元，n 个台站共有组合单元 $C_n^2 = \dfrac{1}{2}n \cdot (n-1)$ 个，还有 n 个自发自收 "对观测" 单元，因此全视模式共有 $\dfrac{1}{2}n \cdot (n+1)$ 个独立观测量。

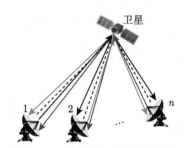

图 8.5　"对观测"全视组合模式

为了对 3 种观测模式观测量有一定的感性认识，假设有 6 个观测站组成卫星观测网，自发自收观测模式有 6 个 "对观测" 组合观测量，主从组合观测模式有 11 个 "对观测" 组合观测量，全视观测模式有 21 个 "对观测" 组合观测量，显然全视观测模式有更好的约束，定轨精度远好于其他观测模式，但相应的观测设备要复杂得多。

8.4.1 "对观测"自收自发测量及 DOP 讨论

2003 年国家授时中心建成 C 波段 "对观测" 地面测轨观测网，利用自发自收观测模式进行高精度人造地球卫星测轨观测，主站接收所有副站发射的信号，所有副站接收主站发射的信号用于主站与副站间的时间同步。所有副站的配置完全相同，整个观测网依据纲要实现自动控制，主站控制所有副站的观测并收集全部副站的观测资料，整个观测网的仪器设计要求仪器误差小、变化小且稳定，各观测站有自动实时校准仪器系统误差的功能，改正内部精度优于 0.02 纳秒。采用伪码扩频体制 (观测用的扩频码码速率为 20 兆赫兹，发射功率仅为 1 瓦左右)，扩频增益优势，本观测系统具有特强的抗干扰能力 [10]，低于强信号 23 分贝情况下本系统仍能正常寄生工作。

8.4.1.1　"对观测" 自发自收测量

"对观测" 自发自收模式测距归算原理见图 8.6，观测测距方程式见式 (8.4)，下面研究在地心地固直角坐标系下观测方程式 (8.4) 具体表达式，用于讨论卫星定轨特性。

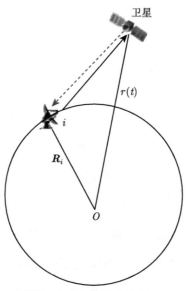

图 8.6　"对观测" 自发自收模式的单元测距归算原理

图 8.6 是 "对观测" 自发自收模式情况下测距与星地间的几何距离之间关系原理图：

(1) 地面站 i 在地心地固直角坐标系中的坐标为 (x_i, y_i, z_i)，其对应的位置矢量 $\boldsymbol{R}_i$ 可表示为 $\boldsymbol{R}_i = (x_i, y_i, z_i)^{\mathrm{T}}$；

(2) 卫星接收到地面站 i 发射信号的时刻为 t，此时刻卫星在地心地固直角坐标系中的坐标为 $(x(t), y(t), z(t))$，其对应的位置矢量为 $\boldsymbol{r}(t) = (x(t), y(t), z(t))^{\mathrm{T}}$；

(3) 卫星坐标初始估计值为 $x_0(t), y_0(t), z_0(t)$，其对应的位置矢量表示为 $\boldsymbol{r}_0(t) = (x_0(t), y_0(t), z_0(t))^{\mathrm{T}}$，真实位置对坐标初始估计值的改正量分别为 $\Delta x(t), \Delta y(t), \Delta z(t)$，对应的位置改正矢量为 $\delta\boldsymbol{r}(t) = (\Delta x(t), \Delta y(t), \Delta z(t))^{\mathrm{T}}$。

上述表述相当于描述卫星实时真实位置矢量在初始估计位置进行泰勒展开并进行线性化的过程,根据上述讨论,卫星位置矢量 $r(t)$ 可写为

$$r(t) = r_0(t) + \delta r(t) \tag{8.7}$$

$\delta r(t)$ 是小量[17],在 t 时刻星地 (i 观测站) 间的信号传递几何距离 $\rho_i^S(t)$ 可近似表示为

$$\rho_i^S(t) = |r(t) - R_\iota| = |r_0(t) - R_\iota + \delta r(t)| = \rho_i^0(t) + I_\iota^0(t) \cdot \delta r(t) \tag{8.8}$$

其中,$t = \rho_i^S(t) + t_r$,t_r 为在积分时段内发射信号的平均时刻;ρ_i^0 为站 i 到 t 时刻卫星初始估计位置的距离,即

$$\rho_i^0(t) = |r_0(t) - R_i|$$
$$= \sqrt{(x_0(t) - x_i)^2 + (y_0(t) - y_i)^2 + (z_0(t) - z_i)^2} \tag{8.9}$$

$I_i^0(t)$ 为站 i 到 t 时刻卫星初始估计位置的单位矢量:

$$I_i^0(t) = \frac{1}{\rho_i^0(t)}((x_0(t) - x_i), (y_0(t) - y_i), (z(t)_0 - z_i))^{\mathrm{T}} \tag{8.10}$$

根据式 (8.7)~ 式 (8.10) 以及顾及地面站 i 观测误差 v_i,"对观测"自发自收模式的式 (8.4) 的观测误差方程可改写为

$$I_i^0(t) \cdot \delta r(t) + \frac{1}{2}\tau_S^{ii} + \rho_i^0 - \frac{1}{2}TI_i'' = v_i \tag{8.11}$$

几何法定轨时借助于卫星转发器时延在卫星发射之前已精确测定,τ_S^{ii} 可作为先验量处理;在动力学定轨时卫星转发器时延 τ_S^{ii} 作为未知量与卫星轨道未知量一起解算;定义综合观测量 L_i 为

$$L_i = \frac{1}{2}TI_i'' - \frac{1}{2}\tau_S^{ii} - \rho_i^0$$

式 (8.11) 可改写成

$$I_i^0(t) \cdot \delta r - L_i = v_i \tag{8.12}$$

式 (8.12) 描述自发自收观测模式下地面站 i 的观测误差方程组,在时刻 t 整个测轨观测网有 n 个类似于式 (8.12) 的观测方程,为了书写方便,在 t 时刻 n 个观测误差方程组可简洁地用矩阵形式表示:

$$G \cdot \mathrm{d}X - \mathrm{d}n = L \tag{8.13}$$

其中

$$G = \begin{pmatrix} (x_0 - x_1)/\rho_1^0 & (y_0 - y_1)/\rho_1^0 & (z_0 - z_1)/\rho_1^0 \\ (x_0 - x_2)/\rho_2^0 & (y_0 - y_2)/\rho_2^0 & (z_0 - z_2)/\rho_2^0 \\ \vdots & \vdots & \vdots \\ (x_0 - x_n)/\rho_n^0 & (y_0 - y_n)/\rho_n^0 & (z_0 - z_n)/\rho_n^0 \end{pmatrix}$$

$$dX = \begin{pmatrix} \Delta x \\ \Delta y \\ \Delta z \end{pmatrix}$$

$$L = \begin{pmatrix} L_1 \\ L_2 \\ \vdots \\ L_n \end{pmatrix}$$

$$dn = \begin{pmatrix} v_1 \\ v_2 \\ \vdots \\ v_n \end{pmatrix}$$

如果各观测是相互独立的，观测噪声特征为

$$\begin{cases} E(dn) = 0, & \text{即噪声的平均值为 } 0 \\ E\left(dn \cdot dn^{\mathrm{T}}\right) = R, & \text{即噪声方差矩阵为 } R \end{cases}$$

根据高斯–马尔可夫 (Gauss-Markov) 理论 [24]，如果 $G^{\mathrm{T}}R^{-1}G$ 是非奇异矩阵，dX 的无偏估计值 $d\hat{X}$ 应为

$$d\hat{X} = \left(G^{\mathrm{T}}R^{-1}G\right)^{-1} G^{\mathrm{T}}R^{-1}L$$

如果观测量相互间是独立的，则观测噪声间不相干，应有关系式 $R = \sigma^2 \cdot I$ (I 是单位矩阵，σ 是观测均方误差)，无偏估计值 $d\hat{X}$ 变为

$$d\hat{X} = \left(G^{\mathrm{T}}G\right)^{-1} G^{\mathrm{T}}L \tag{8.14}$$

其中

$$G^{\mathrm{T}}G =$$

$$\begin{pmatrix} \sum \dfrac{(x_0-x_i)^2}{(\rho_i^0)^2} & \sum \dfrac{(x_0-x_i)\cdot(y_0-y_i)}{(\rho_i^0)^2} & \sum \dfrac{(x_0-x_i)\cdot(z_0-z_i)}{(\rho_i^0)^2} \\[3mm] \sum \dfrac{(y_0-y_i)\cdot(x_0-x_i)}{(\rho_i^0)^2} & \sum \dfrac{(y_0-y_i)^2}{(\rho_i^0)^2} & \sum \dfrac{(y_0-y_i)\cdot(z_0-z_i)}{(\rho_i^0)^2} \\[3mm] \sum \dfrac{(z_0-z_i)\cdot(x_0-x_i)}{(\rho_i^0)^2} & \sum \dfrac{(z_0-z_i)\cdot(y_0-y_i)}{(\rho_i^0)^2} & \sum \dfrac{(z_0-z_i)^2}{(\rho_i^0)^2} \end{pmatrix}$$

$$G^{\mathrm{T}}L = \begin{pmatrix} \sum \dfrac{x_0-x_i}{\rho_i^0}\cdot L_i \\[3mm] \sum \dfrac{y_0-y_i}{\rho_i^0}\cdot L_i \\[3mm] \sum \dfrac{z_0-z_i}{\rho_i^0}\cdot L_i \end{pmatrix}$$

$G^{\mathrm{T}}G$ 为非奇异矩阵。

如果观测量次数和未知量个数相等,G 矩阵本身是非奇异矩阵,$\mathrm{d}\hat{X}$ 应为

$$\mathrm{d}\hat{X} = G^{-1}L \tag{8.15}$$

式 (8.14) 及式 (8.15) 是不同情况下 $\mathrm{d}X$ 的无偏估计值 $\mathrm{d}\hat{X}$ 的具体表达式。

8.4.1.2 "对观测"自收自发测量的 DOP

式 (8.14) 及式 (8.15) 表示 $\mathrm{d}X$ 的无偏估计值 $\mathrm{d}\hat{X}$ 的表达式,根据式 (8.14) 和观测噪声特征,$\mathrm{d}X$ 的协方差矩阵为 [25]

$$\mathrm{cov}\,(\mathrm{d}X) = E\left(\mathrm{d}X\cdot\mathrm{d}X^{\mathrm{T}}\right) = \left(G^{\mathrm{T}}G\right)^{-1}\cdot G^{\mathrm{T}}\cdot E\left(\mathrm{d}n\cdot\mathrm{d}n^{\mathrm{T}}\right)G\cdot\left(G^{\mathrm{T}}G\right)^{-1}$$

根据观测噪声不相关的特性 $E\left(\mathrm{d}n\cdot\mathrm{d}n^{\mathrm{T}}\right) = \sigma^2\cdot I$,上式协方差矩阵变为

$$\mathrm{cov}\,(X) = \sigma^2\left(G^{\mathrm{T}}G\right)^{-1}$$

协方差矩阵为

$$\mathrm{cov}\,(X) = \begin{pmatrix} \mathrm{cov}\,(xx) & \mathrm{cov}\,(xy) & \mathrm{cov}\,(xy) \\ \mathrm{cov}\,(xx) & \mathrm{cov}\,(yy) & \mathrm{cov}\,(yz) \\ \mathrm{cov}\,(xz) & \mathrm{cov}\,(yz) & \mathrm{cov}\,(zz) \end{pmatrix} = \sigma^2\left(G^{\mathrm{T}}G\right)^{-1} \tag{8.16}$$

矩阵 $\left(G^{\mathrm{T}}G\right)^{-1}$ 的对角元素是协方差矩阵中 x、y、z 的方差的相关系数，定义为精度衰减因子 (DOP)：相对于 X 轴的精度衰减因子是 XDOP，相对于 Y 轴的是 YDOP，相对于 Z 轴的是 ZDOP，相对于三维位置的是 PDOP，上述定义的数学表达式为

$$\left\{\begin{array}{l} \mathrm{XDOP} = \sigma_x/\sigma \\ \mathrm{YDOP} = \sigma_y/\sigma \\ \mathrm{ZDOP} = \sigma_z/\sigma \\ \mathrm{PDOP} = \sqrt{\sigma_x^2 + \sigma_y^2 + \sigma_z^2}/\sigma \end{array}\right. \tag{8.17}$$

矩阵 $\left(G^{\mathrm{T}}G\right)^{-1}$ 的对角元素是对应的 DOP 的平方值。不难从矩阵 $G^{\mathrm{T}}G$ 得到其逆矩阵 $\left(G^{\mathrm{T}}G\right)^{-1}$ 的表达式

$$\left(G^{\mathrm{T}}G\right)^{-1} = \frac{1}{|A|} \begin{pmatrix} A_{11} & A_{12} & A_{13} \\ A_{21} & A_{22} & A_{23} \\ A_{31} & A_{32} & A_{33} \end{pmatrix} \tag{8.18}$$

其中，$|A|$ 是满秩矩阵 $G^{\mathrm{T}}G$ 的行列式；A_{ij} 是 $|A|$ 的代数余子式。

因此，"对观测" 自发自收观测模式的 DOP 值为

$$\left\{\begin{array}{l} \mathrm{XDOP} = \sqrt{\dfrac{A_{11}}{|A|}} \\[3mm] \mathrm{YDOP} = \sqrt{\dfrac{A_{22}}{|A|}} \\[3mm] \mathrm{ZDOP} = \sqrt{\dfrac{A_{33}}{|A|}} \end{array}\right. \tag{8.19}$$

显然，卫星的 DOP 值与 G 有关，即 DOP 值与测站相对于卫星位置的方向矢量有关，与地面站的分布有关，另外，DOP 值与坐标轴的指向有关，选取不同坐标系对应的 DOP 值也会不同，下面给出解释。

8.4.1.3 GEO 卫星的 DOP 与卫星测轨误差

上面研究 "对观测" 自收自发模式测轨原理和误差理论，并导出了相应的表达式，研究 "对观测" 自发自收模式下观测 GEO 卫星的 DOP 值与卫星轨道误差之间的关系，有助于优化测轨系统的构建及寻求改善卫星轨道精度的途径。

卫星的位置误差习惯上用卫星轨道的径向、切向及法向误差表示 (相当于定位误差表示为东西向、南北向和高程误差 3 个正交方向的误差)，或用径向及横向

表示 (相当于定位表示水平及高程误差), 为了便于讨论 GEO 卫星轨道误差, 选择合适的坐标轴指向与轨道径向、切向及法向相对应。

GEO 卫星原则上卫星轨道面与赤道交角为零, 可近似地认为卫星在赤道面上运行, 卫星运行周期与地球自转周期相同, 意味着卫星相对于地面有相当小的运动, 基于 GEO 卫星上述特征, 我们设定坐标系的 X 轴指向 GEO 卫星的星下点 (在赤道面上), Z 轴指向北天极, Y 轴指向东点, XYZ 组成右手坐标系。上述坐标系的 X 方向近似地认作 GEO 卫星轨道的径向, X 方向的轨道误差可近似地认作卫星轨道的径向误差; 同理, Y 方向的卫星轨道误差可近似地认作卫星轨道的切向误差; Z 方向的卫星轨道误差可近似地认作卫星轨道的法向误差; Y 及 Z 方向的组合误差就是卫星轨道的横向误差, 这样设定的坐标系使 X、Y、Z 与 GEO 卫星的径向、切向、法向相对应。

卫星 DOP 分量值与测站相对于卫星位置有关, 研究在设定坐标系下的 DOP 分量是研究卫星轨道误差特征的直观方法。为了便于讨论, 现假设 GEO 卫星的星下点为东经 95°, 我们选定这个方向为 X 轴方向, Z 轴指向北极, 在赤道面上与 X 轴垂直方向为轨道的切向 (假设完全是任意的, 但结论很容易拓展到其他卫星位置), 现假设 4 个测轨观测站按下列分布:

(1) 测轨观测站经度、纬度与卫星星下点在东与西及南与北对称全球布站, 具体布站 (假设仅为了说明方便) 为: A 站 (东经 65°、北纬 45°); B 站 (东经 125°、北纬 45°); C 站 (东经 65°、南纬 −45°); D 站 (东经 125°、南纬 −45°)。

根据式 (8.14), 观测站经度与卫星星下点对称分布, 致使 $G^{\mathrm{T}}G$ 对称矩阵元素中 a_{21} 及 a_{23} 为 0, 南、北半球对称布站致使 $G^{\mathrm{T}}G$ 矩阵元素中 a_{31} 及 a_{32} 为 0。在上述布站情况下, $G^{\mathrm{T}}G$ 对称矩阵除了主对角元素之外, 其他元素均为 0, 全球对称分布的 $G^{\mathrm{T}}G$ 矩阵可写为

$$G^{\mathrm{T}}G = \begin{pmatrix} \sum \dfrac{(x_0 - x_i)^2}{(\rho_i^0)^2} & 0 & 0 \\[2mm] 0 & \sum \dfrac{(y_0 - y_i)^2}{(\rho_i^0)^2} & 0 \\[2mm] 0 & 0 & \sum \dfrac{(z_0 - z_i)^2}{(\rho_i^0)^2} \end{pmatrix}$$

其逆矩阵 $(G^{\mathrm{T}}G)^{-1}$ 也是对角矩阵, 协方矩阵 $\mathrm{cov}\,(xy)$、$\mathrm{cov}\,(xz)$、$\mathrm{cov}\,(yz)$ 为 0, 根据式 (8.17), 测站全球对称分布的 DOP 值为

$$\begin{cases} \text{XDOP} = \dfrac{1}{\sqrt{\sum \dfrac{(x_0 - x_i)^2}{(\rho_i^0)^2}}} \\[3ex] \text{YDOP} = \dfrac{1}{\sqrt{\sum \dfrac{(y_0 - y_i)^2}{(\rho_i^0)^2}}} \\[3ex] \text{ZDOP} = \dfrac{1}{\sqrt{\sum \dfrac{(z_0 - z_i)^2}{(\rho_i^0)^2}}} \end{cases} \tag{8.20}$$

由式 (8.20) 可见: ① 增加观测台站有利于 DOP 的减小; ② 在东西方向拉大距离布站有利于减小卫星轨道的切向误差; ③ 适当拉大南北方向距离布站有利于卫星轨道法向精度; ④ 东西方向和南北方向拉大距离布站对径向误差影响似乎并不灵敏。

上述全球对称布站的 DOP 值为

$$\begin{cases} \text{XDOP} = 0.504 \\ \text{YDOP} = 8.490 \\ \text{ZDOP} = 4.245 \\ \text{PDOP} = 9.505 \end{cases}$$

上述全球对称布站, 在东西方向已经有一定的跨度 (经度差 60°, 经度计量是小圆), 比全球对称布站南北方向的跨度要小 (纬度差 90°), 因此卫星轨道切向误差比法向误差仍然要大。

(2) 测轨站经度与卫星星下点对称, 仅在北半球布站, 分别为: A 站 (东经 65°、北纬 45°); B 站 (东经 125°、北纬 45°); C 站 (东经 65°、纬度 0°); D 站 (东经 125°、纬度 0°)。

根据前述讨论, 布站与卫星星下点对称且在北半球布站的 $G^\mathrm{T} G$ 矩阵为

$$G^\mathrm{T} G = \begin{pmatrix} \sum \dfrac{(x_0 - x_i)^2}{(\rho_i^0)^2} & 0 & \sum \dfrac{(x_0 - x_i)(z_0 - z_i)}{(\rho_i^0)^2} \\[3ex] 0 & \sum \dfrac{(y_0 - y_i)^2}{(\rho_i^0)^2} & 0 \\[3ex] \sum \dfrac{(z_0 - z_i)(x_0 - x_i)}{(\rho_i^0)^2} & 0 & \sum \dfrac{(z_0 - z_i)^2}{(\rho_i^0)^2} \end{pmatrix} \tag{8.21}$$

计算得北半球对称测站的 DOP 值为

$$
\begin{cases}
\text{XDOP} = 0.504 \\
\text{YDOP} = 6.705 \\
\text{ZDOP} = 6.016 \\
\text{PDOP} = 9.022
\end{cases}
$$

半球对称布站与全球对称布站比较，半球对称布站的 ZDOP 明显变坏。

(3) 近似于最佳国内布站情况，测轨站经度与卫星星下点对称分布，分别为：A 站 (东经 65°、北纬 45°)；B 站 (东经 125°、北纬 45°)；C 站 (东经 65°、北纬 20°)；D 站 (东经 125°、北纬 20°)。$G^{\mathrm{T}}G$ 矩阵见式 (8.19)，上述北半球布站的 DOP 值为

$$
\begin{cases}
\text{XDOP} = 1.602 \\
\text{YDOP} = 7.091 \\
\text{ZDOP} = 17.065 \\
\text{PDOP} = 18.549
\end{cases}
$$

情况 (3) 布站 PDOP 明显变大，主要由 ZDOP 变坏引起的 (纬度差仅 25°)，X 轴约束也变坏。

CAPS 建站原则是在地理分布上站间距离尽可能拉开，希望得到较好的精度衰减因子 (PDOP)，但限于国内布站，实际测站间跨度比情况 (3) 还要小，目前已建立了 6 个观测站，分别为长春站、喀什站、三亚站、盱眙站、昆明站和西安站，西安站为地面观测网的中心站，但站间跨度不够大，PDOP 值约为 25。

上述讨论 DOP 值得到的结论是测站布局原则是东西南北方向尽可能拉大距离，动力学定轨借助于卫星动力学的约束关系，要优于几何法定轨的轨道精度，但上述讨论的测站布局原则对动力学定轨有重要的参考价值。

8.4.2 "对观测" 主从式测量及测轨精度评估

由 n 个台站组成的 "对观测" 主从模式测轨观测网，其中一个站设定为主站 (假定主站编号为 n)，其他站为副站 (编号 $1 \sim n-1$)，主站接收所有台站的信号，副站接收自己台站及主站信号，主、副站间组成 $(n-1)$ 个 "对观测" 主从组合单元，还有 n 个站的自发自收模式观测单元，整个观测网共有 $(2n-1)$ 个 "对观测" 单元。根据式 (8.3)，"对观测" 主从组合观测单元的观测方程为

$$
\begin{cases}
\rho_j^S(t) + \rho_n^S(t) = L_{j,n} \\
t = (t_j + t_n)/2
\end{cases}
\tag{8.22}
$$

其中，t_j 为 j 站发射信号的平均时刻到达卫星的时刻，即 j 站发射信号平均时刻 + 信号从 j 站传递到卫星的时间；t_n 为主站发射信号的平均时刻到达卫星的时刻，即主站发射信号平均时刻 + 信号从主站传递到卫星的时间；$L_{j,n} = \dfrac{1}{2}\left(\mathrm{TI}''_{j,n} + \mathrm{TI}''_{n,j}\right) - \tau_s - \rho_j^0 - \rho_n^0$，$\mathrm{TI}''_{j,n}$ 为经改正后的 j 站接收主站信号的综合观测量，$\mathrm{TI}''_{n,j}$ 为经改正后的主站接收 j 站信号的综合观测量；τ_s 为卫星转发器时延。

n 个测轨站构建的测轨观测系统有 $(n-1)$ 个式 (8.22) 观测方程，其几何意义代表卫星在以主站和副站为焦点的旋转椭圆面上。

根据式 (8.12)，自发自收模式观测单元的观测方程为

$$\rho_i^S\left(t_i\right) = L_i \tag{8.23}$$

其中，$L_i = (\mathrm{TI}''_i - \tau_s - \rho_i^0)/2$，$\mathrm{TI}''_i$ 为经改正后的 i 站自发自收综合观测量。

n 个测轨站构建的观测网有 n 个式 (8.23) 自发自收观测方程，代表卫星在以测站为球心的球面上。

综合线性化式 (8.22) 和式 (8.23)，以矩阵形式表示的主从组合观测网观测误差方程为

$$G \cdot \mathrm{d}X - L = \mathrm{d}n \tag{8.24}$$

其中

$$G = \left(\begin{array}{ccc}
\dfrac{x_0 - x_1}{\rho_1^0} & \dfrac{y_0 - y_1}{\rho_1^0} & \dfrac{z_0 - z_1}{\rho_1^0} \\[2mm]
\dfrac{x_0 - x_2}{\rho_2^0} & \dfrac{y_0 - y_2}{\rho_2^0} & \dfrac{z_0 - z_2}{\rho_2^0} \\[1mm]
\vdots & \vdots & \vdots \\[1mm]
\dfrac{x_0 - x_n}{\rho_n^0} & \dfrac{y_0 - y_n}{\rho_n^0} & \dfrac{z_0 - z_n}{\rho_n^0} \\[1mm]
\hdashline \\[-2mm]
\dfrac{x_0 - x_1}{\rho_1^0} + n_1 & \dfrac{y_0 - y_1}{\rho_1^0} + n_2 & \dfrac{z_0 - z_1}{\rho_1^0} + n_3 \\[2mm]
\dfrac{x_0 - x_2}{\rho_2^0} + n_1 & \dfrac{y_0 - y_2}{\rho_2^0} + n_2 & \dfrac{z_0 - z_2}{\rho_2^0} + n_3 \\[1mm]
\vdots & \vdots & \vdots \\[1mm]
\dfrac{x_0 - x_{n-1}}{\rho_{n-1}^0} + n_1 & \dfrac{y_0 - y_{n-1}}{\rho_{n-1}^0} + n_2 & \dfrac{z_0 - z_{n-1}}{\rho_{n-1}^0} + n_3
\end{array}\right)$$

$$\mathrm{d}X = \begin{pmatrix} \Delta x \\ \Delta y \\ \Delta z \end{pmatrix}$$

$$L = \begin{pmatrix} L_1 \\ L_2 \\ \vdots \\ L_n \\ L_{1,n} \\ L_{2,n} \\ \vdots \\ L_{n-1,n} \end{pmatrix}$$

$$\mathrm{d}n = \begin{pmatrix} v_1 \\ v_2 \\ \vdots \\ v_n \\ v_{1,n} \\ v_{2,n} \\ \vdots \\ v_{n-1,n} \end{pmatrix}$$

其中，n_1, n_2, n_3 为主站至卫星初始位置 (x_0, y_0, z_0) 的 3 个坐标的方向余弦；$L_{j,n} = \frac{1}{2}\left(\mathrm{TI}''_{j,n} + \mathrm{TI}''_{n,j}\right) - \tau_s - \rho_j^0 - \rho_n^0$；$v_i$ 是 TI''_i 的观测误差；$v_{j,n}$ 是 $\frac{1}{2}\left(\mathrm{TI}''_{j,n} + \mathrm{TI}''_{n,j}\right)$ 的观测误差；$\rho_i^0 = |\boldsymbol{r}_0 - \boldsymbol{R}_i| = \sqrt{(x_0 - x_i)^2 + (y_0 - y_i)^2 + (z_0 - z_i)^2}$，$x_0, y_0, z_0$ 是卫星位置的初始采用值，x_i, y_i, z_i 是 i 站坐标。

根据最小二乘法原理，残差平方和最小，即 $\sum\limits_i v_i^2$（或 $\mathrm{d}n^{\mathrm{T}} \cdot \mathrm{d}n$）为最小，其充要条件为 $\sum\limits_i v_i \dfrac{\partial v_i}{\partial x_j} = 0$ $\left(\text{或 } \mathrm{d}n^{\mathrm{T}} \cdot \dfrac{\partial n}{\partial x_j} = 0\right)$，矩阵形式的法方程为

$$G^{\mathrm{T}}G \cdot \mathrm{d}X = G^{\mathrm{T}} \cdot L$$

$\mathrm{d}X$ 对应的无偏估计值 $\mathrm{d}\hat{X}$ 为

$$\mathrm{d}\hat{X} = \left(G^{\mathrm{T}}G\right)^{-1} \cdot G^{\mathrm{T}} \cdot L \tag{8.25}$$

其中

$$G^{\mathrm{T}}G = \left(\begin{array}{ccc} \sum \dfrac{(x_0-x_i)^2}{(\rho_i^0)^2} + \sum \left(\dfrac{x_0-x_j}{\rho_j^0} + n_1 \right)^2 & a_{12} & a_{13} \\[3mm] a_{21} & \sum \dfrac{(y_0-y_i)^2}{(\rho_i^0)^2} + \sum \left(\dfrac{y_0-y_j}{\rho_j^0} + n_2 \right)^2 & a_{23} \\[3mm] a_{31} & a_{32} & \sum \dfrac{(z_0-z_i)^2}{(\rho_i^0)^2} + \sum \left(\dfrac{z_0-z_j}{\rho_j^0} + n_3 \right)^2 \end{array} \right)$$

$$G^{\mathrm{T}}L = \left(\begin{array}{c} \sum \dfrac{x_0-x_i}{\rho_i^0} \cdot L_i + \sum \left(\dfrac{x_0-x_j}{\rho_j^0} + n_1 \right) \cdot L_{j,n} \\[3mm] \sum \dfrac{y_0-y_i}{\rho_i^0} \cdot L_i + \sum \left(\dfrac{y_0-y_j}{\rho_j^0} + n_2 \right) \cdot L_{j,n} \\[3mm] \sum \dfrac{z_0-z_i}{\rho_i^0} \cdot L_i + \sum \left(\dfrac{z_0-z_j}{\rho_j^0} + n_3 \right) \cdot L_{j,n} \end{array} \right)$$

式中

$$a_{12} = a_{21} = \sum \frac{x_0-x_i}{\rho_i^0} \frac{y_0-y_i}{\rho_i^0} + \sum \left[\left(\frac{x_0-x_j}{\rho_j^0} + n_1 \right) \times \left(\frac{y_0-y_j}{\rho_j^0} + n_2 \right) \right]$$

$$a_{13} = a_{31} = \sum \frac{x_0-x_i}{\rho_i^0} \frac{z_0-z_i}{\rho_i^0} + \sum \left[\left(\frac{x_0-x_j}{\rho_j^0} + n_1 \right) \times \left(\frac{z_0-z_j}{\rho_j^0} + n_3 \right) \right]$$

$$a_{23} = a_{32} = \sum \frac{y_0-y_i}{\rho_i^0} \frac{z_0-z_i}{\rho_i^0} + \sum \left[\left(\frac{y_0-y_j}{\rho_j^0} + n_2 \right) \times \left(\frac{z_0-z_j}{\rho_j^0} + n_3 \right) \right]$$

i 求和从 1 到 n, 对应于自发自收模式; j 求和从 1 到 $n-1$, 对应于主从模式。

表 8.4 列出用主从 (+ 自发自收) 模式解卫星轨道的残差, 计算所用的方法、观测时间段、设备、所用数据及所用的定轨参数与自发自收模式完全一样, 其中自发自收部分的观测残差的平均值为 7.0 厘米 (好于表 8.1 结果), 主从部分的观

测残差的平均值为 4.2 厘米,主从模式解卫星轨道比自发自收模式有明显的改善,表明主从式观测方程代表的以主站和副站为焦点的旋转椭圆面比自发自收模式以主站为原点的球面有更好的约束。

表 8.4 2005 年 6 月 6~13 日观测鑫诺一号主从模式的残差　　(单位:cm)

日期	自发自收模式						主从模式				
	西安	上海	长春	昆明	喀什	平均	上海	长春	昆明	喀什	平均
6 日	6.7	7.1	3.8	9.3	5.5	6.7	4.1	3.8	5.1	3.1	4.1
7 日	4.8	9.0	5.2	9.8	6.2	7.2	3.9	5.2	5.8	4.3	4.7
8 日	6.4	7.9	5.1	12.2	8.0	8.3	4.1	5.1	6.8	5.2	5.1
9 日	8.3	10.3	5.6	11.9	7.0	8.9	4.2	5.6	4.4	4.8	4.9
10 日	6.9	7.6	6.2	10.8	5.8	7.6	3.8	6.2	5.1	4.3	4.8
11 日	5.4	6.0	3.0	7.8	8.2	6.5	2.5	3.0	3.7	3.3	3.3
12 日	6.0	6.6	4.6	4.7	4.8	5.4	3.3	4.6	2.9	3.8	3.6
13 日	5.1	7.1	3.9	4.5	5.3	5.3	3.0	4.0	2.6	2.9	3.3
平均	5.6	7.7	4.7	8.9	6.4	7.0	3.6	4.7	4.6	3.5	4.2

注:平均值是考虑观测次数的加权平均。

　　用轨道弧段重叠法对"对观测"主从模式定轨精度进行分析。两个相邻弧段分别进行独立定轨,比较两个相邻弧段独立定轨中重叠弧段的轨道 R、T、N 之差的均方值作为卫星定轨精度和轨道稳定性能的评判,仍用 2005 年 6 月连续观测鑫诺卫星结果为例,重叠弧段轨道差的统计结果见表 8.5,平均均方差在 R 方向为 13.6 厘米,T 方向 9.1 厘米,N 方向平均为 11.0 厘米。位置重叠部分的轨道差为 20.1 厘米。显然以弧段重叠法评判,主从模式比自发自收模式有更好的约束。

表 8.5 主从与自发自收模式联合定轨残差统计表　　(单位:cm)

残差	日期 (2005 年 6 月)				
	7~8 日	8~9 日	10~11 日	11~12 日	平均
ΔR	12.3	27.4	10.4	4.4	13.6
ΔT	7.2	16.7	8.2	4.2	9.1
ΔN	10.7	19.5	8.2	5.7	11.0
ΔP	17.8	37.5	15.6	8.4	20.1

注:平均值是考虑观测次数的加权平均。

8.4.3 "对观测"全视测量模式的优势

　　全视"对观测"测量模式的特点是所有站处于同等地位,每两个站组合成"对观测"测量单元,整个 n 个台站组成的观测网构建成 $C_n^2 = \frac{1}{2}n(n-1)$ 个"对观测" 观测单元, 加上 n 个自发自收观测单元, 因此, 总共有 $\frac{1}{2}n(n+1)$ 个 "对观测" 观测单元。全视 "对观测" 测量模式有丰富的观测量, 整个观测系统有很好的刚性框架, 卫星精度衰减因子有很大的改善, 丰富的观测量及良好的刚性框架使全视模式有相当高的定轨精度, 因此 "对观测" 全视测量模式的定轨精度远优于前述两种观测模式。

　　和以前两种测量模式一样, 以矩阵形式表示的全视测量模式的观测误差方程为

$$G \cdot dX - L = dn \tag{8.26}$$

其中

$$G =$$

$$\begin{pmatrix}
\dfrac{x_0-x_1}{\rho_1^0}+\dfrac{x_0-x_1}{\rho_1^0} & \dfrac{y_0-y_1}{\rho_1^0}+\dfrac{y_0-y_1}{\rho_1^0} & \dfrac{z_0-z_1}{\rho_1^0}+\dfrac{z_0-z_1}{\rho_1^0} \\
\dfrac{x_0-x_1}{\rho_1^0}+\dfrac{x_0-x_2}{\rho_2^0} & \dfrac{y_0-y_1}{\rho_1^0}+\dfrac{y_0-y_2}{\rho_2^0} & \dfrac{z_0-z_1}{\rho_1^0}+\dfrac{z_0-z_2}{\rho_2^0} \\
\vdots & \vdots & \vdots \\
\dfrac{x_0-x_1}{\rho_1^0}+\dfrac{x_0-x_n}{\rho_n^0} & \dfrac{y_0-y_1}{\rho_1^0}+\dfrac{y_0-y_n}{\rho_n^0} & \dfrac{z_0-z_1}{\rho_1^0}+\dfrac{z_0-z_n}{\rho_n^0} \\
\dfrac{x_0-x_2}{\rho_2^0}+\dfrac{x_0-x_2}{\rho_2^0} & \dfrac{y_0-y_2}{\rho_2^0}+\dfrac{y_0-y_2}{\rho_2^0} & \dfrac{z_0-z_2}{\rho_2^0}+\dfrac{z_0-z_2}{\rho_2^0} \\
\vdots & \vdots & \vdots \\
\dfrac{x_0-x_2}{\rho_2^0}+\dfrac{x_0-x_j}{\rho_j^0} & \dfrac{y_0-y_2}{\rho_2^0}+\dfrac{y_0-y_j}{\rho_j^0} & \dfrac{z_0-z_2}{\rho_2^0}+\dfrac{z_0-z_j}{\rho_j^0} \\
\vdots & \vdots & \vdots \\
\dfrac{x_0-x_i}{\rho_i^0}+\dfrac{x_0-x_j}{\rho_j^0} & \dfrac{y_0-y_i}{\rho_i^0}+\dfrac{y_0-y_j}{\rho_j^0} & \dfrac{z_0-z_i}{\rho_i^0}+\dfrac{z_0-z_j}{\rho_j^0} \\
\vdots & \vdots & \vdots \\
\dfrac{x_0-x_{n-1}}{\rho_{n-1}^0}+\dfrac{x_0-x_n}{\rho_n^0} & \dfrac{y_0-y_{n-1}}{\rho_{n-1}^0}+\dfrac{y_0-y_n}{\rho_n^0} & \dfrac{z_0-z_{n-1}}{\rho_{n-1}^0}+\dfrac{z_0-z_n}{\rho_n^0} \\
\dfrac{x_0-x_n}{\rho_n^0}+\dfrac{x_0-x_n}{\rho_n^0} & \dfrac{y_0-y_n}{\rho_n^0}+\dfrac{y_0-y_n}{\rho_n^0} & \dfrac{z_0-z_n}{\rho_n^0}+\dfrac{z_0-z_n}{\rho_n^0}
\end{pmatrix}$$

$$dX = \begin{pmatrix} \Delta x \\ \Delta y \\ \Delta z \end{pmatrix}$$

$$L = \begin{pmatrix} L_{1,1} \\ L_{1,2} \\ \vdots \\ L_{1,n} \\ L_{2,2} \\ \vdots \\ L_{2,j} \\ \vdots \\ L_{i,j} \\ \vdots \\ L_{n-1,n} \\ L_{n,n} \end{pmatrix}, \quad \mathrm{d}n = \begin{pmatrix} v_{1,1} \\ v_{1,2} \\ \vdots \\ v_{1,n} \\ v_{2,2} \\ \vdots \\ v_{2,j} \\ \vdots \\ v_{i,j} \\ \vdots \\ v_{n-1,n} \\ v_{n,n} \end{pmatrix}$$

$$L_{i,j} = \frac{1}{2}\left(\mathrm{TI}''_{i,j} + \mathrm{TI}''_{j,i}\right) - \tau_s - \rho_i^0 - \rho_j^0$$

$v_{i,j}$ 是 i 和 j 站组合的观测误差；x_i, y_i, z_i 是 i 观测站的坐标；x_0, y_0, z_0 是卫星位置的初始采用值；$\dfrac{x_0 - x_i}{\rho_i^0}, \dfrac{y_0 - y_i}{\rho_i^0}, \dfrac{z_0 - z_i}{\rho_i^0}$ 是 i 测站位置至卫星初始位置的方向余弦；$\rho_i^0 = |\boldsymbol{r}_0 - \boldsymbol{R}_i| = \sqrt{(x_0 - x_i)^2 + (y_0 - y_i)^2 + (z_0 - z_i)^2}$ 是 i 测站到卫星初始位置的距离。

根据最小二乘法原理，残差平方和为最小，其法方程的矩阵形式为

$$G^{\mathrm{T}}G \cdot \mathrm{d}X = G^{\mathrm{T}} \cdot L$$

$\mathrm{d}X$ 无偏估计值 $\mathrm{d}\hat{X}$ 为 [24]

$$\mathrm{d}\hat{X} = (G^{\mathrm{T}}G)^{-1} \cdot G^{\mathrm{T}} \cdot L \tag{8.27}$$

其中

$$G^{\mathrm{T}}G = \begin{pmatrix} \sum\limits_{j=i}^{n}\sum\limits_{i=1}^{n}\left(\dfrac{x_0 - x_i}{\rho_i^0} + \dfrac{x_0 - x_j}{\rho_j^0}\right)^2 & a_{12} & a_{13} \\ a_{21} & \sum\limits_{j=i}^{n}\sum\limits_{i=1}^{n}\left(\dfrac{y_0 - y_i}{\rho_i^0} + \dfrac{y_0 - y_j}{\rho_j^0}\right)^2 & a_{23} \\ a_{31} & a_{32} & \sum\limits_{j=i}^{n}\sum\limits_{i=1}^{n}\left(\dfrac{z_0 - z_i}{\rho_i^0} + \dfrac{z_0 - z_j}{\rho_j^0}\right)^2 \end{pmatrix}$$

$$G^{\mathrm{T}}L = \begin{pmatrix} \displaystyle\sum_{j=i}^{n}\sum_{i=1}^{n}\left(\dfrac{x_0-x_i}{\rho_i^0}+\dfrac{x_0-x_j}{\rho_j^0}\right)\cdot L_{i,j} \\[4mm] \displaystyle\sum_{j=i}^{n}\sum_{i=1}^{n}\left(\dfrac{y_0-y_i}{\rho_i^0}+\dfrac{y_0-y_j}{\rho_j^0}\right)\cdot L_{i,j} \\[4mm] \displaystyle\sum_{j=i}^{n}\sum_{i=1}^{n}\left(\dfrac{z_0-z_i}{\rho_i^0}+\dfrac{z_0-z_j}{\rho_j^0}\right)\cdot L_{i,j} \end{pmatrix}$$

式中

$$a_{12}=a_{21}=\sum_{j=i}^{n}\sum_{i=1}^{n}\left(\frac{x_0-x_i}{\rho_i^0}+\frac{x_0-x_j}{\rho_j^0}\right)\cdot\left(\frac{y_0-y_i}{\rho_i^0}+\frac{y_0-y_j}{\rho_j^0}\right)$$

$$a_{13}=a_{31}=\sum_{j=i}^{n}\sum_{i=1}^{n}\left(\frac{x_0-x_i}{\rho_i^0}+\frac{x_0-x_j}{\rho_j^0}\right)\cdot\left(\frac{z_0-z_i}{\rho_i^0}+\frac{z_0-z_j}{\rho_j^0}\right)$$

$$a_{23}=a_{32}=\sum_{j=i}^{n}\sum_{i=1}^{n}\left(\frac{y_0-y_i}{\rho_i^0}+\frac{y_0-y_j}{\rho_j^0}\right)\cdot\left(\frac{z_0-z_i}{\rho_i^0}+\frac{z_0-z_j}{\rho_j^0}\right)$$

为了说明全视测量模式的优势, 以全球对称性布站为例, $(G^{\mathrm{T}}G)^{-1}$ 是对角矩阵, 则有

$$\begin{cases} \mathrm{XDOP}=\dfrac{1}{\sqrt{\displaystyle\sum_{j=i}^{n}\sum_{i=1}^{n}\left(\dfrac{x_0-x_i}{\rho_i^0}+\dfrac{x_0-x_j}{\rho_j^0}\right)^2}} \\[8mm] \mathrm{YDOP}=\dfrac{1}{\sqrt{\displaystyle\sum_{j=i}^{n}\sum_{i=1}^{n}\left(\dfrac{y_0-y_i}{\rho_i^0}+\dfrac{y_0-y_j}{\rho_j^0}\right)^2}} \\[8mm] \mathrm{ZDOP}=\dfrac{1}{\sqrt{\displaystyle\sum_{j=i}^{n}\sum_{i=1}^{n}\left(\dfrac{z_0-z_i}{\rho_i^0}+\dfrac{z_0-z_j}{\rho_j^0}\right)^2}} \\[8mm] \mathrm{PDOP}=\sqrt{(\mathrm{XDOP})^2+(\mathrm{YDOP})^2+(\mathrm{ZDOP})^2} \end{cases}$$

与式 (8.20) 比较, 上式 (全视测量模式) 的 GDOP 值要小得多, 其比例因子约为 $\dfrac{1}{\sqrt{2(n+1)}}$, 显示全视测量模式比其他模式的优势。

8.5 "对观测" 技术的仪器系统差精确测定

精确地实时测定 "对观测" 的卫星地面站仪器系统差是改善卫星测轨精度的重要措施, 是提升卫星测轨精度的一个极其重要的环节, 这一优势大大地提高了卫星测距的准确度, 增加了测量结果的置信度。本节介绍专属于 "对观测" 仪器系统误差测定的方法, 该方法测量精度高, 实时性强, 真实地显现了卫星地面站仪器系统差的真实结果, 是 "对观测" 方法与技术的重要组成部分之一。

8.5.1 "对观测" 仪器系统改正

"对观测" 测量模式的优势是不要求时钟严格同步, 原则上时钟同步误差并不影响观测结果, 但要求信号发射和接收相对于同一台时钟, 显然选用调制解调器 (modem) 的内部时钟为 "对观测" 的时间系统是最合理的选择, 一般情况下调制解调器内部时钟的频率稳定性能不高, 因此需要引入原子钟对调制解调器内部时钟进行频率同步, 确保调制解调器内部时钟有很高的频率稳定度, 满足 "对观测" 模式对时钟频率稳定度的要求。根据 "对观测" 测距基本公式, 测站间时钟的时间不同步不影响测距, 但会影响测量值的时标, 卫星本身运动速度并不快, 约为几公里每秒 (GEO 卫星平均速度为 3.1 米/秒), 1 微秒的站间时钟同步误差, 引起 GEO 卫星位置的误差约为 3 毫米, 显然 "对观测" 模式站间时钟不同步由时标引起的影响不大, 因此对时间同步的要求可以放得很宽。根据上面讨论原则, "对观测" 模式原则上不需要测定原子钟与调制解调器内部时钟间的时刻差, 因此 "对观测" 的基本架构可在 TWSTFT 的基础上优化, 图 8.7 是优化后的 "对观测" 模式

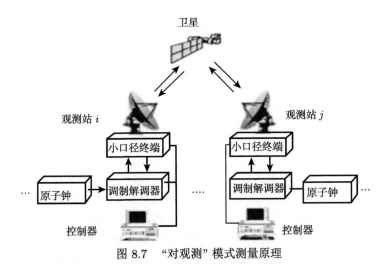

图 8.7 "对观测" 模式测量原理

测量基本架构，显然比 TWSTFT 的基本架构要简单得多。

"对观测" 采用扩频技术，扩频增益和很强的卫星信号，一般用小天线 (如 3.7
米口径天线甚至更小口径的天线) 观测可获得很好的信噪比，小口径天线应用有
利于控制仪器系统误差的变化。

8.5.2 "对观测" 技术的仪器系统差测定原理

卫星测距是测定 "星 (卫星的质心) 地 (地面站天线基准点)" 间的距离。天线
基准点是相对于地面固定不动的点，在设计测轨天线时要求天线两个旋转轴相交
且严格垂直，这样，天线转动时两个旋转轴交点的空间位置 (相对于地面，或相对
于国际地球参考架) 不会变化，该交点定义为地面站天线的基准点，用测地的方
法精确地测定天线基准点 (设计时要求地面站天线两个旋转轴的交点有明显的标
志) 在国际地球参考架 (ITRF) 中的精确坐标，使观测结果与 ITRF 框架紧密相
连。测轨观测站应尽量选择与其他测地技术观测设备并址，实时监测天线基准点
在国际地球参考架中的位置及其变化。

"对观测" 卫星测距实际的测量值是相对于天线相位中心的时延结果，天线相
位中心随着天线转动，在空间并不是固定不动的点，不符合定义为基准点的要求，
显然需要根据星地间距离的定义，测量值应归算到以天线基准点为准的结果，这
一归算统称为测站系统改正 [26]。

为了归算和测定仪器系统差方便，人为地引入天线参考平面，天线相位中心
到参考平面上每一点的信号传递时延完全一样，定义天线参考平面应与电波传递
方向垂直。对于正馈天线，这一参考平面就是天线的口面，借助于天线参考平面
的定义，测站系统改正可人为地分为两部分：从天线基准点到天线参考平面的距
离称为天线几何改正；从天线参考平面到调制解调器的信号传递时延 (发射时延
和接收时延之和) 称为仪器系统差，天线几何改正与仪器系统差之差等于测站系
统改正。

当天线转动时，参考平面仅绕转动中心 (基准点) 转动，参考平面到转动中心
的距离不会因转动而变化，它们之间的距离纯属几何距离改正，因此天线几何改
正是一个恒定值，动力学定轨无法分离这个恒定值和卫星转发器时延，因此，求
得的卫星转发器时延值实际上是卫星转发器时延和天线几何改正之和，通常称观
测系统误差被卫星转发器时延所吸收。

基本观测方程式 (8.1) 指出："对观测" 仪器系统差为发射和接收时延之和，即
$\tau_A^T + \tau_A^R$，参考平面到调制解调器的信号传递时延包括信号发射时延和信号接收时
延：信号发射时延为调制解调器时延、上变频器时延、功放时延、信号经天线馈
源到达天线主反射面直至天线参考平面的时延；信号接收时延包括信号从天线参
考平面经天线主反射面到达天线馈源的时延、低噪声放大器时延、下变频器时延，

直至调制解调器时延的总和。参考平面到调制解调器的信号传递时延 (发射和接收时延) 相当复杂，受多因素影响，与工作频率、信号的强弱、工作外部环境，乃至信号的极化均有关，难于用简单的模型确切地表征，实时测定仪器系统差成为唯一可操作的方法 [26]。这样，一个复杂难于用模型表征的棘手问题可简单地用"实时测定"圆满解决。显然我们也不必严格苛求天线相位中心的精确位置 (实际上有相当的难度)，本方法避开了天线相位中心难于精确地确定的困境，唯一要求仪器时延稳定、测站系统改正的关键变成仪器系统差的实时测定。

借助于在参考平面处安装模拟器 (又俗称小天线)，在实际观测状态下实时测定真实的仪器系统差。图 8.8 图示实时测定仪器系统差的原理：卫星地面站的调制解调器调制产生不同伪码的时间信号，经发射通道、上变频器、功率放大器、天线馈源到达天线参考平面，在天线参考平面上安装的模拟器接收极小部分的上行信号，经模拟器变频后成为卫星的下行信号，这个下行信号传递路径与卫星下行信号完全一样：经天线馈源、低噪声放大器、下变频器，直至调制解调器，直接测定其上述路径的信号时延，给出真实的观测仪器系统差 (发射和接收时延之和)，系统差的实时测定 (观测仪器系统校准) 保证了"对观测"系统的稳定性能。

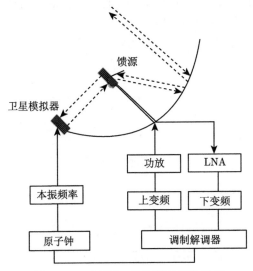

图 8.8 "对观测" 的仪器系统差原理

为了防止发射信号干扰接收信号，卫星上、下行采用不同的频率，C 频段所有频率的频率差是固定的，这个功能由卫星模拟器完成：接收主天线发射信号，改变信号载频后成为下行信号送往天线馈源。模拟器由接收小天线、混频器 (固定的频率) 和发射小天线三个部分组成 (见图 8.9)，显然测定"对观测"仪器系统差比测定 TWSTFT 仪器系统差要简单得多。

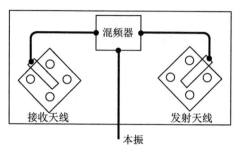

图 8.9　"对观测"模拟器原理

8.5.3 "对观测"仪器系统差测定

仪器系统差的稳定性能直接影响定轨精度,因此"对观测"观测系统在设计时要求仪器系统差变化尽可能地小,记录设备尽可能靠近前端,所有测试设备采取恒温措施,关键部分 (如低噪声放大器) 有专门的恒温设计。国家授时中心的仪器系统误差一般不超过 150 纳秒,一天的仪器系统差变化通常在 0.4~1.6 纳秒之间。模拟器信号的噪声要比源自卫星的信号低得多,因此仪器系统差测量 RMS (1 秒观测积分时间) 一般优于 0.06 纳秒 (测量卫星信号的精度),原则上 5 分钟测量仪器系统差的平均值精度会更高。

图 8.10 给出测轨系统创建阶段,2005 年 5 月 21 日国家授时中心对"对观测"

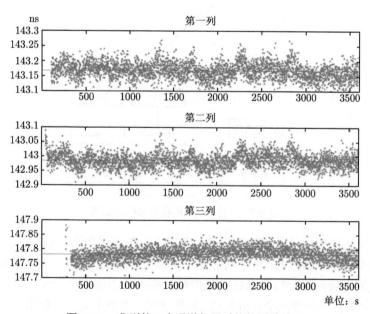

图 8.10　典型的三个通道仪器系统差测量结果

仪器系统差的稳定性能的验收测试，调制解调器三个通道同步测量仪器系统差的结果，观测积分时间为 1 秒，1 小时内连续观测的峰峰值不超过 0.2 纳秒，整个观测结果并未发现有明显的系统变化。

表 8.6 列出长达 8 小时观测时段的调制解调器三个通道同步测量仪器系统差的试验平均结果，每小时平均结果在 8 小时内仪器系统差变化 RMS 为 0.04 纳秒，结果表明：观测系统的设计是成功的，达到预期的目标。

表 8.6 2005 年 5 月 21 日系统差每小时平均值

观测时间	第一通道/ns	第二通道/ns	第三通道/ns
15 时	143.17	142.99	147.78
16 时	143.14	142.96	147.72
17 时	143.13	142.95	147.66
18 时	143.13	142.94	147.67
19 时	143.13	142.94	147.66
20 时	143.14	142.95	147.65
21 时	143.16	142.97	147.64
22 时	143.16	142.98	147.64
23 时	143.20	143.02	147.64
平均	143.15	142.97	147.67
RMS	0.02	0.03	0.04

8.6 "对观测" 模式在卫星测轨的优势

"对观测" 模式具有双向测量的特点，时间同步和测距自洽，时间同步误差不影响测距的精度，双向测量的特点使 DOP 值比单向测量技术大约有 1~2 数量级的改善，大大地提升了卫星定轨的精度；仪器系统差实时测定，为 "对观测" 模式观测的稳定性能提供了保证；高速伪码速率的应用，大大地提升了测量精度，提高了抗干扰能力。

"对观测" 模式因中国区域定位系统 (CAPS) 工程的需求正式变成新型卫星精密测轨技术，需求推动了技术发展，成为 CAPS 工程的重要创新点和关键技术。自 2004 年起 "对观测" 技术正式进行常规卫星测、定轨，测距精度稳定在 1 厘米，远优于常规的卫星测轨技术的精度 (常规观测 USB 测距精度为 3~5 米)，定轨精度优于 2 米 (USB 卫星常规观测的定轨精度为 100 米左右)，满足了 CAPS 导航的要求，目前，这种卫星轨道测定新方法已用于其他卫星导航系统和各类卫星精密轨道测定及相关项目，诸如：以测定卫星精密轨道为基础，用于船舶定位、卫星干涉源的定位、卫星编目、卫星地面站的系统误差校准，以及其他项目。显然，由于本技术高精度测定卫星轨道的特点，在卫星测控、深空跟踪、卫星导航及高精度定轨方面有特别重要的应用价值和应用前景。

参 考 文 献

[1] 李志刚，李焕信，张虹. 双通道终端进行卫星双向法时间比对的归算方法. 陕西天文台台刊, 2002, 25(2): 81-89.

[2] 李志刚，李焕信，张虹. 卫星双向法时间比对的归算. 天文学报, 2002, 43(4): 422-431.

[3] Li Z G, Li H X, Zhang H. The reduction of two-way satellite time comparison. Chinese Astronomy & Astrophysics, 2003, 27(2): 226-235.

[4] Imae M, Hosokawa M, Imamura K, et al. Two-way satellite time and frequency transfer networks in Pacific Rim region. IEEE Transactions on Instrumentation & Measurement, 2002, 50(2): 559-562.

[5] Li Z G, Shi H L, Ai G X, et al. Transponder Satellite Orbit Measurement and Determinant Method and System. China Patent: No. ZL 200310102197.1, 2003.

[6] Ai G X, Shi H L, Wu H T, et al. A positioning system based on communication satellites and the Chinese Area Positioning System (CAPS). Chinese Journal of Astronomy and Astrophysics, 2008, 8(6): 611-630.

[7] Ai G X, Shi H L, Wu H T, et al. The principle of the positioning system based on communication satellites. Science in China, 2009, 52(3): 472-488.

[8] Ai G X, Ma L P, Shi H L, et al. Achieving centimeter ranging accuracy with triple-frequency signals in C-band satellite navigation systems. Navigation, 2011, 58(1): 59-68.

[9] 李志刚，杨旭海，冯初刚，等. 转发器式卫星定轨. 科学研究月报，2007, (26): 84-86.

[10] Li Z G, Yang X H, Ai G X, et al. A new method for determination of satellite orbits by transfer. Science in China, 2009, 52(3): 384-392.

[11] 李志刚，乔荣川，冯初刚. 卫星双向法与卫星测距. 飞行器测控学报, 2006, 25(3): 1-6.

[12] 江志恒. GPS 全视法时间传递回顾与展望. 宇航计测技术, 2007, (z1): 53-71.

[13] Jiang Z. Smoothing and interpolation techniques for a TW measurement series—in TAI calculation. the 13th CCTF TW WG Meeting, 2005.

[14] Kirchner D, Ressler H, Hetzel P, et al. Calibration of the three European TWSTFT station using a portable station and comparison of TWSTFT and GPS common-view measurement results. Proc. 21th PTTI Meeting, 1989: 107-115.

[15] Lewandowski W, Azoubib J, Klepczynski W J. GPS: primary tool for time transfer. Proceedings of the IEEE, 1999, 87(1): 163-172.

[16] Yang X H, Li Z G, Feng C G, et al. Methods of rapid orbit forecasting after maneuvers for geostationary satellites. Science in China, 2009, 52: 333-338.

[17] Cheng X, Li Z G, Yang X H, et al. Chinese Area Positioning System With Wide Area Augmentation. Journal of Navigation, 2012, 65(2): 339-349.

[18] Li Z G, Li W C, Cheng Z Y, et al. The direct and indirect methods of ionospheric TEC predictions and their comparison. Chinese Astronomy & Astrophysics, 2008, 32(3): 277-292.

[19] Li Z G, Cheng Z Y, Feng C G, et al. A study of prediction models for ionosphere. Chinese J. of Geophysics, 2013, 50(2): 307-319.

[20] Montenbruck O, Gill E. Satellite Orbits. Springer, 2000.

[21] Escobal P R. Methods of Orbit Determination. New York: John Wiley&Sons, Inc., 1965; Reprint: Malabar: Krieger Publishing Company, 1976.

[22] 李济生. 人造卫星精密轨道确定. 北京：解放军出版社, 1990.

[23] Tapley B D, Schutz B E, Born G H. Statistical Orbit Determination. Burlington: Elsevier Academic Press, 2004.

[24] 刘吉华, 李志刚, 杨旭海, 等. 卫星转发器的时延变化. 科学通报, 2014, 59(20): 1937-1941.

[25] Parkinson B W, Enge P, Axelrad P, et al. The global positioning system theory and applications. American Institute of Aeronautics and Astronautics, 1996.

[26] Jong G de. Accurate delay calibration for an earth station for two way time transfer. Proc. 26th Precise Time and Time Interval Meeting, Redondo, 1994: 305-317.